Introduction aux Probabilités discrètes et à la Statistique descriptive

Cours et exercices

Aliou DIOP
Assane DIOP
Abass SAGNA
Serigne Touba SALL

Introduction aux Probabilités discrètes et à la Statistique descriptive

Cours et exercices

L'Harmattan
Sénégal

10 VDN, Sicap Amitié 3, Lotissement Cité Police, DAKAR

http://www.harmattansenegal.com
diffusion.harmattan@wanadoo.fr
senharmattan@gmail.com

ISBN : 978-2-343-22560-9
EAN : 9782343225609

Table des matières

1 Probabilités **13**

1.1 Introduction et définitions 13
1.2 Univers, Evénement 14
1.3 Opérations sur les événements 15
1.4 Ensemble fini et cardinalité, ensemble infini 20
1.5 Combinatoire 23
1.5.1 Arrangement 23
1.5.2 Permutation 26
1.5.3 Combinaison 27
1.6 Probabilité 29
1.6.1 Quelques propriétés des probabilités 32
1.7 Exercices supplémentaires 36

2 Probabilités conditionnelles **41**

2.1 Introduction et Définition 41
2.1.1 Formule des probabilités composées 44
2.2 Formule des probabilités totales 46
2.3 Formule de *Bayes* 47
2.4 Evénements indépendants 48
2.5 Exercices supplémentaires 55

3 Variables aléatoires discrètes **59**

3.1 Introduction et définition d'une variable aléatoire (v.a.) discrète 59
3.2 Loi d'une variable aléatoire discrète 61
3.3 Fonction de répartition 62
3.3.1 D'autres propriétés de la fonction de répartition 67
3.4 Fonction quantile 68
3.5 Espérance d'une variable aléatoire discrète 69
3.5.1 Espérance d'une fonction d'une v.a. discrète 72
3.6 Variance d'une v.a. discrète 76
3.6.1 Définition et propriétés 76
3.7 Quelques lois de probabilité usuelles 78
3.7.1 Loi de Bernoulli 78
3.7.2 Loi binomiale 79
3.7.3 Loi de Poisson 82
3.7.4 Loi uniforme (discrète) 83
3.7.5 Loi géométrique 84
3.7.6 Loi binomiale négative 85

3.7.7 Loi de Pascal 89
3.7.8 Loi hypergéometrique 89
3.8 Exercices supplémentaires 93

4 Vecteurs aléatoires discrets 97
4.1 Introduction 97
4.2 Loi d'un vecteur aléatoire, loi marginale 98
4.3 Fonction de répartition 101
4.4 Théorème de transfert 101
4.5 Indépendance (mutuelle) entre variables aléatoires 103
4.6 Fonction génératrice des moments et indépendance 107
4.7 Fonctions génératrices des probabilités 110
4.7.1 Rappels sur les séries entières 110
4.7.2 Définition et propriétés d'une fonction génératrice des probabilités 113
4.7.3 Fonctions génératrices de lois de probabilités usuelles 117
4.8 Loi conditionnelle 119
4.8.1 Probabilité conditionnelle 119
4.8.2 Espérance conditionnelle par rapport à une variable aléatoire . 121
4.8.3 Propriétés de l'espérance conditionnelle 123
4.9 Fonction génératrice d'un vecteur aléatoire discret 125
4.10 Covariance et Coefficient de corrélation linéaire 129
4.10.1 Covariance et ses propriétés 129
4.10.2 Coefficient de corrélation linéaire 133
4.11 Exemples de vecteurs aléatoires 133
4.11.1 Loi multinomiale 133
4.11.2 Loi polyhypergéométrique 138
4.12 Exercices supplémentaires 142

5 Statistique descriptive : concepts et définitions de base 147
5.1 Terminologie 147
5.1.1 Population - Individu 147
5.1.2 Caractère ou variable statistique 148
5.1.3 Échantillon 148
5.2 Différents types de Caractère 148
5.2.1 Caractère qualitatif 148
5.2.2 Caractère quantitatif 149
5.3 Terminologie des variables 149
5.3.1 Notion de Modalité 149
5.3.2 Notion de classe 150
5.3.3 Tableau statistique 151
5.3.4 Effectifs - Fréquences 152
5.4 Exercices 155

6 Représentations graphiques 159
6.1 Variable qualitative 159
6.1.1 Diagrammes à secteurs circulaires 159
6.1.2 Diagramme en barres ou en tuyaux d'orgue 160
6.2 Variable quantitative discrète 162
6.2.1 Diagramme à bâtons 162

6.2.2 Courbe cumulative 163
6.3 Variable quantitative continue 164
6.3.1 Histogramme 165
6.3.2 Courbes cumulatives 167

7 Résumé des données 171
7.1 Caractéristiques de position 171
7.1.1 Maximum et minimum 171
7.1.2 Le mode 171
7.1.3 La médiane 173
7.1.4 La moyenne 176
7.1.5 Les quantiles 180
7.2 Caractéristiques de dispersion 182
7.2.1 Insuffisance des caractéristiques de position. 182
7.2.2 L'étendue 182
7.2.3 L'intervalle interquartile 183
7.2.4 Boîte à moustaches 183
7.2.5 Ecart absolu moyen 184
7.2.6 Variance - Ecart type 184
7.2.7 Le coefficient de variation 186
7.3 Caractéristiques de forme 187
7.3.1 Asymétrie ou dissymétrie 187
7.3.2 Notion de moment 188
7.3.3 L' Aplatissement 190
7.4 Caractéristiques de concentration 190
7.4.1 la médiale 191
7.4.2 La courbe de concentration ou courbe de Lorenz 191
7.4.3 Le coefficient de Gini ou l'indice de Gini 192
7.5 Exercices supplémentaires 193

8 Variables statistiques à deux dimensions 199
8.1 Organisation des données 199
8.2 Deux variables quantitatives 199
8.2.1 Présentation des données et représentation graphique 199
8.2.2 Covariance et Corrélation 200
8.2.3 Régression linéaire simple 200
8.3 Deux variables qualitatives 204
8.3.1 Tableau de contingence 204
8.4 Séries quantitatives groupées 205
8.4.1 Tableau de contingence, fréquences marginales, fréquences conditionnelles 205
8.4.2 Nuage de points, point moyen 209
8.5 Exercices supplémentaires 210

9 Séries chronologiques 217
9.1 Introduction 217
9.2 Analyse d'une série chronologique 217
9.2.1 Définitions et exemples 217
9.2.2 Représentation graphique 218
9.2.3 Composantes d'une série chronologique 218

9.2.4 Les modèles de composition 219
9.2.5 Les méthodes de décomposition 220
9.3 La méthode de la moyenne mobile 221
9.3.1 Définition d'une moyenne mobile 221
9.4 Détermination des composantes d'une série chronologique 222
9.4.1 Prévision à court terme 223
9.5 Exercices supplémentaires 225

10 Initiation à la statistique avec le logiciel R **229**
10.1 Premier pas avec le logiciel R 229
10.1.1 Comment Installer R 229
10.1.2 R au démarrage 229
10.1.3 Les objets R 230
10.1.4 Les opérateurs arithmétiques 231
10.1.5 Les opérateurs logiques 232
10.1.6 Les vecteurs 232
10.1.7 Retrouver la liste des commandes utilisés 234
10.1.8 Obtenir de l'aide avec R 234
10.1.9 Installer une extension package () 235
10.1.10 Utiliser l'éditeur R 235
10.1.11 Répertoire de travail 235
10.1.12 Quitter R 236
10.2 Exercices d'application 236
10.3 Statistiques descriptives avec R 237
10.3.1 Caractéristiques de position et de dispersion 237
10.3.2 Description des variables qualitatives et quantitatives discrètes 239
10.4 Représentation graphique des données avec R 240
10.4.1 Diagramme en barre 240
10.4.2 Diagramme en barres horizontales 241
10.4.3 Diagramme à secteurs 241
10.4.4 Histogramme 244
10.4.5 Boîte à moustache 244
10.4.6 Afficher plusieurs graphiques dans la même fenêtre 244
10.4.7 Afficher plusieurs fenêtres graphiques et les gérer 245
10.4.8 Sauvegarder un graphique sous différents formats 246
10.4.9 Les paramètres d'une fonction graphique 246
10.4.10 Ajouter des informations sur un graphique 247
10.4.11 Modifier les paramètres de la fenêtre graphique 247
10.5 Exercices d'application 248

A Simulation de variables aléatoires discrètes **251**
A.1 Simulation de variables aléatoires 251
A.1.1 Simulation d'une variable aléatoire discrète 252
A.1.2 Approximation de l'espérance d'une v.a. discrète 256
A.1.3 Approximation de la variance d'une v.a. discrète 258
A.1.4 Une méthode de réduction de la variance pour la simulation . 260
A.2 Simulation de quelques lois de probabilité usuelles 261
A.2.1 Loi de Bernoulli 261
A.2.2 Loi Binomiale 262
A.2.3 Loi de Poisson 263

A.2.4 Loi géométrique 264

B Familles sommables **267**

B.0.1 Familles sommables positives 267

B.0.2 Familles sommables : le Cas Général. 270

Avant-propos

Ce livre est né d'un projet entre les auteurs et le Centre national de documentation scientifique et technique (CNDST) qui est une entité du ministère de l'Enseignement Supérieur, de la Recherche et de l'Innovation du Sénégal.

Nous pensons en effet que le bien le plus précieux d'une société est son développement humain dont l'éducation scientifique est l'un des piliers les plus importants. Au niveau universitaire, cette éducation se fait à travers deux voies essentielles : la *transmission (ou l'enseignement)* des connaissances et leur *évolution* (qui se fait à travers la *recherche*). La transmission de ces connaissances, pour être complète, doit être accompagnée de supports écrits dont la pertinence se trouve dans la consolidation des connaissances universelles et la contextualisation des connaissances.

On constate par ailleurs que la production d'ouvrages universitaires est peu importante en Afrique, notamment dans le domaine des mathématiques et le constat est encore plus frappant en Probabilités et Statistiques, qui jouent pourtant un rôle important en mathématiques du fait de la diversité de leurs champs d'applications.

C'est fort de ce constat qu'est né ce projet de collaboration entre les universitaires et le CNDST du Sénégal qui s'inscrit dans la dynamique d'encourager les universitaires à rédiger des ouvrages de qualité.

Ce présent ouvrage est dédié aux Probabilités discrètes et à la Statistique descriptive. Il aborde le programme de la première année universitaire et entame une bonne partie du programme de la deuxième année en Probabilités et Statistiques des filières mathématiques, physiques, chimiques, et de façon plus générale, des filières scientifiques. Ainsi, ce livre peut être utilisé par tout étudiant qui fait ses premiers pas en Probabilité et Statistique descriptive ou qui souhaite revisiter les connaissances déjà acquises dans ces domaines ou les renforcer. Il peut aussi servir de support d'enseignement.

Pour faciliter la compréhension des définitions et des résultats, nous nous sommes efforcés, tout au long des chapitres, de donner des exemples ou des applications à la suite de chaque définition et résultat. Nous avons aussi proposé des exercices à la fin de chaque chapitre.

Cet ouvrage est composé de deux grandes parties : une partie Probabilités discrètes et une partie Statistique descriptive. La Partie Probabilités discrètes est composée des chapitres suivants :

- ◇ Probabilités : on aborde ici l'analyse combinatoire qui joue un rôle important en probabilité et est basée sur l'algèbre et la théorie des cardinaux. Ensuite, on définit la probabilité sur un ensemble dénombrable et on donne les premières propriétés d'une probabilité.
- ◇ Probabilités conditionnelles : le but de ce chapitre est de montrer comment la connaissance d'une information partielle modifie la probabilité d'un événement. Si l'information partielle n'a aucun lien avec l'événement considéré, elle n'est pas de nature à modifier la probabilité de cet événement. Cela mène à la notion d'indépendance que nous avons aussi traité dans ce chapitre.
- ◇ Variables aléatoires discrètes : on étudie ici les variables aléatoires unidimensionnelles. C'est une notion fondamentale en Probabilités puisqu'en pratique les événements dont on cherche à calculer les probabilités sont induites par des variables aléatoires qui sont censées décrire les phénomènes qu'on observe dans le monde réel. Nous avons aussi étudié un certain nombre d'indicateurs liés à ces variables aléatoires tels que la fonction de répartition, la

fonction quantile, l'espérance mathématique, la variance et leurs propriétés. Nous avons aussi étudié en détail les variables aléatoires usuelles.

◇ Vecteurs aléatoires discrets : on généralise ici les résultats du chapitre sur les variables aléatoires discrètes. Pour faciliter la compréhension du chapitre, nous avons d'abord étudié les couples de variables aléatoires avant d'étendre les résultats obtenus aux vecteurs aléatoires. Nous avons abordé les notions de loi d'un vecteur aléatoire, loi marginale, fonction de répartition, espérance, espérance conditionnelle, variance-covariance, variance conditionnelle, coefficient de corrélation linéaire. Nous avons aussi étudié en détail quelques vecteurs aléatoires discrets usuels.

La deuxième partie est composée des chapitres suivants :

◇ Statistique descriptive : concepts et définition de bases : comme toute matière, la statistique a son propre vocabulaire et terminologie, qu'on définira ici de façon rigoureuse.

◇ Représentation graphique : les graphiques permettent de synthétiser puis d'analyser les données des tableaux statistiques. Suivant la nature des variables étudiées, plusieurs types de graphiques seront présentés.

◇ Résumé des données : Ce chapitre est consacré à la réduction des données statistiques. Il présente des paramètres permettant de résumer les données et qui constituent des outils d'analyse et d'interprétation.

◇ Variables statistiques à deux dimensions : Le but de ce chapitre est d'étudier simultanément deux variables sur une même population. On étudiera également les liaisons entre ces variables et si celles-ci existent, on presentera des graphiques et des indicateurs de liaisons afin de les décrire.

◇ Séries chronologiques : Ce chapitre présente les séries chronologiques qui sont des suites d'observations echelonnées tout au long du temps. L'analyse de telles séries vise à décrire puis à prédire à court et moyen terme avec les outils convenables.

◇ Initiation à la statistique avec le logiciel R : On donne ici un aperçu sur l'utilisation du logiciel R notamment pour l'analyse des données statistiques.

Aussi, nous présentons vers la fin de l'ouvrage une première annexe sur la simulation de variables aléatoires discrètes et une seconde annexe sur les familles sommables.

Nous remercions le ministère de l'Enseignement Supérieur, de la Recherche et de l'Innovation du Sénégal ainsi que le C.N.D.S.T. pour leur accompagnement financier. Nous remercions aussi Cheikh Mbacké Diop qui s'est beaucoup investi dans la coordination de ce projet.

Enfin nous remercions nos parents, nos femmes, nos enfants et nos proches, amis et collègues pour leurs soutiens, leurs encouragements et leurs conseils qui ont fortement contribué à l'aboutissement de ce travail.

Aliou DIOP
Section de Mathématiques Appliquées
UFR de Sciences Appliquées et Technologies
Université Gaston Berger, Saint Louis, Sénégal

Assane DIOP
Département de Mathématiques et Informatique
Faculté des Sciences et Techniques
Université Cheikh Anta Diop, Dakar, Sénégal

Abass SAGNA
ENSIIE, Laboratoire de Mathématiques et Modélisation d'Evry
Université Paris Saclay, France

Serigne Touba SALL
Département de Mathématiques
Faculté des Sciences et Technologies de l'Education et de la Formation
Université Cheikh Anta Diop, Dakar, Sénégal

Chapitre 1

Probabilités

1.1 Introduction et définitions

Considérons un étudiant qui quitte chez lui pour se rendre en bus à l'Université où il a un examen à 8h. Habituellement, il se rend à l'Université par l'un des deux itinéraires qu'il connaît (qu'on notera itinéraire I1 et I2) et lorsqu'il quitte à pareille heure, il arrive en général entre 7h40 et 8h15 par l'itinéraire I1 (qui est plus court mais où le bus met trop d'arrêts) et entre 7h55 et 8h05 par l'itinéraire I2 (qui est plus long mais avec peu d'arrêts du bus). L'étudiant souhaite impérativement arriver avant 8h pour éviter de perdre des minutes sur celles prévues pour l'examen et veut ainsi choisir l'itinéraire où il pense avoir le plus de chances d'arriver avant 8h.

Le choix de son itinéraire, d'une part, et le temps d'arrivée, d'autre part, sont tous soumis à un aléa. Cet étudiant fait donc face à une *expérience aléatoire* qui consiste à choisir un itinéraire parmi les deux possibles et à savoir s'il arrive avant ou après 8h.

A présent, on ne sait pas quel itinéraire l'étudiant va choisir. On ne sait pas non plus si avec l'itinéraire choisi, il arrivera avant ou après 8h. Par ailleurs on peut énumérer l'ensemble des issues possibles de cette expérience aléatoire qui est : {arriver avant (ou à) 8h par l'itinéraire I1, arriver avant (ou à) 8h par l'itinéraire I2, arriver après 8h par l'itinéraire I1, arriver après 8h par l'itinéraire I2}. Nous noterons cet ensemble sous la forme {AV8I1, AV8I2, AP8I1, AP8I2} où AV8Ii signifie "arriver avant (ou à) 8h par l'itinéraire Ii" et AP8Ii signifie "arriver après 8h par l'itinéraire Ii", pour $i = 1, 2$.

Pour une expérience aléatoire donnée, l'ensemble des issues possibles de celle-ci qui sera noté Ω est appelé *Univers*. Les éléments de l'univers Ω sont appelés des *éventualités*.

Considérons donc l'expérience aléatoire décrite précédemment où $\Omega = \{$AV8I1, AV8I2, AP8I1, AP8I2$\}$. Pour choisir un itinéraire, l'étudiant va faire appel à ses connaissances historiques sur les deux itinéraires. Aussi, pour se rapprocher le plus possible de la meilleure décision à prendre, il peut recueillir d'autres informations : poser par exemple des questions aux conducteurs sur l'état du trajet, ou à des passagers (des étudiants par exemple) sur le choix idéal à faire, etc.

Le fait de faire appel à ses connaissances historiques sur les deux itinéraires et le fait de rechercher des informations supplémentaires sur les deux itinéraires permettent en réalité à l'étudiant d'*estimer* (au sens même de la Statistique Inférentielle qui ne sera pas abordée dans ce document), pour chaque itinéraire, *ses chances* d'arriver avant (ou après) 8h. Par la suite, il choisira naturellement le parcours où il pense avoir *le plus de chances* d'arriver avant 8h. L'étudiant est donc entrain de construire une application qui lui permet en particulier d'attribuer à chaque parcours (ou à chaque éventualité ω de l'univers Ω), les chances d'arriver avant ou après 8h (ou les chances de réalisation de ω) et par conséquent, de savoir quelle est l'éventualité la plus probable. Cette application est une mesure de probabilité.

Plus généralement, une *mesure de probabilité* (ou simplement une probabilité) $\mathbb{P}$ est une application définie sur un univers Ω (ou plus exactement sur l'ensemble $\mathscr{P}(\Omega)$ des parties de Ω) et à valeurs dans $[0,1]$ qui à toute éventualité ω de Ω (ou à tout *événement* E, correspondant à un sous-ensemble de Ω) associe le nombre $\mathbb{P}(\{\omega\})$ (ou $\mathbb{P}(E)$) qui mesure le degré de vraisemblance ou les chances de réalisation de ω (ou de E).

Le but de ce chapitre est de présenter, de façon élémentaire, cette notion de probabilité. Ainsi, nous donnerons d'abord quelques définitions, en revenant en particulier sur la définition d'un univers et d'un événement. Comme nous sommes parfois amenés à calculer la probabilité d'un événement résultant d'opérations (telles que la réunion, l'intersection, etc) sur d'autres événements, nous commencerons par ces opérations sur les événements avant de définir les axiomes des probabilités. Nous verrons par la suite différentes propriétés liées aux probabilités.

1.2 Univers, Evénement

Définition 1.2.1. *On appelle univers l'ensemble des résultats possibles d'une expérience aléatoire. Cet ensemble sera noté* Ω.

Exemple 1.2.1. $a)$ Dans notre exemple introductif, où l'expérience consiste à savoir si on arrive avant ou après 8h en choisissant un itinéraire donné parmi les deux possibles, on a vu que

$$\Omega = \{\text{AV8I1}, \text{AV8I2}, \text{AP8I1}, \text{AP8I2}\}$$

où AV8Ii $\equiv$ arriver avant 8h par l'itinéraire Ii et AP8Ii $\equiv$ arriver après 8h par l'itinéraire Ii, pour $i = 1, 2$.

$b)$ Si l'expérience consiste à lancer un dé numéroté de 1 à 6 et à noter le numéro qui apparaît, alors, l'univers $\Omega = \{1, 2, 3, 4, 5, 6\}$. Si on colorie les faces paires du dé en vert et les faces impaires en jaune et que l'expérience consiste à lancer le dé et à noter la couleur qui apparaît, alors $\Omega = \{\text{Vert}, \text{Jaune}\}$.

$c)$ Soit l'expérience aléatoire qui consiste à lancer une fois une pièce de monnaie et à noter le côté qui apparaît. Dans ce cas l'ensemble des issues possibles de l'expérience aléatoire est $\Omega = \{\text{P}, \text{F}\}$ où P $\equiv$ Pile et F $\equiv$ Face. Si au lieu de lancer une seule fois la pièce on la lance deux fois et on note les faces successives qui apparaissent, alors, $\Omega = \{\text{PP}, \text{PF}, \text{FP}, \text{FF}\}$.

$d)$ Si l'expérience consiste à compter le nombre d'appels par heure sur un serveur vocal, l'univers $\Omega = \{0, 1, 2, \ldots, n, \ldots\} = \mathbb{N}$.

Nous discutons du choix de Ω dans la remarque suivante.

Remarque 1.2.1. (a) Dans le contexte de lancer de dé de l'exemple 1.2.1, $b)$, on a vu que Ω change selon que l'on s'intéresse au numéro des faces qui apparaissent ou à la couleur qui apparaît, lorsqu'on colorie les faces avec des couleurs différentes. De la même manière, si dans le contexte de l'introduction, on s'intéresse seulement au choix du parcours, alors $\Omega = \{\text{P1}, \text{P2}\}$. Il faut donc comprendre le problème auquel on s'intéresse pour pouvoir bien identifier Ω.

(b) On peut se demander pourquoi prendre $\Omega = \mathbb{N}$ dans l'exemple $d)$ alors que l'on peut prendre par exemple $\Omega = \{0, 1, \ldots, 100000\}$ car le nombre d'appels ne dépassera certainement pas 100000. En effet, répartis uniformément sur les secondes, les 100000 appels par heure font à peu près 28 appels par secondes. Ce qui, déjà, est "impossible". Certes ! Mais on peut aussi se demander pourquoi ne pas prendre moins ou plus que le nombre 100000 comme borne. De façon générale lorsque les résultats d'une expérience aléatoire sont à valeurs dans un ensemble ordonné dénombrable $\mathbb{A}$ ($\mathbb{A}$ pouvant être par exemple $\mathbb{N}$, $\mathbb{Z}$, une partie dénombrable de $\mathbb{R}$, ...) et sont non bornés, on pourra prendre $\Omega = \mathbb{A}$. Cela n'aura aucune incidence sur la théorie des probabilités car les événements "impossibles" seront de probabilité nulle.

(c) Si dans l'exemple introductif on s'intéresse uniquement au choix de l'itinéraire (parmi les deux itinéraires I1 et I2), alors l'univers $\Omega = \{\text{I1}, \text{I2}\}$. Si on considère que l'étudiant a déjà choisi son itinéraire (disons I2) et qu'on s'intéresse à son arrivée avant ou après 8h par le parcours I2, dans ce cas $\Omega = \{\text{AV8I2}, \text{AP8I2}\}$.

Nous donnons ci-après la définition d'un événement.

Définition 1.2.2. *On appelle événement tout sous-ensemble de l'univers Ω. Autrement dit, un événement est un ensemble d'issues ou d'éventualités possibles de l'expérience aléatoire.*

Exemple 1.2.2. $a)$ Dans l'exemple 1.2.1 a), $E = \{\text{AV8I1}, \text{AV8I2}\}$ est un événement. C'est l'événement "arriver avant (ou à) 8h". L'événement "arriver après 8h" est

$$F = \{\text{AP8I1}, \text{AP8I2}\}.$$

$b)$ Dans l'exemple 1.2.1 b), où $\Omega = \{1, 2, 3, 4, 5, 6\}$, $E = \{2, 4, 6\}$ est l'événement qu'un nombre pair apparaît.

$c)$ Dans l'exemple 1.2.1 c), où l'univers $\Omega = \{\text{PP}, \text{PF}, \text{FP}, \text{FF}\}$, $E = \{\text{PP}, \text{FP}\}$ est l'événement que Pile apparaît au second lancer.

$d)$ Dans l'exemple 1.2.1 d), l'événement "le nombre d'appels est inférieur ou égal à 7" est décrit par l'ensemble $E = \{0, 1, 2, 3, 4, 5, 6, 7\}$.

Définition 1.2.3. *On appelle événement élémentaire ou éventualité de l'univers Ω tout événement constitué d'un seul élément de Ω, autrement dit, tout singleton de Ω.*

Exemple 1.2.3. $a)$ Dans l'exemple 1.2.1 a), $E = \{\text{AV8P1}\}$ est un événement élémentaire de Ω.

$c)$ Dans l'exemple 1.2.1 b), $E = \{\text{PP}\}$ est un événement élémentaire de $\Omega = \{\text{PP}, \text{PF}, \text{FP}, \text{FF}\}$.

1.3 Opérations sur les événements

Rappelons que définir une probabilité sur $\Omega = \{\text{AV8I1}, \text{AV8I2}, \text{AP8I1}, \text{AP8I2}\}$ dans le cadre de l'exemple introductif consiste à attribuer à chaque événement élémentaire ω de Ω un degré de vraisemblance. Par ailleurs, on peut par exemple chercher à évaluer les chances de réalisation de l'événement E : "arriver avant 8h". L'événement E se réalise si on arrive avant 8h par l'itinéraire I1 ou si on arrive avant 8h par l'itinéraire I2. Autrement dit $\omega \in E$ si et seulement si $\omega = \text{AV8I1}$ ou $\omega = \text{AV8I2}$. On dit que E est la réunion des événements AV8I1 et AV8I2 et on écrit

$$E \quad = \quad \{\text{AV8I1}\} \cup \{\text{AV8I2}\} = \{\text{AV8I1}, \text{AV8I2}\}.$$

L'opération de réunion est l'une des opérations qu'on peut faire sur les événements. Nous définissons dans ce qui suit les opérations usuelles sur les événements telles que l'inclusion, la réunion, l'intersection, le complémentaire.

Soit une expérience aléatoire d'univers Ω et soit E un événement de Ω. On dira que l'événement E se réalise si le résultat ω de l'expérience aléatoire appartient à E : on notera $\omega \in E$.

Définition 1.3.1. *On dit que l'événement E est inclus dans l'événement F, et on note $E \subset F$ ou $F \supset E$, lorsque la réalisation de E implique celle de F. Ainsi, F se réalise dès que E se réalise : $\omega \in E \Longrightarrow \omega \in F$.*

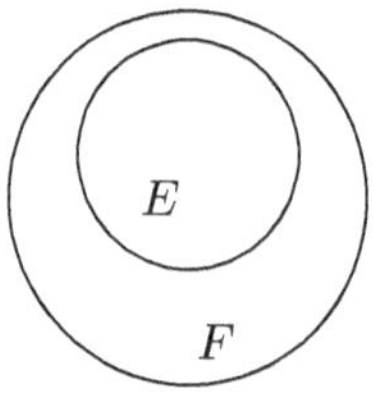

L'événement E est inclus dans l'événement F

Inclusion entre événements

Exemple 1.3.1. Si le contexte est celui de l'exemple 1.2.1 c) où on lance deux fois une pièce de monnaie, alors l'événement $E = \{\text{FF}\} \subset G = \{\text{PP}, \text{FF}\}$.

Remarque 1.3.1. Soient E et F deux événements. Lorsque

$$E \subset F \qquad \text{et} \qquad F \subset E,$$

alors on dit que les deux événements sont égaux et on écrit :

$$E = F.$$

Définition 1.3.2. *On appelle réunion des événements E et F et on note $E \cup F$, l'ensemble des résultats de l'expérience qui appartiennent soit à E seulement, soit à F seulement, soit aux deux événements E et F. Ainsi, l'événement $E \cup F$ se réalise : $\omega \in E \cup F$, si et seulement si les événements E ou F se réalisent : $\omega \in E$ ou $\omega \in F$.*

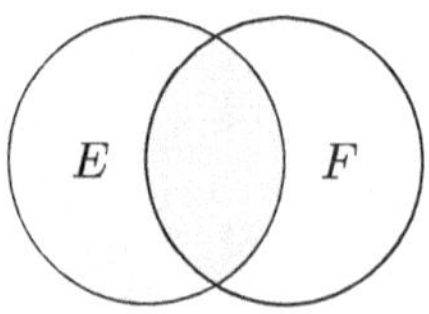

Nous représentons ci-contre les événements E, F et leur réunion en gris

Réunion d'événements

Exemple 1.3.2. $a)$ Considérons l'exemple 1.2.1 c). Si $E = \{\text{PP}\}$ et $F = \{\text{PF}, \text{FP}\}$ alors,

$$E \cup F = \{\text{PP}, \text{PF}, \text{FP}\}.$$

L'événement $E \cup F$ se réalisera si Pile apparaît dans l'un des deux lancers.

$b)$ Considérons l'exemple 1.2.1 e). On tire au hasard une personne d'une population composée de 30% de mineurs (âgés de moins de 18 ans) et de 20% de personnes âgées entre 18 et 25 ans. Quel est l'événement "la personne tirée est jeune" (est considérée comme jeune, une personne qui a au plus 25 ans) ?

Réponse. Soit E l'événement "la personne est mineure" et F l'événement "la personne a entre 18 et 25 ans". L'événement cherché est $G = E \cup F = \{0, 1, \ldots, 25\}$.

On peut parfois être amené à considérer la réunion d'une suite dénombrable d'événements. Nous la définissons de la façon suivante.

Définition 1.3.3. *Soit $E_1, E_2, \ldots$ une suite d'événements de Ω. la réunion des événements $E_1 \cup E_2 \cup \ldots$, notée $\bigcup_{n=1}^{\infty} E_n$ est l'ensemble des résultats de l'expérience qui appartiennent à au moins un des événements E_n, pour $n = 1, 2, \ldots$ Ainsi l'événement $\bigcup_{n=1}^{\infty} E_n$ se réalise, c'est-à-dire,*

$$\omega \in \bigcup_{n=1}^{\infty} E_n,$$

si et seulement si

$$\exists n \in \{1, 2, \ldots,\} \text{ tel que } \omega \in E_n.$$

Exemple 1.3.3. On lance une pièce de monnaie jusqu'à l'apparition de Face. On note F_n l'événement que Face n'apparaisse qu'au n-ième lancer. Déterminer l'événement E : "le nombre de lancers est fini".

Réponse. L'événement E se réalise si et seulement si Face apparaît au premier lancer ou au second lancer ... ou au n-ième lancer .... C'est-à-dire, E se réalise si et seulement si F_1 se réalise ou F_2 se réalise ... ou F_n se réalise ... Donc

$$E = \bigcup_{n=1}^{+\infty} F_n.$$

Définissons maintenant l'intersection de deux événements.

Définition 1.3.4. *a) On appelle intersection des événements E et F et on note $E \cap F$, l'ensemble des résultats de l'expérience qui appartiennent en même temps à E et à F. Ainsi, l'événement $E \cap F$ se réalise : $\omega \in E \cap F$, si et seulement si les deux événements E et F se réalisent en même temps : $\omega \in E$ et $\omega \in F$.*

b) Deux événements E et F sont dits disjoints ou incompatibles si

$$E \cap F = \emptyset.$$

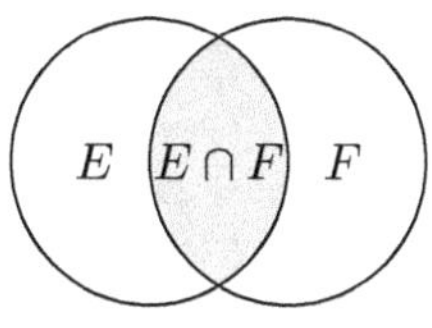

Nous représentons ci-contre les événements E, F et leur intersection

Intersection d'événements

Exemple 1.3.4. Considérons l'exemple 1.2.1 c). Soit $E = \{\text{PP}\}$, $G = \{\text{FP}, \text{PP}\}$ et $H = \{\text{PF}\}$. Alors,

$$E \cap G = \emptyset.$$

Autrement dit, les événements E (avoir Pile aux deux lancers) et G (avoir Pile au premier lancer et Face au second) ne peuvent pas se réaliser en même temps. On a de même

$$G \cap H = \emptyset.$$

Enfin on a

$$E \cap G = \{\text{PP}\}.$$

L'événement $E \cap G$ se réalise si et seulement si Pile apparaît aux deux lancers.

La définition de l'intersection se généralise à une suite dénombrable d'événements de la façon suivante.

Définition 1.3.5. *Soit $E_1, E_2, \ldots$ une suite d'événements de Ω. L'intersection des événements $E_1, E_2, \ldots$, notée $\bigcap_{n=1}^{\infty} E_n$ est l'ensemble des résultats de l'expérience qui appartiennent à tous les événements E_n, pour $n = 1, 2, \ldots$. Ainsi, $\bigcap_{n=1}^{\infty} E_n$ se réalise, c'est-à-dire,*

$$\omega \in \bigcap_{n=1}^{\infty} E_n,$$

si et seulement si

$$\forall n \in \{1, 2, \ldots\}, \quad \omega \in E_n.$$

Exemple 1.3.5. Reprenons l'Exemple 1.3.3 : On lance plusieurs fois une pièce de monnaie et on s'arrête dès que l'on obtient Face. Déterminer cette fois-ci l'événement G : "le nombre de lancers est infini".

Réponse. Notons P_n l'événement : "Pile apparaît au n-ième lancer". Alors, G se réalise si et seulement si Pile apparaît au premier lancer et au second lancer, ... et au n-ième lancer, ... C'est-à-dire, G se réalise si et seulement si P_1 se réalise et P_2 se réalise ... et P_n se réalise .... Donc

$$G = \bigcap_{n=1}^{+\infty} P_n.$$

Nous définissons dans la suite la notion de complémentaire d'un événement et celle de privation d'un événement E dans un événement F.

Définition 1.3.6. *(a) Soit E un événement. On appelle complémentaire de E, et on note E^c ou $\bar{E}$, l'ensemble des résultats de l'éxpérience qui appartiennent à Ω et qui n'appartiennent pas à E. L'événement E^c se réalise : $\omega \in E^c$, si et seulement si l'événement E ne se réalise pas : $\omega \notin E$.*

(b) Soit E et F deux événements. L'événement F privé de E, noté $F \backslash E$, est l'ensemble des résultats de l'expérience qui appartiennent à F et qui n'appartiennent pas à E. Autrement dit,

$$F \backslash E = F \cap E^c.$$

Exemple 1.3.6. $a)$ Considérons l'exemple 1.2.1 b). Si $E = \{\text{PP}, \text{FP}\}$ (avoir Pile au second lancer) et $G = \{\text{PF}, \text{FP}, \text{PP}\}$ (avoir au moins un Pile) alors l'événement complémentaire de E est "avoir Face au second lancer", soit $E^c = \{\text{PF}, \text{FF}\}$, et $G \backslash E = \{\text{PF}\}$.

$b)$ Si le contexte est celui de l'exemple 1.2.1 c), alors, le complémentaire de l'événement $E = \{0, 1, 2, 3, 4\}$ (le nombre d'appels est inférieur ou égal à 4) est l'événement "le nombre d'appels est supérieur ou égal à 5" :

$$E^c = \{5, 6, 7, 8, \ldots\}.$$

Exercice 1.3.1. Soient E, F et G trois événements. Formaliser les expressions suivantes en utilisant les opérateurs d'union, d'intersection et (ou) de complémentaire sur les événements E, F et G.

1. Seul l'événement E se réalise.
2. Les deux événements E et F se réalisent, mais pas G.
3. Un au plus des trois événements se réalise.
4. Deux des événements se réalisent, mais pas le troisième.
5. Tous les trois événements se réalisent.
6. Aucun des événements ne se réalise.
7. Un seul des événements se réalise, mais pas les deux autres.

Exercice 1.3.2. Soit E un événement de l'univers Ω. Que valent les événements suivants : $E \cap \Omega$, $E \cup \Omega$, $E \cap \emptyset$, $E \cup \emptyset$, $E \cup E^c$, $E \cap E^c$, $E \cap E$, $E \cup E$.

Nous résumons dans les propositions suivantes quelques propriétés algébriques liées aux opérateurs définis précédemment.

Proposition 1.3.1. *Soit E, F, G trois événements. On a*

a) Commutativité : $E \cup F = F \cup E$ *et* $E \cap F = F \cap E$.

b) Associativité : $(E \cup F) \cup G = E \cup (F \cup G)$ *et* $(E \cap F) \cap G = E \cap (F \cap G)$.

c) Distributivité : $(E \cup F) \cap G = (E \cap G) \cup (F \cap G)$ *et* $(E \cap F) \cup G = (E \cup G) \cap (F \cup G)$.

Démonstration. Les points $a)$ et $b)$ sont évidents. Montrons que $(E \cup F) \cap G = (E \cap G) \cup (F \cap G)$. Au vu de la remarque 1.3.1, on doit montrer que

$$(E \cup F) \cap G \subset (E \cap G) \cup (F \cap G) \quad \text{et} \quad (E \cup F) \cap G \supset (E \cap G) \cup (F \cap G).$$

Soit $\omega \in (E \cup F) \cap G$. Alors $\omega \in G$ et $\omega \in E \cup F$. Or, dire que $\omega \in E \cup F$ signifie que

- soit $\omega \in E$ et $\omega \notin F$, auquel cas $\omega \in E \cap G$,
- soit $\omega \in F$ et $\omega \notin E$, auquel cas $\omega \in F \cap G$,
- soit $\omega \in E$ et $\omega \in F$, auquel cas $\omega \in E \cap G$ et $\omega \in F \cap G$.

Au final, $\omega \in (E \cap G) \cup (F \cap G)$. On en déduit que

$$(E \cup F) \cap G \subset (E \cap G) \cup (F \cap G). \tag{1.3.1}$$

D'autre part, si $\omega \in (E \cap G) \cup (F \cap G)$ alors

- soit $\omega \in E \cap G$ et $\omega \notin F \cap G$, auquel cas les événements E et G se sont réalisés : $\omega \in E$ et $\omega \in G$. Comme $E \subset E \cup F$ alors l'événement $E \cup F$ s'est aussi réalisé : $\omega \in E \cup F$. Finalement $\omega \in (E \cup F) \cap G$,
- soit $\omega \in F \cap G$ et $\omega \notin E \cap G$, auquel cas les événements F et G sont réalisés : $\omega \in F$ et $\omega \in G$. Or $F \subset E \cup F$, alors, $E \cup F$ s'est aussi réalisé : $\omega \in E \cup F$. Finalement $\omega \in (E \cup F) \cap G$,
- soit $\omega \in E \cap G$ et $\omega \in F \cap G$. Dans ce cas on a en particulier $\omega \in F \cap G$ et on conclut comme précédemment que $\omega \in (E \cup F) \cap G$.

Donc, dans tous les cas $\omega \in (E \cup F) \cap G$. D'où $(E \cup F) \cap G \supset (E \cap G) \cup (F \cap G)$ et, compte tenu de (1.3.1) on a $(E \cup F) \cap G = (E \cap G) \cup (F \cap G)$. La seconde assertion de $c)$ se démontre de la même façon. □

Proposition 1.3.2. *Soit $E_1, E_2, \ldots, E_n$ n événements. On a*

$$\Big(\bigcup_{i=1}^{n} E_i\Big)^c = \bigcap_{i=1}^{n} E_i^c \quad \text{et} \quad \Big(\bigcap_{i=1}^{n} E_i\Big)^c = \bigcup_{i=1}^{n} E_i^c. \tag{1.3.2}$$

Démonstration. Montrons la première égalité, étant donné que la seconde peut se démontrer de la même façon.

On a

$$\omega \in \Big(\bigcup_{i=1}^{n} E_i\Big)^c \iff \omega \notin \bigcup_{i=1}^{n} E_i \iff \forall i = 1, \ldots, n, \quad \omega \notin E_i.$$

Donc

$$\begin{aligned}\omega \in \Big(\bigcup_{i=1}^{n} E_i\Big)^c &\iff \forall i = 1, \ldots, n, \quad \omega \notin E_i \\ &\iff \forall i = 1, \ldots, n, \quad \omega \in E_i^c \\ &\iff \omega \in \bigcap_{i=1}^{n} E_i^c.\end{aligned}$$

D'où le résultat. □

Exercice 1.3.3. Donner l'expression simplifiée des événements suivants :

1. $(E \cup F) \cap (E \cup F^c)$ 2. $(E \cup F) \cap (E^c \cup F) \cap (E \cup F^c)$ 3. $(E \cup F) \cap (F \cup G)$

(si $E \subset F \subset G$).

1.4 Ensemble fini et cardinalité, ensemble infini

Définition 1.4.1. *Soit E et F deux ensembles donnés. On dit que E et F sont équipotents s'il existe une bijection $f : E \to F$. Si E et F sont équipotents, on notera E eq F.*

Exemple 1.4.1. On montre que les applications suivantes sont bijectives :

a.) $f : \{a, b, c\} \to \{1, 2, 3\}$ telle que $f(a) = 1,\ f(b) = 2,\ f(c) = 3,$

b.) $g : \mathbb{N} \to \mathbb{N}^\star$, $n \to n+1$,

c.) $h : \mathbb{N} \to \mathbb{Z}$, $n \to \begin{cases} \frac{n}{2} & \text{si } n \text{ pair} \\ -\frac{(n+1)}{2} & \text{si } n \text{ impair.} \end{cases}$

Il s'en suit alors que : $\{a, b, c\}$ *eq* $\{1, 2, 3\}$, $\mathbb{N}$ *eq* $\mathbb{N}^\star$ et $\mathbb{N}$ *eq* $\mathbb{Z}$.

Remarque 1.4.1. On vérifie que la relation *eq* est une relation d'équivalence :

1. elle est réfléxive : pour tout ensemble A, on a A *eq* A ;
2. la relation *eq* est symétrique : si A et B sont deux ensembles tels que A *eq* B, alors B *eq* A ;
3. la relation *eq* est transitive : si A, B et C sont trois ensembles tels que A *eq* B et B *eq* C, alors A *eq* C.

Définition 1.4.2. **A.** *Un ensemble E est dit fini si $E = \emptyset$ ou s'il existe $n_0 \in \mathbb{N}^\star$ tel que E eq $\{1, \cdots, n_0\}$.*

B. *Si E est fini, on appelle cardinal de E l'unique entier noté* $\text{card}(E)$ *ou* $|E|$ *et vérifiant :* $\text{card}(E) = 0$ *si* $E = \emptyset$ *et* $\text{card}(E) = n_0$ *pour* $n_0 \in \mathbb{N}^\star$ *si E eq* $\{1, \cdots, n_0\}$.

Exemple 1.4.2. Soit E l'ensemble des lettres de l'alphabet latin, F et G, des ensembles définis par $F = \{1, \cdots, n_0\}$ et $G = \{0, 1, \cdots, n_0\}$, pour un certain $n_0 \in \mathbb{N}^\star$. Alors, ces ensembles sont finis, de plus $\text{card}(E) = 26$, $\text{card}(F) = n_0$ et $\text{card}(G) = n_0 + 1$.

Proposition 1.4.1. *Soit E et F deux ensembles finis quelconques. On a les égalités suivantes :*

a. $\text{card}(E \cup F) = \text{card}(E) + \text{card}(F) - \text{card}(E \cap F)$.
En particulier si $E \cap F = \emptyset$, on a $\text{card}(E \cup F) = \text{card}(E) + \text{card}(F)$.

b. $\text{card}(E \times F) = \text{card}(E) \times \text{card}(F)$. *On rappelle que* $E \times F = \{(i, j),\ i \in E, j \in F\}$.

Démonstration. **a.** Si E ou F est vide, le résultat est évident. Si ce n'est pas le cas, posons $E = \{x_1, \cdots, x_n\}$ et $F = \{y_1, \cdots, y_p\}$. Si $E \cap F = \emptyset$, alors on a $E \cup F = \{x_1, \cdots, x_n, y_1, \cdots, y_p\}$ et donc $\text{card}(E \cup F) = n + p$.
Supposons que $E \cap F \neq \emptyset$ et $E \cap F = \{y_{i_1}, \cdots, y_{i_k}\}$ pour un entier $k \leq min(n, p)$, avec $\{i_1, \cdots, i_k\} \subset \{1, \cdots, p\}$. Alors comme chaque élément de $E \cup F$ est représenté une seule fois, on remarque que :

$$E \cup F = \{x_1, \cdots, x_n\} \cup (\{y_1, \cdots, y_p\} \setminus \{y_{i_1}, \cdots, y_{i_k}\}).$$

Il s'en suit que $\text{card}(E \cup F) = n + p - k$. Comme $\text{card}(E \cap F) = k$, on en déduit que $\text{card}(E \cup F) = \text{card}(E) + \text{card}(F) - \text{card}(E \cap F)$.

b. Si $E = \emptyset$, le résultat est évident : $E \cap F = \emptyset$, et $\text{card}(E \times F) = \text{card}(E) = 0 = \text{card}(E) \times \text{card}(F) = 0$. Même chose pour $F = \emptyset$. Si maintenant E et F sont non vides, posons comme précedemment : $E = \{x_1, \cdots, x_n\}$ et $F = \{y_1, \cdots, y_p\}$. On a

$$\begin{aligned} E \times F &= \{(x_i, y_j),\ i \in \{1, \cdots, n\},\ j \in \{1, \cdots, p\}\} \\ &= \{(x_1, y_1), \cdots, (x_1, y_p)\} \cup \{(x_2, y_1), \cdots, (x_2, y_p)\} \cup \cdots \\ &\quad \cdots \cup \{(x_n, y_p), \cdots, (x_n, y_p)\}. \end{aligned}$$

On voit alors que

$$\text{card}(E \times F) = \underbrace{p + \cdots + p}_{n \text{ fois}}.$$

D'où $\text{card}(E \times F) = n \times p = \text{card}(E) \times \text{card}(F)$. □

L'exercice suivant généralise les résultats précédents.

Exercice 1.4.1. Soit $E_1, \cdots, E_n$, $n \in \mathbb{N}^\star$ des ensembles finis. Montrer que

a.

$$\text{card}\,(E_1 \times \cdots \times E_n) = \text{card}(E_1) \times \cdots \times \text{card}(E_n).$$

b.

$$\text{card}\left(\bigcup_{i=1}^{n} E_i\right) = \sum_{j=1}^{n}(-1)^{j+1} \sum_{1 \leq i_1 < \cdots < i_j \leq n} \text{card}\left(\bigcap_{l=1}^{j} E_{i_l}\right).$$

Cette dernière formule est appelée "*formule de Poincaré* " ou "*formule du crible*".

Indication Utiliser un raisonnement par récurrence.

Si un ensemble n'est pas fini, on dit de lui qu'il est infini, c'est le cas par exemple de $\mathbb{N}$ et de tout ensemble contenant $\mathbb{N}$ comme $\mathbb{Z}$, $\mathbb{Q}$, $\mathbb{R}$ et $\mathbb{C}$. La partie qui suit traite des ensembles infinis.

Définition 1.4.3. *Un ensemble E est dit dénombrable si E est fini ou si E est infini et équipotent à $\mathbb{N}$.*

Exemple 1.4.3. **a.** Les ensembles : $\emptyset$, $\{a, b, c\}$, $\{1, \cdots, 5\}$, $\{0, 1, \cdots, 5\}$ sont finis donc dénombrables.

b. En utilisant l'application identité de $\mathbb{N}$ vers $\mathbb{N}$ et les bijections des points **b.)** et **c.)** de l'Exemple 1.4.1, on déduit que $\mathbb{N}$, $\mathbb{N}^\star$ et $\mathbb{Z}$ sont infinis dénombrables.

Remarque 1.4.2. **a.** Pour montrer qu'un ensemble E est dénombrable, il suffit de montrer qu'il existe une injection de E vers $\mathbb{N}$ ou vers un autre ensemble dénombrable. Or, on montre que l'application

$$f : \begin{array}{ccc} \mathbb{N} \times \mathbb{N} & \to & \mathbb{N}^\star \\ (m, n) & \to & f(m, n) = 2^m(2n + 1), \end{array}$$

est injective (vérifier en exercice), donc on conclut que $\mathbb{N} \times \mathbb{N}$ est (infini) dénombrable. De manière plus générale si E et F sont dénombrables, alors l'ensemble produit $E \times F$ est dénombrable. L'ensemble $E \times F$ est alors fini si et seulement si E et F sont finis. Sinon (E et F étant non vide), l'ensemble $E \times F$ est infini. De même, on montre que l'ensemble $\mathbb{Q}$ des nombres rationnels est infini dénombrable. Enfin, si $(E_i)_{i \in I}$ sont des ensembles dénombrables indéxés par I qui est dénombrable, alors $\cup_{i \in I} E_i$ est dénombrable.

b. Un ensemble E est dit non dénombrable, s'il n'existe pas une bijection de cet ensemble vers $\mathbb{N}$, une partie de $\mathbb{N}$ ou plus généralement vers un ensemble dénombrable. On montre par exemple que :

1. l'ensemble des nombres irrationnels $\mathbb{Q}^c$ dans $\mathbb{R}$,
2. l'ensemble des nombres réels $\mathbb{R}$, ou pour tous réels a, b (tels que $a < b$), l'intervalle $]a, b[$,
3. l'ensemble des parties de $\mathbb{N}$, noté $\mathscr{P}(\mathbb{N})$,
4. l'ensemble des applications de $\mathbb{N}$ dans $\{0, 1\}$ à savoir $\{0, 1\}^{\mathbb{N}}$

sont des ensembles infinis non dénombrables.

1.5 Combinatoire

L'analyse combinatoire permet de déterminer le nombre d'éléments d'un ensemble sans être contraint d'effectuer un comptage. Pour se faire, nous allons classer les problèmes de dénombrement d'un ensemble par contexte et donner des outils mathématiques adaptés à chaque contexte. L'analyse combinatoire fournit des méthodes très pratiques de calcul de probabilité dans certaines situations particulières. Lorsqu'on est par exemple dans un cadre d'équiprobabilité c'est à dire tous les événements élémentaires ont la même probabilité, la probabilité d'un événement peut être déterminée par le rapport entre le nombre d'éléments de l'événement concerné, sur le nombre d'éléments de Ω. D'où la nécessité, dans ces cas, de déterminer en particulier le nombre d'éléments de Ω.

Soit E un ensemble. Rappelons que le cardinal de E, noté card(E) ou $|E|$, est le nombre d'éléments de E.

Exemple 1.5.1. On lance trois fois de suite une pièce de monnaie et on note les faces qui apparaissent.

1. Déterminer l'univers Ω.
2. Quel est le cardinal de Ω.
3. Quel est le cardinal de Ω lorsqu'on lance n fois la pièce de monnaie.

Réponse. 1. On a

$$\Omega = \{\text{PPP}, \text{PPF}, \text{PFP}, \text{FPP}, \text{PFF}, \text{FFP}, \text{FPF}, \text{FFF}\}.$$

2. Le cardinal de Ω est $8 = 2^3$.
3. Le cardinal de Ω est 2^n.

Ce dernier exemple montre que lorsque n est grand, il est plus pratique d'utiliser la formule 2^n pour déterminer le cardinal de Ω que de vouloir énumérer et compter l'ensemble des cas possibles. Notre objectif dans cette partie est de donner des formules générales qui permettent de déterminer le cardinal d'événements pour une expérience aléatoire donnée. Nous étudierons ainsi les notions d'arrangement (avec et sans répétition), de permutation, de combinaison.

1.5.1 Arrangement

1.5.1.1 Arrangement sans répétition

Définition 1.5.1. *Soit n et p deux entiers tels que $p \leq n$ et E un ensemble de cardinal n. Un arrangement de p éléments parmi n, noté A_n^p, est une liste ordonnée de p éléments de E deux à deux distincts.*

RAPPEL. Soit n un entier. Le factoriel de n, noté $n!$, est défini par

$$n! = n\times(n-1)\times\ldots\times 2\times 1 \quad \text{avec } 0! = 1.$$

Proposition 1.5.1. *Le nombre d'arrangements de p éléments parmi n, noté A_n^p, est donné par*

$$A_n^p = \frac{n!}{(n-p)!} = n\times(n-1)\times\ldots\times(n-p+1).$$

Démonstration. Soit A_k^i, le nombre de façons de choisir les i derniers éléments parmi les k éléments restants, $i \in \{1, \ldots, p\}$, $k \in \{1, \ldots, n\}$: A_n^p étant le nombre de façon de choisir les p éléments parmi les n. Si on fixe un premier élément parmi les p qu'on doit choisir, il nous reste à choisir les $p-1$ éléments parmi les $n-1$ éléments restants (car l'élément choisi ne peut plus être choisi à nouveau). Comme nous avons n façons de choisir ce premier élément on a donc

$$A_n^p = n \times A_{n-1}^{p-1}.$$

Pour déterminer A_{n-1}^{p-1} on fait un raisonnement similaire : si on fixe le deuxième élément (un élément parmi les $n-1$ élément restants), il nous reste à choisir $p-2$ éléments parmi les $n-2$ restants. Or nous avons cette fois-ci $n-1$ façons de choisir le deuxième élément. On a donc $A_{n-1}^{p-1} = (n-1) \times A_{n-2}^{p-2}$. On peut montrer par récurrence que

$$A_{n-i}^{p-i} = (n-i) \times A_{n-i-1}^{p-i-1}, \quad i = 0, \ldots, p-1, \text{ avec } A_{n-p}^{0} = 1.$$

Donc, le nombre d'arrangements (sans répétition) de p éléments parmi n est donné par

$$A_n^p = n \times (n-1) \times \ldots \times (n-p+1).$$

□

Exemple 1.5.2. Une urne contient quatre boules numérotées de 1 à 4. On tire *successivement* et *sans remise* deux boules de l'urne. Combien de résultats différents peut-on avoir sachant qu'on tient compte de l'ordre des tirages ?

Réponse. Remarquons d'abord que le fait de tirer les boules de l'urne de façon successive permet de tenir compte de l'ordre du tirage. Ainsi le tirage 12, par exemple, est différent du tirage 21. Aussi, le fait de ne pas remettre la boule tirée de l'urne pour effectuer le second tirage nous évite de répéter un chiffre. Ainsi, les tirages 11 ou 44, par exemple, ne sont pas possibles. On est donc en présence d'un arrangement (sans répétition) de deux éléments parmi quatre. Le nombre de tirages différents est donc de $A_4^2 = 12$.

Exercice 1.5.1. *(Deux événements distincts peuvent avoir le même cardinal)* Une urne contient cinq boules numérotées de 1 à 5. On considère l'expérience aléatoire qui consiste à tirer successivement et sans remise, trois boules de l'urne et à noter les numéros successifs qui apparaissent. Soit E l'événement que les deux premiers tirages font apparaître successivement les numéros 2 et 1 et, F l'événement que les deux premiers tirages font apparaître les numéros 1 et 2.

1. Déterminer le cardinal de l'univers Ω.
2. A-t-on l'inclusion $E \subset F$ ou $F \subset E$?
3. Déterminer le cardinal de E et celui de F.

1.5.1.2 Arrangement avec répétition

Définition 1.5.2. *Soit n et p deux entiers et E un ensemble de cardinal n. Un arrangement, avec répétition, de p éléments parmi n est une liste ordonnée de p éléments non nécessairement distincts parmi les n.*

Le résultat suivant permet de dénombrer le cardinal d'un arrangement avec répétition.

Proposition 1.5.2. *Le nombre d'arrangements, avec répétition, de p éléments parmi n est donné par n^p.*

Démonstration. On note $\mathcal{N}_n^i$, le nombre de façons de choisir les i derniers éléments parmi les n, $i \in \{1, \ldots, p\}$: $\mathcal{N}_n^p$ est le nombre de façons de choisir les p éléments de la liste (parmi les n) et $\mathcal{N}_1$, le nombre de façons de choisir le dernier élément de la liste (parmi les n). Si on fixe un premier élément parmi les p qu'on doit choisir, il nous reste à choisir les $p-1$ éléments restants parmi les n éléments (car l'élément qui a été choisi peut être choisi à nouveau). Comme nous avons n façons de choisir ce premier élément on a donc

$$\mathcal{N}_n^p = n \times \mathcal{N}_n^{p-1}.$$

On peut montrer par récurrence que pour tout $i = p, \ldots, 1$,

$$\mathcal{N}_n^{p-i} = n \times \mathcal{N}_n^{p-i-1}, \text{ avec } \mathcal{N}_n^0 = 1.$$

Donc, le nombre d'arrangements, avec répétition, de p éléments parmi n est donné par $\mathcal{N}_n^p = n^p$. □

Exemple 1.5.3. Vous achetez une carte téléphonique dont le code secret est choisi parmi les chiffres de 0 à 9. Vous effacez par inadvertance 2 chiffres en la grattant. Vous vous décidez à tester l'ensemble des cas possibles pour retrouver le bon numéro.

1. Combien de possibilités avez-vous de choisir les 2 chiffres manquants.
2. S'il vous faut en moyenne 1mn 30s pour tester un code, combien de temps faut-il en moyenne pour tester l'ensemble des codes possibles ?

Réponse. 1. On doit remplir deux cases avec les chiffres de 0 à 9 et avec la possibilité de répéter un chiffre. Le nombre de possibilités est donc 10^2.

Remarque 1.5.1. Remarquons que dans l'exemple 1.5.1, nous sommes en présence d'un arrangement avec répétition de n éléments parmi 2 (Pile ou Face), lorqu'on lance n fois la pièce de monnaie.

Exercice 1.5.2. Soit $\Omega = \{a_1, \ldots, a_n\}$ un ensemble de cardinal n et $\mathscr{P}(\Omega)$ l'ensemble des parties de Ω, qui est composé de l'ensemble vide $\emptyset$ et de l'ensemble des réunions de singletons de Ω. On veut montrer que le cardinal de $\mathscr{P}(\Omega)$ est 2^n. Pour cela on écrit chaque élément de $\mathscr{P}(\Omega)$ comme réunion de singletons de Ω et on le code en lui faisant correspondre une succession de n cases où la case i prend la valeur 1 lorsque le singleton $\{a_i\}$ est présente dans la réunion et la valeur 0 sinon. Par exemple, si $\Omega = \{a_1, a_2, a_3\}$, alors l'événement $A = \{a_1, a_3\}$ qui appartient à $\mathscr{P}(\Omega)$ est codé 101 et l'événement $B = \{a_3, a_2\}$ est codé 011.

On suppose que $\Omega - \{a_1, \ldots, a_n\}$.

1. Coder les événements suivants : $\emptyset, \{a_2, a_n\}, \{a_3, a_{n-1}, a_n\}, \Omega$.
2. En déduire que le cardinal de $\mathscr{P}(\Omega)$ est 2^n.

Exercice 1.5.3. Soit $\mathbb{F}[x^d]$ l'ensemble des polynômes de degré d à coefficients dans $\mathbb{F}_2 = \{0, 1\}$.

1. Déterminer le cardinal de $\mathbb{F}[x^2]$ après avoir énuméré ses éléments.
2. Quel est le cardinal de $\mathbb{F}[x^d]$, pour d quelconque ?

1.5.2 Permutation

1.5.2.1 Permutation sans répétition

Définition 1.5.3. *Soit E un ensemble de cardinal n. Une permutation des éléments de E est une liste ordonnée et sans répétition des n éléments de E. Il s'agit d'un arrangement (sans répétition) de tous les éléments de E.*

Proposition 1.5.3. *Soit E un ensemble de cardinal n. Le nombre de permutations des éléments de E est donné par $n!$.*

Démonstration. Le nombre de permutations des éléments de E est le nombre d'arrangements à n éléments parmi n, soit $A_n^n = n\times(n-1)\times\ldots\times(n-n+1) = n!$. □

Exemple 1.5.4. On veut former un nombre à 5 chiffres dont les 3 derniers chiffres sont une permutation de $0, 1$ et 2. Combien peut-on en former

1. si les 2 premiers chiffres sont distincts et différents de $0, 1$ ou 2,
2. si les 2 premiers chiffres sont distincts et composés des chiffres de 0 à 9.

1.5.2.2 Permutation avec répétition

Définition 1.5.4. *Etant donné $k, n \in \mathbb{N}^\star$ avec $n \geq k$, un ensemble $E = \{a_1, \cdots, a_k\}$, une suite d'entiers naturels $p_1, \ldots, p_k$ tels que $p_1 + \ldots + p_k = n$, on appelle permutation de n éléments de E avec $p_1, p_2, \ldots, p_k$ répétitions, toute suite ordonnée des éléments de E telle que $a_1, \cdots, a_k$ apparaissent respectivement p_1, …, p_k fois.*

Proposition 1.5.4. *Le nombre de permutations de n éléments de E avec $p_1, p_2, \ldots, p_k$ répétitions est égal à*

$$\frac{n!}{p_1!p_2!\cdots p_k!}.$$

Démonstration. Posons $E = \{a_1, \cdots, , a_k\}$ et $k \leq n$. L'ordre ne comptant pas dans la répartition de l'élément a_1, le nombre de façons de répartir p_1 fois cet élément à travers les n places disponibles est la combinaison

$$C_n^{p_1} = \frac{n!}{p_1!(p_2 + \cdots + p_k)!}.$$

De même le nombre de façons de choisir p_2 emplacements pour a_2 sur les $n - p_1 = p_2 + \cdots p_k$ places restantes est égal à

$$C_{p_2+\cdots+p_k}^{p_2} = \frac{(p_2 + \cdots + p_k)!}{p_k!(p_2 + \cdots + p_k)!},$$

etc ..., enfin le nombre d'emplacements possibles pour a_k est de $C_{p_k}^{p_k}$. Finalement, le nombre de permutations avec répétition est :

$$\frac{n!}{p_1!(p_2 + \cdots + p_k)!} \times \frac{(p_2 + \cdots + p_k)!}{p_2!(p_3 + \cdots + p_k)!} \times \cdots \times \frac{(p_{k-1} + p_k)!}{p_{k-1}!p_k!} \times \frac{p_k!}{p_k!0!}$$

$$= \frac{n!}{p_1!p_2!\cdots p_{k-1}!p_k!}.$$

□

Exemple 1.5.5. On dispose de 3 boules rouges, de 2 boules blanches et de 2 boules jaunes. De combien de façons peut-on les disposer les unes après les autres ?

Réponse. Soit $E = \{R, B, J\}$, où $R \equiv$ 'Boule rouge', $B \equiv$ 'Boule blanche', $J \equiv$ 'Boule jaune'. Il s'agit ici de permutations de $k = 7$ éléments de E avec $p_1 = 3$, $p_2 = 2$, $p_3 = 2$ répétitions. Le nombre de façons de les arranger est donc $\frac{7!}{3!2!2!} = 35$.

1.5.3 Combinaison

1.5.3.1 Combinaison sans répétition

Définition 1.5.5. *Soit E un ensemble de cardinal n et p un entier tel que $p \leq n$. Une combinaison de p éléments parmi n, est un sous ensemble de E de cardinal p.*

Proposition 1.5.5. *Le nombre de combinaisons de p éléments parmi n, noté $\binom{n}{p}$ ou C_n^p, est donné par :*

$$\binom{n}{p} = C_n^p = \frac{n!}{p!(n-p)!}.$$

Démonstration. Notons $E = \{1, 2, \ldots, n\}$ et considérons une combinaison à p éléments parmi les éléments de E, par exemple, $C = \{1, 2, \ldots, p\}$. Combien d'arrangements (sans répétition) peut-on faire avec les éléments de C ? C'est le nombre de permutations des éléments de C, soit $p!$. Par conséquent, le nombre d'arrangements (sans répétition) à p éléments parmi n est égal à $p!$ fois le nombre de combinaisons à p éléments parmi n : $A_n^p = p!C_n^p$. □

Remarque 1.5.2. Pour une combinaison, l'ordre des éléments ne compte pas et il n'y a pas de répétition.

Nous donnons ci-après les propriétés des coefficients binomiaux C_n^p.

Proposition 1.5.6. *Soit n et p deux entiers naturels tels que $n \geq p$. Alors, on a*

1. $C_n^p = C_n^{n-p}$.
2. $C_n^0 = C_n^n = 1$.
3. $C_n^1 = C_n^{n-1} = n$.
4. $C_n^p + C_n^{p+1} = C_{n+1}^{p+1}$.

Démonstration. 1. Par définition, on a $C_n^{n-p} = \dfrac{n!}{(n-p)!(n-(n-p))!} = C_n^p$.

2. $C_n^0 = C_n^n$ d'après le 1. et $C_n^0 = \dfrac{n!}{0!(n-0)!} = 1$.

3. $C_n^1 = C_n^{n-1}$ d'après le 1. et $C_n^1 = \dfrac{n!}{(n-1)!} = n$.

4. On a

$$\begin{aligned} C_n^p + C_n^{p+1} &= \frac{n!}{p!(n-p)!} + \frac{n!}{(p+1)!(n-p-1)!} \\ &= \frac{n!(p+1)}{(p+1)!(n-p)!} + \frac{n!(n-p)}{(p+1)!(n-p)!} \\ &= \frac{n!(n+1)}{(p+1)!(n-p)!} = C_{n+1}^{p+1}. \end{aligned}$$

Ce qui met fin à la preuve. □

Ces propriétés permettent en particulier de construire le *triangle de Pascal* que nous rappelons dans la Table 1.1.

$n \backslash p$	0	1	2	3	4	5	...
1	1	1					
2	1	2	1				
3	1	3	3	1			
4	1	4	6	4	1		
5	1	5	10	10	5	1	
⋮	⋮	⋮	⋮	⋮	⋮	⋮	...

TABLE 1.1 – Triangle de Pascal construit avec les coefficients binomiaux : les quantités C_n^p.

Remarque 1.5.3. Les coefficients binomiaux interviennent aussi dans le développement de $(x+y)^n$, $x, y \in \mathbb{R}$, $n \geq 0$. En effet

$$(x+y)^n = \sum_{p=0}^{n} C_n^p x^{n-p} y^p.$$

Cette dernière égalité est connue sous le nom de : Formule du binôme de Newton. Par exemple

$$(x+y)^4 = x^4 + 4\,x^3y + 6\,x^2y^2 + 4\,xy^3 + y^4$$
$$\text{et} \quad (x+y)^5 = x^5 + 5\,x^4y + 10\,x^3y^2 + 10\,x^2y^3 + 5\,xy^4 + y^5.$$

Exemple 1.5.6. Vous disposez de 3 boules rouges et de 2 boules blanches, les boules de même couleur étant indiscernables.

1. De combien de façons pouvez-vous les disposer ?
2. Enumérez l'ensemble des cas possibles.

Réponse. 1. Nous allons d'abord chercher à déterminer le nombre de façons de placer les boules rouges. Comme nous voulons placer 3 boules rouges indiscernables parmi les 5 places disponibles, nous avons $C_5^3 = 10$ façons de les placer. Pour chaque combinaison fixée de 3 boules rouges, on doit placer les 2 boules blanches sur les 2 emplacements restants. On a donc $C_2^2 = 1$ façon de placer ces 2 boules blanches. Au final, nous avons $C_5^3 \times C_2^2 = 10$ façons d'aligner les boules.
2. Soit r ≡ rouge et b =≡ blanche. Les alignements possibles sont

rrrbb, brrrb, bbrrr, rrbrb, rrbbr, brrbr, rbbrr, rbrbr, brbrr, rbrrb.

1.5.3.2 Combinaison avec répétition

Définition 1.5.6. *Soit E un ensemble contenant n éléments, on appelle combinaison avec répétition de p éléments de E, toute suite (l'ordre ne comptant pas) de p éléments avec répétition.*

Proposition 1.5.7. *Le nombre de p-combinaisons avec répétition d'un ensemble à n éléments, qu'on notera ici $\mathcal{B}_n^p$ vaut :*

$$\mathcal{B}_n^p = C_{n+p-1}^p = \frac{(n+p-1)!}{p!(n-1)!}.$$

Démonstration. Supposons que $E = \{x_1, \cdots, x_n\}$, chercher le nombre de combinaisons de p éléments avec répétition revient à chercher le nombre de combinaisons de p éléments avec répétitions sans l'élément x_n ce qui vaut $\mathcal{B}_{n-1}^p$, plus le nombre de combinaisons avec répétitions contenant au moins un élément x_n et en mettant à part cet élément ceci vaut $\mathcal{B}_n^{p-1}$. Finalement, nous avons

$$\mathcal{B}_n^p = \mathcal{B}_{n-1}^p + \mathcal{B}_n^{p-1}, \tag{1.5.1}$$

pour tout $n \geq 1$. Utilisant ce qui précède avec une relation de récurrence sur $n+p$, on montre que $\forall p,\ n \in \mathbb{N}^\star$, on a : $\mathcal{B}_n^p = C_{n+p-1}^p$. □

Exemple 1.5.7. On lance simultanément 9 dés numérotés de 1 à 6 et on note les numéros qui apparaissent pour chaque dé. Quel est le nombre de résultats possibles ?

Réponse. On a ici $n = 6$, $E = \{1, \cdots, 6\}$ et $p = 9$. Le résultat recherché est une combinaison avec répétition de 9 éléments pris parmi 6 : $\mathcal{B}_6^9 = C_{14}^9 = \frac{14!}{9!5!} = 2002$.

1.6 Probabilité

Soit une expérience aléatoire d'univers Ω et soit E un événement de Ω. On ne sait pas si l'événement E se réalisera avant d'effectuer l'expérience aléatoire. Dans ce contexte d'incertitude on souhaite quantifier les chances que l'événement E se réalise. Pour cela, on introduit la notion de mesure de probabilité $\mathbb{P}$. Soit $\mathscr{P}(\Omega)$ l'ensemble des parties de Ω. Une probabilité $\mathbb{P}$ sur Ω est une application

$$\begin{aligned} \mathbb{P} :\ \mathscr{P}(\Omega) &\longrightarrow [0,1] \\ E &\longmapsto \mathbb{P}(E) \end{aligned}$$

qui, à tout événement E, associe le nombre $\mathbb{P}(E) \in [0,1]$, qui mesure les chances de réalisation ou le degré de vraisemblance de l'événement E.

Lorsqu'on définit une probabilité sur $\mathscr{P}(\Omega)$, nous avons besoin non seulement de déterminer $\mathbb{P}(E)$, pour tout $E \in \mathscr{P}(\Omega)$, mais aussi de calculer par exemple

1. $\mathbb{P}(\Omega)$
2. $\mathbb{P}(E^c)$ pour $E \in \mathscr{P}(E)$
3. $\mathbb{P}\big(\bigcup_{n\geq 1} E_n\big)$, où $E_n \in \mathscr{P}(\Omega)$, pour tout $n \geq 1$.

Nous aurons aussi besoin de calculer la probabilité d'événements résultant d'opérations telles que l'intersection, la privation, etc, sur des événements de $\mathscr{P}(\Omega)$. Mais tout ceci peut se ramener au calcul de la probabilité d'événements définies aux points 1., 2. et 3. précédents. On verra par exemple que

$$\mathbb{P}(E\backslash F) = \mathbb{P}(E) - \mathbb{P}(E \cap F), \qquad E, F \in \mathscr{P}(\Omega).$$

Par conséquent, le calcul de la probabilité de $E\backslash F$ se ramène aux calculs des probabilités de E et de $E \cap F$, donc au point 3.

Par ailleurs, comme $\mathbb{P}$ est une application, pour que les points 1., 2. et 3. aient un sens il faut que les événements pour lesquels on veut évaluer la probabilité soient dans l'ensemble de départ $\mathscr{P}(\Omega)$. En particulier, on doit avoir

1'. $\Omega \in \mathscr{P}(\Omega)$

2'. $E^c \in \mathscr{P}(\Omega)$ si $E \in \mathscr{P}(\Omega)$

3'. $\bigcup_{n\geq 1} E_n \in \mathscr{P}(\Omega)$ si $E_n \in \mathscr{P}(\Omega)$, pour tout $n \geq 1$.

Il est facile de vérifier que c'est bien le cas.

Remarque 1.6.1. Un ensemble $\mathcal{F}$ de parties de Ω ($\mathcal{F} \subset \mathscr{P}(\Omega)$) qui vérifie les propriétés 1'., 2'. et 3'. où on remplace $\mathscr{P}(\Omega)$ par $\mathcal{F}$, est appelé une *tribu* (ou une *σ-algèbre*) sur Ω (la notion de tribu sera développée en niveau supérieur). De façon générale, on peut définir une probabilité sur toute tribu $\mathcal{F}$ sur Ω, mais nous allons la définir ici sur la tribu particulière $\mathscr{P}(\Omega)$.

Si $\mathcal{F}$ est une tribu sur Ω et $\mathbb{P}$ une probabilité sur $\mathcal{F}$, alors le couple $(\Omega, \mathcal{F})$ est appelé *espace mesurable* et le triplet $(\Omega, \mathcal{F}, \mathbb{P})$ est appelé *espace probabilisé.*

Une probabilité sur $\mathscr{P}(\Omega)$ est définie à partir d'un certain nombre d'axiomes qui semblent être en accord avec l'intuition que l'on se fait de la notion de probabilité. En utilisant ces axiomes, on peut montrer en particulier que lorsqu'une expérience aléatoire est répétée en un nombre "infini" (ou suffisamment grand) de fois "dans les mêmes conditions expérimentales" alors, avec probabilité 1, la fréquence de réalisation d'un événement E tend vers le nombre théorique $\mathbb{P}(E)$. C'est-à-dire, lorsqu'on note n le nombre de fois où l'expérience aléatoire est répétée et, $n(E)$ le nombre de fois où l'événement E s'est réalisé alors,

$$\lim_{n\to+\infty} \frac{n(E)}{n} = \mathbb{P}(E). \tag{1.6.1}$$

Définition 1.6.1. *Soit Ω un univers et $\mathscr{P}(\Omega)$ l'ensemble des parties de Ω. Une probabilité $\mathbb{P}$ sur Ω est une application $\mathbb{P} : \mathscr{P}(\Omega) \longrightarrow [0,1]$ qui à $E \in \mathscr{P}(\Omega)$, associe $\mathbb{P}(E) \in [0,1]$, et qui vérifie*

1. $\mathbb{P}(\Omega) = 1$
2. *Pour toute suite $E_1, E_2, \ldots,$ d'événements de Ω ($E_n \subset \Omega$ ou $E_n \in \mathscr{P}(\Omega)$, $\forall n \geq 1$) deux à deux disjoints ($E_n \cap E_m = \emptyset$ pour tout $n \neq m$), la série $\sum_{n=1}^{\infty} \mathbb{P}(E_n)$ est convergente, et on a :*

$$\mathbb{P}\Big(\bigcup_{n=1}^{\infty} E_n\Big) = \sum_{n=1}^{\infty} \mathbb{P}(E_n). \tag{1.6.2}$$

Remarque 1.6.2. Il découle de la Définition 1.6.1 que

$$\mathbb{P}(\emptyset) = 0. \tag{1.6.3}$$

En effet en posant $E_i = \emptyset, \ \forall i \geq 1$, on voit que : $\mathbb{P}(\emptyset) = 0$.
D'autre part, pour toute suite finie $E_1, \ldots, E_n$ d'événements deux à deux disjoints, on a

$$\mathbb{P}\Big(\bigcup_{i=1}^{n} E_i\Big) = \sum_{i=1}^{n} \mathbb{P}(E_i). \tag{1.6.4}$$

On peut voir cela en posant $A_i = \emptyset, \ \forall i > n$ et en utilisant le point 2. de la Définition 1.6.1, combiné au fait que $\mathbb{P}(\emptyset) = 0$.

Définition 1.6.2. *Un événement E est dit* certain *si* $\mathbb{P}(E) = 1$. *Il est dit* impossible *si* $\mathbb{P}(E) = 0$.

Exemple 1.6.1. a) Si l'expérience aléatoire consiste à lancer un dé équilibré (où toutes les faces ont la même chance d'apparition), déterminer $\mathbb{P}(\{i\})$ pour tout $i \in \{1, \ldots, 6\}$.

b) Si l'expérience consiste à lancer une pièce de monnaie truquée où Face a deux fois plus de chance d'apparaître que Pile, déterminer les probabilités d'avoir Pile et Face.

Réponse. a) Remarquons que $\Omega = \{1, 2, 3, 4, 5, 6\} = \bigcup_{i=1}^{6} \{i\}$ et que $E_i = \{i\}, i = 1, \ldots, 6$, est une suite d'ensembles deux à deux disjoints. Donc en utilisant l'axiome 2 et l'égalité (1.6.4) on obtient

$$1 = \mathbb{P}(\Omega) = \sum_{i=1}^{6} \mathbb{P}(\{i\}).$$

Puisque les faces ont toute la même probabilité d'apparition on en déduit que pour tout $i \in \{1, \ldots, 6\}$,

$$6\,\mathbb{P}(\{i\}) = 1 \quad \text{et donc que } \ \mathbb{P}(\{i\}) = \frac{1}{6}.$$

b) L'univers $\Omega = \{\mathrm{P}, \mathrm{F}\}$ est la réunion disjointe des ensembles $\{\mathrm{P}\}$ et $\{\mathrm{F}\}$. On a

$$1 = \mathbb{P}(\Omega) = \mathbb{P}(\{\mathrm{P}\}) + \mathbb{P}(\{\mathrm{F}\}).$$

Puisqu'on suppose que $\mathbb{P}(\{\mathrm{F}\}) = 2\mathbb{P}(\{\mathrm{P}\})$ on obtient

$$\mathbb{P}(\{\mathrm{P}\}) = \frac{1}{3}, \quad \mathbb{P}(\{\mathrm{F}\}) = \frac{2}{3}.$$

Exercice 1.6.1. On lance deux fois un dé pour lequel

- les faces paires ont toutes les mêmes chances d'apparition,
- les faces impaires ont toutes les mêmes chances d'apparition,
- une face paire donnée a deux fois plus de chances d'apparaître qu'une face impaire donnée.

Déterminer la probabilité d'apparition de chaque face du dé.

Remarque 1.6.3. Comme on l'a vu dans l'Exemple 1.6.1 a., dans beaucoup d'applications, il est souvent raisonnable de supposer que les événements élémentaires de l'univers Ω sont *équiprobables*, c'est-à-dire, ont la même probabilité de se réaliser. Si Ω est de cardinal fini, par exemple, $\Omega = \{1, \ldots, n\}$ et si $\mathbb{P}(\{1\}) = \mathbb{P}(\{2\}) = \ldots =$

$\mathbb{P}(\{n\})$ alors on déduit des points 1. et 2. de la Définition 1.6.1 que la probabilité de tout événement élémentaire $\{i\}$ est

$$\mathbb{P}(\{i\}) = \frac{1}{n}.$$

Dans ce cas, il découle du point 2. de la Définition 1.6.1 que la probabilité d'un événement E est égale à

$$\mathbb{P}(E) = \frac{\operatorname{card}(E)}{\operatorname{card}(\Omega)} = \frac{\text{nombre de cas favorables}}{\text{nombre de cas possibles}}. \tag{1.6.5}$$

Exemple 1.6.2. On lance un dé équilibré numéroté de 1 à 6. Soit E l'événement "on obtient un nombre impair". Déterminons $\mathbb{P}(E)$.

Réponse. On a $\Omega = \{1, 2, 3, 4, 5, 6\}$, $E = \{1, 3, 5\}$. Comme le dé est équilibré, toutes les faces sont équiprobables. Par conséquent

$$\mathbb{P}(E) = \frac{\operatorname{card}(E)}{\operatorname{card}(\Omega)} = \frac{3}{6} = \frac{1}{2}.$$

Exercice 1.6.2. On tire au hasard (et en même temps, de sorte que l'ordre de tirage ne compte pas) 3 boules d'une urne contenant 4 boules blanches et 5 boules noires. Quelle est la probabilité que l'une des boules tirées soit noire et que les deux autres soient blanches ?

1.6.1 Quelques propriétés des probabilités

Nous étudions maintenant quelques propriétés des probabilités.

Proposition 1.6.1. *Soit E et F deux événements.*

1. *La probabilité que l'événement E ne se réalise pas est égale à 1 moins la probabilité qu'il se réalise. Soit*

$$\mathbb{P}(E^c) = 1 - \mathbb{P}(E). \tag{1.6.6}$$

2. *On a*

$$\mathbb{P}(F \backslash E) = \mathbb{P}(F) - \mathbb{P}(E \cap F). \tag{1.6.7}$$

En particulier, si $E \subset F$ alors $\mathbb{P}(F \backslash E) = \mathbb{P}(F) - \mathbb{P}(E)$ et les chances de réalisation de l'événement E sont moindres que celles de l'événement F :

$$\mathbb{P}(E) \leq \mathbb{P}(F). \tag{1.6.8}$$

Démonstration. 1. Remarquons que $\Omega = E \cup E^c$ et que $E \cap E^c = \emptyset$. Donc $1 = \mathbb{P}(\Omega)$ $= \mathbb{P}(E \cup E^c) = \mathbb{P}(E) + \mathbb{P}(E^c)$, d'où $\mathbb{P}(E^c) = 1 - \mathbb{P}(E)$.
2. On a $F = F \cap \Omega = F \cap (E \cup E^c) = (F \cap E) \cup (F \cap E^c)$, la dernière égalité découlant de la Proposition 1.3.1 c). Finalement F est la réunion disjointe des ensembles $F \cap E$ et $F \cap E^c$ (car $E \cap F \cap E^c = \emptyset$). Par conséquent, en utilisant l'égalité (1.6.4), on obtient

$$\mathbb{P}(F) = \mathbb{P}(F \cap E) + \mathbb{P}(F \cap E^c).$$

D'où la première assertion. On en déduit que si $E \subset F$, alors $F \cap E = E$ et $\mathbb{P}(F) = \mathbb{P}(E) + \mathbb{P}(F \cap E^c)$.

D'autre part, comme $\mathbb{P}(F \cap E^c) \geq 0$, on en déduit que $\mathbb{P}(E) \leq \mathbb{P}(F)$.

□

Proposition 1.6.2. *La probabilité de la réunion de deux événements est égale à la somme des probabilités des deux événements moins la probabilité de leur intersection :*

$$\mathbb{P}(E \cup F) = \mathbb{P}(E) + \mathbb{P}(F) - \mathbb{P}(E \cap F). \tag{1.6.9}$$

En particulier, si E et F sont disjoints : $E \cap F = \emptyset$, alors, $\mathbb{P}(E \cup F) = \mathbb{P}(E) + \mathbb{P}(F)$.

Démonstration. Pour voir intuitivement pourquoi, considérons les figures suivantes.

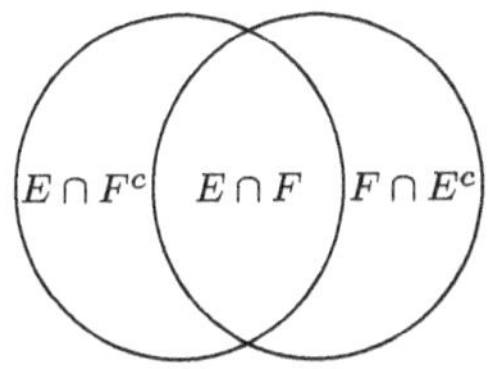

$a)$

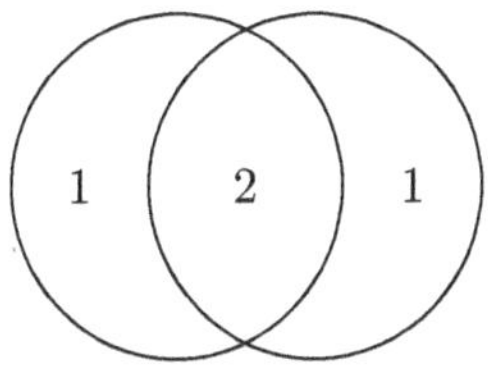

$b)$

Nous avons représenté dans la figure $a)$ l'ensemble $E \cup F$ comme la réunion disjointe des ensembles $E \cap F^c$, $E \cap F$ et $F \cap E^c$. Lorsque nous considérons l'ensemble $E \cup F$, certaines parties sont décomptées une fois (représentées par 1 dans la figure $b)$) et d'autres deux fois (représentée par 2 dans la figure $b)$). Par conséquent lorsqu'on évalue la probabilité de $E \cup F$ par $\mathbb{P}(E) + \mathbb{P}(F)$ on aura rajouté deux fois la probabilité de $E \cap F$. D'où la nécessité de retrancher $\mathbb{P}(E \cap F)$ une fois pour éviter de la compter deux fois. Pour écrire tout ceci formellement on a :

$$\begin{aligned}
E \cup F &= (E \cap \Omega) \cup (F \cap \Omega) \\
&= \big(E \cap (F \cup F^c)\big) \cup \big(F \cap (E \cup E^c)\big) \\
&= \big((E \cap F) \cup (E \cap F^c)\big) \cup \big((F \cap E) \cup (F \cap E^c)\big) \\
&= (E \cap F) \cup (E \cap F^c) \cup (F \cap E) \cup (F \cap E^c) \\
&= (E \cap F) \cup (E \cap F^c) \cup (F \cap E^c).
\end{aligned}$$

De plus les ensembles $E \cap F$, $E \cap F^c$ et $F \cap F^c$ sont deux à deux disjoints. On a donc, en utilisant l'égalité (1.6.4),

$$\mathbb{P}(E \cup F) = \mathbb{P}(E \cap F) + \mathbb{P}(E \cap F^c) + \mathbb{P}(F \cap E^c). \tag{1.6.10}$$

D'autre part, comme E est la réunion disjointe des ensembles $E \cap F$ et $E \cap F^c$ on a $\mathbb{P}(E) = \mathbb{P}(E \cap F) + \mathbb{P}(E \cap F^c)$. D'où $\mathbb{P}(E \cap F^c) = \mathbb{P}(E) - \mathbb{P}(E \cap F)$. On a de même $\mathbb{P}(F \cap E^c) = \mathbb{P}(F) - \mathbb{P}(E \cap F)$. On obtient le résultat énoncé en remplaçant $\mathbb{P}(E \cap F^c)$ et $\mathbb{P}(F \cap E^c)$ par leurs valeurs dans l'égalité (1.6.10). □

Exemple 1.6.3. On joue à Pile ou Face en lançant une pièce de monnaie avec la règle de jeu suivante : on gagne 1 point si Pile apparaît et on perd 1 point si Face apparaît. Soit les événements $E \equiv$ "gagner 15 points" et $F \equiv$ "gagner 8 points". A-t-on $\mathbb{P}(E) \leq \mathbb{P}(F)$ ou $\mathbb{P}(E) \geq \mathbb{P}(F)$?

On a $E \subset F$. Par conséquent $\mathbb{P}(E) \leq \mathbb{P}(F)$.

Exemple 1.6.4. Soit une expérience aléatoire d'univers Ω et E, F deux événements.

1. Montrer que

$$\mathbb{P}(E \cap F) \leq \mathbb{P}(E), \quad \mathbb{P}(E \cap F) \leq \mathbb{P}(F), \quad \mathbb{P}(E) \leq \mathbb{P}(E \cup F)$$

et $\mathbb{P}(F) \leq \mathbb{P}(E \cup F)$.

2. On suppose que $\mathbb{P}(E) = 0.3$, $\mathbb{P}(F) = 0.4$ et $\mathbb{P}(E \cap F) = 0.1$. Déterminer $\mathbb{P}(E \cup F)$ et $\mathbb{P}(E^c \cap F^c)$.

Réponse. 1. Cela découle du fait que $E \cap F \subset E$ (ou F), E(ou F) $\subset E \cup F$ et de l'inégalité (1.6.8).

2. On déduit de l'égalité (1.6.9) que $\mathbb{P}(E \cup F) = 0.6$ et de l'égalité (1.6.6) que

$$\mathbb{P}(E^c \cap F^c) = \mathbb{P}\big((E \cup F)^c\big) = 1 - \mathbb{P}(E \cup F) = 0.4.$$

Exemple 1.6.5. Soit E, F et G trois événements. Montrer que

$$\mathbb{P}(E \cup F \cup G) = \mathbb{P}(E) + \mathbb{P}(F) + \mathbb{P}(G) - \mathbb{P}(E \cap F) - \mathbb{P}(E \cap G) - \mathbb{P}(F \cap G) + \mathbb{P}(E \cap F \cap G). \tag{1.6.11}$$

Réponse. Considérons l'ensemble $E \cup F \cup G$ de la figure $a)$ qui est décomposé en différentes parties et on représente dans la figure $b)$ ces différentes parties numérotées selon le nombre de fois qu'elles sont répétées. Ainsi, lorsqu'on considère l'ensemble $E \cup F \cup G$, les ensembles numérotés par 2 sont comptés deux fois tandis que l'ensemble numéroté par 3 est décompté trois fois.

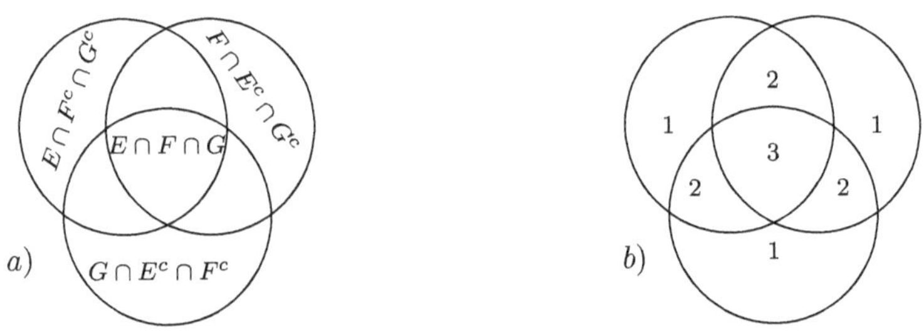

Par conséquent, pour qu'il n'y ait pas de redondance dans l'ensemble $E \cup F \cup G$ il faut retrancher aux ensembles E, F et G, une fois les ensembles numérotés par 2, et deux fois l'ensemble numéroté par 3. Or les ensembles numérotés par 2 sont $(E \cap F) \backslash (E \cap F \cap G)$, $(E \cap G) \backslash (E \cap F \cap G)$, $F \cap G \backslash (E \cap F \cap G)$ et l'ensemble numéroté par 3 est $E \cap F \cap G$. On peut donc écrire

$$\begin{aligned} \mathbb{P}(E \cup F \cup G) &= \mathbb{P}(E) + \mathbb{P}(F) + \mathbb{P}(G) \\ &- \mathbb{P}\big((E \cap F) \backslash (E \cap F \cap G)\big) - \mathbb{P}\big((E \cap G) \backslash (E \cap F \cap G)\big) \\ &- \mathbb{P}\big((F \cap G) \backslash (E \cap F \cap G)\big) - 2\mathbb{P}(E \cap F \cap G). \end{aligned}$$

Comme

$$\begin{aligned} \mathbb{P}\big((E \cap F) \backslash (E \cap F \cap G)\big) &= \mathbb{P}(E \cap F) - \mathbb{P}(E \cap F \cap G) \\ \mathbb{P}\big((E \cap G) \backslash (E \cap F \cap G)\big) &= \mathbb{P}(E \cap G) - \mathbb{P}(E \cap F \cap G) \\ \text{et} \quad \mathbb{P}\big((F \cap G) \backslash (E \cap F \cap G)\big) &= \mathbb{P}(F \cap G) - \mathbb{P}(E \cap F \cap G), \end{aligned}$$

on en déduit le résultat énoncé.

En fait, on a le résultat général suivant qui peut être démontré par récurrence et dont on a déjà vu l'équivalent pour les cardinaux (voir Exercice 1.4.1 b.).

Proposition 1.6.3. *Soit $E_1, \dots, E_n$ une suite de n événements. On a*

$$\begin{aligned}\mathbb{P}(E_1 \cup E_2 \cup \cdots \cup E_n) &= \sum_{i=1}^{n} \mathbb{P}(E_i) - \sum_{1 \leq i_1 < i_2 \leq n} \mathbb{P}(E_{i_1} \cap E_{i_2}) + \dots \\ &+ (-1)^{p+1} \sum_{1 \leq i_1 < i_2 < \cdots < i_p \leq n} \mathbb{P}(E_{i_1} \cap E_{i_2} \cap \cdots \cap E_{i_p}) \\ &+ \cdots + (-1)^{n+1} \mathbb{P}(E_1 \cap E_2 \cap \cdots \cap E_n). \qquad (1.6.12)\end{aligned}$$

Exercice 1.6.3. Ecrire la formule (1.6.12) pour $n = 4$.

Nous terminons cette partie en donnant un résultat de continuité d'une probabilité.

Définition 1.6.3. *Une suite d'événements $(E_n)_{n \geq 1}$ est dite croissante si pour tout $n \geq 1,\ E_n \subset E_{n+1}$ et elle est dite décroissante si pour tout $n \geq 1,\ E_n \supset E_{n+1}$.*

Remarque 1.6.4. *Si $(E_n)_{n \geq 1}$ est une suite croissante d'événements, on définit l'événement limite par*

$$\lim_{n \to +\infty} E_n = \bigcup_{i=1}^{+\infty} E_i.$$

Si $(E_n)_{n \geq 1}$ est une suite décroissantes d'événements alors

$$\lim_{n \to +\infty} E_n = \bigcap_{i=1}^{+\infty} E_i.$$

On a le résultat de continuité suivant pour toute probabilité $\mathbb{P}$.

Proposition 1.6.4. *Soit $(E_n)_{n \geq 1}$ une suite croissante ou décroissante d'événements. Alors,*

$$\lim_{n \to +\infty} \mathbb{P}(E_n) = \mathbb{P}(\lim_{n \to +\infty} E_n). \qquad (1.6.13)$$

Exemple 1.6.6. Soit $\mathbb{P}$ une probabilité sur l'ensemble des nombres rationnels $\mathbb{Q}$. Montrer que $\mathbb{P}(]12, 20[\cap \mathbb{Q}) = \lim_{n \to +\infty} \mathbb{P}(]12 + 1/n, 20[\cap \mathbb{Q})$.

Réponse. La suite d'événements $E_n =]12 + 1/n, 20[\cap \mathbb{Q}$ est croissante et on a

$$\lim_{n \to +\infty} E_n = \bigcup_{n=1}^{+\infty} E_n =]12, 20[\cap \mathbb{Q}.$$

Par conséquent, on a d'après la Proposition 1.6.4 :

$$\lim_{n \to +\infty} \mathbb{P}(]12 + 1/n, 20[\cap \mathbb{Q}) = \mathbb{P}(\lim_{n \to +\infty} E_n) = \mathbb{P}(]12, 20[\cap \mathbb{Q}).$$

1.7 Exercices supplémentaires

Exercice 1.7.1. On veut affecter cinq personnes sur cinq postes différents, chaque personne ne pouvant être affectée que sur un poste au plus.

1. Quel est le nombre d'affectations possibles si chaque personne peut être affectée à n'importe lequel des cinq postes.
2. Quel est le nombre d'affectations possibles si une des personnes ne peut être affectée que sur un seul des cinq postes ? même question pour deux seuls des cinq postes ?
3. Quel est le nombre d'affectations possibles si deux des personnes ne peuvent être affectées que sur un seul des cinq postes chacun ?

Exercice 1.7.2. Trois boules sont tirées successivement d'une urne contenant des boules blanches et des boules rouges. Soit les événements :

B_1 : "la 1-ière boule est blanche", B_2 : "la 2-ième boule est blanche",

B_3 : "la 3-ième boule est blanche".
Exprimer les événements suivants en fonction de B_1, B_2 et B_3 :

1. "Toutes les boules sont blanches"
2. "Les deux premières boules sont blanches"
3. "Au moins une boule est blanche"
4. "Seulement la troisième boule est blanche"
5. "Exactement une boule est blanche"
6. "Au moins deux boules sont blanches"
7. "Aucune boule n'est blanche"
8. "Exactement deux boules sont blanches".

Exercice 1.7.3. Donner l'expression simplifiée des événements suivants :

1. $(E \cup F) \cap (E \cup \bar{F})$
2. $(E \cap F) \cup (\bar{E} \cap F)$
3. $(E \cup F) \cap (\bar{E} \cup F) \cap (E \cup \bar{F})$.
4. $(E \cup F) \cap (F \cup G)$ si $E \subset F \subset G$.
5. $\overline{\bar{E} \cup \bar{F}} \cap (\bar{F} \cup \bar{G})$ si $E \subset F \subset G$
6. $E \cap \overline{E \cap F}$ si $E \subset F$.

Exercice 1.7.4. Soit E et F deux événements d'un univers Ω. Montrer que

$$E = (E \cap F) \cup (E \cap \bar{F}), \quad \text{et que} \quad E \cup F = (E \cap F) \cup (E \cap \bar{F}) \cup (F \cap \bar{E}).$$

Représenter les ensembles à l'aide d'une figure.

Exercice 1.7.5. Soit A et B deux événements d'un univers Ω tels que $\mathbb{P}(A) = \mathbb{P}(B) = 3/4$. Trouver les valeurs maximales et minimales de $\mathbb{P}(A \cap B)$.

Exercice 1.7.6. On tire au hasard un chiffre entre 1 et 50.

1. Déterminer le couple $(\Omega, \mathbb{P})$ correspondant.
2. Calculer la probabilité de tomber sur un multiple de 5.
3. Calculer la probabilité de tomber sur un multiple de 5 si on considère que
   - les nombres pairs compris entre 1 et 50 sont équiprobables
   - les nombres impairs compris entre 1 et 50 sont équiprobables
   - l'ensemble des nombres pairs compris entre 1 et 50 a trois fois plus de chance d'apparaître que l'ensemble des nombres impairs.

Exercice 1.7.7. On jette deux dés non pipés et on note les faces qui apparaissent. Soit les événements : $A =$ "La somme des deux faces est paire", $B =$ "La face 6 apparaît au moins une fois".

1. Déterminer le couple $(\Omega, \mathbb{P})$ correspondant.
2. Interpréter les événements $A \cap B$, $A \cup B$ et $A^c \cap B$.
3. Calculer leurs probabilités.
4. Répondez aux mêmes questions précédentes si on considère que l'un des dés est pipé et que
   - ses faces paires sont équiprobables
   - ses faces impaires sont équiprobables
   - ses 3 faces paires ont 2 fois plus de chance d'apparaître que ses trois faces impaires.

Exercice 1.7.8. On considère deux jeux de 52 cartes, réparties suivant treize valeurs (parmi lesquelles l'As) sur les 4 enseignes suivantes : coeur, carreau, trèfle, pique. Déterminer le couple $(\Omega, \mathbb{P})$ et la probabilité de sortir au moins un as dans chacune des expériences aléatoires suivantes.

1. On tire une carte de chacun des deux jeux de 52 cartes.
2. On tire 2 cartes une à une sans remise, parmi les 104 cartes de deux jeux de cartes réunis.

Comparer les deux résultats.

Exercice 1.7.9. On considère une course de 14 chevaux qui ont tous les mêmes chances de gagner. On suppose qu'il ne peut pas y avoir d'ex aequo.

1. Calculer le nombre de tiercés possibles.
2. Avec un ticket, quel est la probabilité de gagner :

   (a) Dans l'ordre. (b) Dans l'ordre ou le désordre. (c) Dans le désordre.

Exercice 1.7.10. On considère une tontine composée de 110 personnes différentes. On tire au sort 3 personnes gagnantes qui doivent prendre les lots. Une famille a 5 de ses membres qui ont adhéré à la tontine. Calculer la probabilité pour qu'il y ait :

1. un seul gagnant pour la famille
2. au moins un gagnant pour la famille.

Exercice 1.7.11. Dans une population, on choisit au hasard 9 personnes. Calculer la probabilité que deux personnes au moins aient une même date d'anniversaire en supposant que l'année fait 365 jours et que les naissances sont uniformément réparties au cours de l'année.

Exercice 1.7.12. Une urne contient des boules numérotées de 1 à 10. On tire 4 fois de suite une boule avec remise. Determiner la probabilité

1. D'obtenir 4 nombres dans un ordre strictement croissant
2. D'obtenir 4 nombres dans un ordre croissant au sens large
3. Que le nombre 3 apparaisse au moins 1 fois

4. Que la somme des nombres obtenus soit égale à 13
5. Que la somme des nombres obtenus soit égale à 15.

Exercice 1.7.13. A un concours, il y a 200 candidats pour 15 postes. On suppose que les candidats ont les mêmes chances d'être reçus. 5 camarades se présentent à ce concours. Quelle est la probabilité pour que sur ces 5 candidats, 2 exactement soient reçus.

Exercice 1.7.14. On désire former un jury composé de 2 scientifiques et 3 littéraires. On peut choisir les membres du jury parmi 5 scientifiques et 7 littéraires. De combien de façons peut-on choisir le jury dans les cas suivants :

1. N'importe quel scientifique et n'importe quel littéraire peut être choisi.
2. L'un des littéraires doit obligatoirement faire partie du jury.
3. Deux des scientifiques ne s'entendent pas et ne peuvent pas faire partie du même jury.
4. Même question si c'est deux littéraires qui ne s'entendent pas.

Exercice 1.7.15. On dispose de 10 billes qu'on veut placer sur une même rangée.

1. On suppose que les 10 billes sont de couleurs différentes. De combien de façons peut-on les ranger ?
2. On suppose qu'il y a 5 billes rouges, 2 blanches et 3 vertes, et que l'on ne peut pas discerner les billes d'une même couleur.
   (a) De combien de façons peut-on les ranger ?
   (b) De combien de façons peut-on les ranger si on veut que les billes soient groupées par couleur ?
   (c) Même question mais seules les rouges doivent être groupées.

Exercice 1.7.16. On appelle main, tout ensemble de 13 cartes prises dans un jeu de 52 cartes.

1. Combien y a t-il de mains différentes ?
2. Combien y a t-il de mains différentes contenant :
   (a) Au moins un pique ?
   (b) Au plus un pique ?
   (c) exactement un as et au plus 2 piques ?

Exercice 1.7.17. On note $\phi(2n)$ le nombre de façons d'organiser le premier tour d'un tournoi de tennis comportant $2n$ participants en considérant que l'ordre des parties n'a pas d'importance.

1. Montrer que : $\phi(2) = 1$, $\phi(4) = 3\phi(2)$, $\phi(6) = 5\phi(4)$.
2. Determiner $\phi(2n)$.
3. Retrouver directement le résultat de la question 2.

Exercice 1.7.18. Dix amis se présentent dans un restaurant. Le serveur leur propose une table contenant 10 places numérotées.

1. Trouver le nombre de manières de placer ces amis.

2. On suppose qu'il y a deux amis qui sont en froid (ils ne se parlent pas) et qui ne doivent pas s'asseoir côte à côte. Trouver dans ce cas le nombre de façons de placer ce groupe d'amis.

Exercice 1.7.19. Soit $p \in \mathbb{N}^\star$ et soit $a, b \in \mathbb{R}$.

1. Montrer que
$$C_n^p = C_{n-1}^{p-1} + C_{n-1}^p, \qquad \text{pour } n \in \mathbb{N}^\star.$$
2. Montrer que
$$(a+b)^n = \sum_{p=0}^{n} C_n^p\, a^p\, b^{n-p} = \sum_{p=0}^{n} C_n^p\, a^{n-p}\, b^p, \qquad \text{pour } n \in \mathbb{N}.$$

Exercice 1.7.20. Soit $(\Omega, \mathbb{P})$ un espace de probabilité et A, B et C trois événements. On rappelle que la différence symétrique de deux ensembles A et B est définie par : $A\Delta B = (A \setminus B) \cup (B \setminus A)$. Montrer que :
$$\mathbb{P}(A \setminus C) \leq \mathbb{P}(A \setminus B) + \mathbb{P}(B \setminus C).$$

Exercice 1.7.21. Soit $(\Omega, \mathbb{P})$ un espace de probabilité et A et B deux événements. Le but de cet exercice est de montrer l'inégalité suivante :
$$|\mathbb{P}(A \cap B) + \mathbb{P}(A)\mathbb{P}(B)| \leq \frac{1}{4}.$$

1. Montrer que :
$$\mathbb{P}(A \cap B) + \mathbb{P}(A \cap B^c) + \mathbb{P}(A^c \cap B) + \mathbb{P}(A^c \cap B^c) = 1.$$
2. Montrer que :
$$\mathbb{P}(A \cap B) + \mathbb{P}(A)\mathbb{P}(B) = \mathbb{P}(A \cap B)\mathbb{P}(A^c \cap B^c) + \mathbb{P}(A \cap B^c)\mathbb{P}(A^c \cap B).$$
3. Déduire des deux premières questions l'inégalité cherchée.

Exercice 1.7.22. 1) Une urne contient N boules numérotées de 1 à N. On tire successivement et sans remise n, $(1 \leq n \leq N)$ boules de l'urne.

a) Quel est l'ensemble Ω des résultats possibles ?

b) Calculer card(Ω).

2) Désormais, on suppose que les résultats possibles sont équiprobables. Les boules numérotées de 1 à M sont rouges $(M < N)$ et les boules numérotées de $M+1$ à N sont blanches. Soit A_k l'événement {La k-ième boule tirée est rouge}, avec $0 \leq k \leq n$.

a) Calculer $\mathbb{P}(A_k)$.

b) Calculer $\mathbb{P}(A_k \cap A_m)$, pour $0 \leq k < m \leq n$.

Exercice 1.7.23. Un lac contient N poissons, avec $N > 2000$. On pêche 1000 poissons qu'on marque et qu'on retourne dans le lac. On repêche alors 1000 poissons. Quelle est la probabilité pour qu'il y ait k poissons marqués parmi les poissons qu'on a pêchés de nouveau (avec $0 \leq k \leq 1000$) ?

Chapitre 2

Probabilités conditionnelles

2.1 Introduction et Définition

Considérons une population donnée Ω partitionnée en deux groupes : E la sous-population des droitiers et E^c le reste. On a donc $E \cup E^c = \Omega$. Soit F, la sous-population des filles. Si on tire au hasard un individu de la population, la probabilité pour qu'il soit droitier est $\mathbb{P}(E) = \frac{\text{card}(E)}{\text{card}(\Omega)}$. Si le tirage est effectué avec l'information que l'individu tiré est une fille, tout se passe comme si on tirait au hasard un individu du sous-ensemble F, partitionné en $E \cap F$ et $E^c \cap F$. On a alors, la probabilité que l'individu tiré soit droitier sachant que c'est une fille, notée $\mathbb{P}(E|F)$, est égale à :

$$\mathbb{P}(E|F) = \frac{\text{card}(E \cap F)}{\text{card}(F)}, \text{ d'où } \mathbb{P}(E|F) = \frac{\text{card}(E \cap F)}{\text{card}(\Omega)} \times \frac{\text{card}(\Omega)}{\text{card}(F)} = \frac{\mathbb{P}(E \cap F)}{\mathbb{P}(F)}.$$

Nous considérons maintenant un étudiant qui passe un examen dans lequel il cherche à valider 4 UEs. Les deux UEs considérées comme étant les plus dures à valider par les étudiants sont affectées des coefficients 5 et les deux autres de coefficients 2. Supposons que l'étudiant valide son année dès lors qu'il a la moyenne dans ces UEs. On suppose aussi que les résultats sont affichés à mesure que les enseignants terminent la correction de leurs copies. Soit l'événement E : "L'étudiant valide son année" et les événements F : "L'étudiant a eu 16 de moyenne dans les deux UEs les plus dures" et G : "L'étudiant a eu 9 de moyenne dans les deux UEs les plus dures". Evidemment, avant l'entame de l'examen, l'étudiant a une certaine appréhension de ses chances de valider l'année, c'est-à-dire de $\mathbb{P}(E)$. Par ailleurs, si l'événement F se réalise alors, l'étudiant va réévaluer ses chances de valider son année. C'est la probabilité que E se réalise, sachant que F s'est réalisé, notée $\mathbb{P}(E|F)$. On s'attend en effet que $\mathbb{P}(E|F) \geq \mathbb{P}(E|G)$, même si dans ce contexte on ne peut pas expliciter chacun des termes de l'inégalité.

Notre but, dans ce chapitre, est de dire comment calculer $\mathbb{P}(E|F)$ et de donner les propriétés liées à cette loi conditionnelle.

De façon générale le calcul de $\mathbb{P}(E|F)$ se fait en fonction de $\mathbb{P}(E \cap F)$ et de $\mathbb{P}(F)$ avec le raisonnement suivant : si l'événement F se réalise, pour que l'événement E se réalise il est nécessaire que le résultat de l'expérience soit en même tant dans E et F, c'est-à-dire, dans $E \cap F$. Or, comme nous ne disposons que d'une information partielle qui est la réalisation de F, notre univers se réduit à F. Donc la probabilité que E se réalise sachant F est la probabilité de $E \cap F$, relative à la probabilité de F. Ce qui nous mène à la définition suivante.

Définition 2.1.1. *Soit Ω un ensemble dénombrable non vide et $\mathbb{P}$ une probabilité sur Ω. Pour tous événements E et F tels que $\mathbb{P}(F) > 0$, on appelle probabilité conditionnelle de E sachant F, la quantité notée :*

$$\mathbb{P}(E|F) = \frac{\mathbb{P}(E \cap F)}{\mathbb{P}(F)}. \tag{2.1.1}$$

Signalons au passage que si $F \subset E$ alors $\mathbb{P}(E|F) = \frac{\mathbb{P}(E \cap F)}{\mathbb{P}(F)} = \frac{\mathbb{P}(F)}{\mathbb{P}(F)} = 1$.

Exemple 2.1.1. On considère une épreuve de saut en longueur pour des classes de Première. On procède par élimination en faisant varier la barre entre 1 m et 1.60 m par pas de 10 cm. La barre est d'abord mise à 1 m, puis, on élimine tous les élèves qui ne la franchissent pas. Elle est ensuite mise à 1.10 m et on élimine tous les élèves qui ne franchissent pas la barre des 1.10 m, et ainsi de suite.

Soit les événements suivants :

$$\begin{aligned} &F_1 : \text{"Franchir la barre des 1.40 m"}, \\ &F_2 : \text{"Franchir la barre des 1.50 m"}, \\ \text{et} \quad &E : \text{"Franchir la barre des 1.60 m"}. \end{aligned}$$

Montrer que la probabilité de franchir la barre des 1.60 m sachant que l'on a franchi la barre des 1.50 m est supérieure ou égale à la probabilité de franchir la barre des 1.60 m sachant que l'on a franchi la barre des 1.40 m. Autrement dit,

$$\mathbb{P}(E|F_2) \geq \mathbb{P}(E|F_1).$$

Réponse. Notons d'abord que $E \subset F_2 \subset F_1$. Donc,

$$E = E \cap F_1 = E \cap F_2 \quad \text{et } \mathbb{P}(F_2) \leq \mathbb{P}(F_1).$$

Par conséquent,

$$\mathbb{P}(E|F_2) = \frac{\mathbb{P}(E \cap F_2)}{\mathbb{P}(F_2)} = \frac{\mathbb{P}(E)}{\mathbb{P}(F_2)} \geq \frac{\mathbb{P}(E)}{\mathbb{P}(F_1)} = \frac{\mathbb{P}(E \cap F_1)}{\mathbb{P}(F_1)} = \mathbb{P}(E|F_1).$$

Exercice 2.1.1. Considérons l'exemple introductif du chapitre précédent (voir Section 1.1) où Ω = {AV8I1, AV8I2, AP8I1, AP8I2}. Avec Ii qui représente l'itinéraire i et où AV8 désigne : l'arrivée avant 8h (ou simplement à l'heure) et AP8 désigne : l'arrivée après 8h (ou en retard). De même AV8Ii désigne l'arrivée avant 8h en prenant l'itinéraire i, et AP8Ii désigne l'arrivée après 8h en prenant l'itinéraire i.

On suppose que

$$\mathbb{P}(\{\text{AV8I1}\}) = \frac{1}{8}, \ \mathbb{P}(\{\text{AV8I2}\}) = \frac{1}{4}, \ \mathbb{P}(\{\text{AP8I1}\}) = \frac{1}{2}, \ \mathbb{P}(\{\text{AP8I2}\}) = \frac{1}{8}.$$

1. Déterminer la probabilité d'arriver en retard sachant qu'on a choisi l'itinéraire 1.
2. Déterminer la probabilité d'arriver à l'heure sachant qu'on a choisi l'itinéraire 2.

Exemple 2.1.2. On lance deux fois une pièce de monnaie. Supposons que

$$\mathbb{P}(\{\mathrm{PP}\}) = \frac{9}{16}, \ \mathbb{P}(\mathrm{PF}) = \frac{3}{16}, \ \mathbb{P}(\mathrm{FP}) = \frac{3}{16}, \ \mathbb{P}(\{\mathrm{FF}\}) = \frac{1}{16}.$$

Déterminer la probabilité d'avoir un seul Pile aux deux lancers sachant que

$a)$ on a Face au premier lancer.

$b)$ on a Pile au premier lancer.

Réponse. a) et b). Soit $E = \{\mathrm{PF}, \mathrm{FP}\}$: l'événement : avoir un seul Pile à l'issue des deux lancers. Soit $G = \{\mathrm{FF}, \mathrm{FP}\}$ l'événement : avoir Face au premier lancer et soit $H = \{\mathrm{PP}, \mathrm{PF}\}$ l'événement : avoir Pile au premier lancer. On veut déterminer $\mathbb{P}(E|G)$ et $\mathbb{P}(E|H)$. On a d'une part,

$$\mathbb{P}(E|G) = \frac{\mathbb{P}(E \cap G)}{\mathbb{P}(G)} = \frac{\mathbb{P}(\{\mathrm{FP}\})}{\mathbb{P}(\{\mathrm{FF}, \mathrm{FP}\})} = \frac{3/16}{4/16} = \frac{3}{4}$$

et d'autre part,

$$\mathbb{P}(E|H) = \frac{\mathbb{P}(E \cap H)}{\mathbb{P}(H)} = \frac{\mathbb{P}(\{\mathrm{PF}\})}{\mathbb{P}(\{\mathrm{PP}, \mathrm{PF}\})} = \frac{3/16}{12/16} = \frac{1}{4}.$$

Exercice 2.1.2. On joue à Pile ou Face en jetant une pièce de monnaie équilibrée avec la règle de jeu suivante : on gagne 1 point si Pile apparaît et on perd 1 point sinon. On jette trois fois la pièce. Notons les événements $E \equiv$ "gagner 1 point" et $F \equiv$ "avoir un seul Pile aux deux premiers lancers". Déterminer $\mathbb{P}(E|F)$.

Exercice 2.1.3. Soit E et F deux événements tels que $F \neq \emptyset$. Montrer que

$$\mathbb{P}(E \backslash F) = \mathbb{P}(E) - \mathbb{P}(E|F)\mathbb{P}(F).$$

Exemple 2.1.3. Une urne contient 7 boules blanches, 4 boules rouges. On tire successivement et sans remise 2 boules de l'urne. Quelle est la probabilité d'avoir deux boules rouges si les événements élémentaires sont équiprobables ?

Réponse. Soit F l'événement "la première boule tirée est rouge" et soit E l'événement "la seconde boule tirée est rouge". On veut calculer $\mathbb{P}(E \cap F)$. On a

$$\mathbb{P}(E \cap F) = \mathbb{P}(F)\mathbb{P}(E|F).$$

Si on numérote les boules rouges par $1, 2, 3, 4$ et si on note par B_i= "la première boule tirée est i", $i \in \{1, 2, 3, 4\}$, alors, $F = B_1 \cup B_2 \cup B_3 \cup B_4$. Comme les événements élementaires sont équiprobables on a : $\mathbb{P}(F) = \frac{4}{11}$ et $\mathbb{P}(E|F) = \frac{3}{10}$. Par conséquent, $\mathbb{P}(E \cap F) = \frac{6}{55}$.

Proposition 2.1.1. *Soit F un événement tel que $\mathbb{P}(F) > 0$. Alors, l'application $\mathbb{P}(\cdot|F)$ définie sur $\mathcal{P}(\Omega)$ est une probabilité. En particulier, pour tout événement E on a*

$$\mathbb{P}(E^c|F) = 1 - \mathbb{P}(E|F).$$

Démonstration. On doit vérifier les axiomes de probabilités. D'abord, remarquons que pour tout événement E, on a $\mathbb{P}(E|F) \geq 0$, par définition de la probabilité conditionnelle. Aussi,

$$\mathbb{P}(\Omega|F) = \frac{\mathbb{P}(\Omega \cap F)}{\mathbb{P}(F)} = 1.$$

Soit maintenant $E_1, E_2, \ldots$ une suite d'événements deux à deux disjoints. Observons que dans ce cas les événements $E_1 \cap F, E_2 \cap F, \ldots$ sont deux à deux disjoints et on a

$$\begin{aligned}
\mathbb{P}(\bigcup_{k=1}^{+\infty} E_k|F) &= \frac{\mathbb{P}((\bigcup_{k=1}^{+\infty} E_k) \cap F)}{\mathbb{P}(F)} \\
&= \frac{\mathbb{P}(\bigcup_{k=1}^{+\infty} (E_k \cap F))}{\mathbb{P}(F)} \\
&= \sum_{k=1}^{+\infty} \frac{\mathbb{P}(E_k \cap F)}{\mathbb{P}(F)} \\
&= \sum_{k=1}^{+\infty} \mathbb{P}(E_k|F).
\end{aligned}$$

On en déduit que $\mathbb{P}(\cdot|F)$ est une probabilité. Par conséquent, pour tout événement E, on a $1 = \mathbb{P}(\Omega|F) = \mathbb{P}(E|F) + \mathbb{P}(E^c|F)$. Par conséquent : $\mathbb{P}(E^c|F) = 1 - \mathbb{P}(E|F)$. □

Remarque 2.1.1. Attention ! En général,

$$\mathbb{P}(E|F^c) \neq 1 - \mathbb{P}(E|F). \tag{2.1.2}$$

2.1.1 Formule des probabilités composées

Notons que l'égalité (2.1.1) permet aussi de calculer la probabilité de l'intersection $E \cap F$ connaissant celles de F et de $E|F$ (ou de E et $F|E$). Cette formule se généralise à l'intersection d'un ensemble fini d'événements $E_1, E_2, \ldots, E_n$, et est connue sous le nom de formule des probabilités composées.

Proposition 2.1.2. *Soit $E_1, E_2, \ldots E_n$ une suite de n énénements tels que $\mathbb{P}(E_1 \cap \cdots \cap E_{n-1}) > 0$. Alors,*

$$\mathbb{P}(E_1 \cap E_2 \cap \cdots \cap E_n) = \mathbb{P}(E_1)\mathbb{P}(E_2|E_1)\mathbb{P}(E_3|E_1 \cap E_2) \ldots \mathbb{P}(E_n|E_1 \cap \cdots \cap E_{n-1}). \tag{2.1.3}$$

Démonstration. On a

$$\begin{aligned}
& \mathbb{P}(E_1)\mathbb{P}(E_2|E_1)\mathbb{P}(E_3|E_1 \cap E_2) \ldots \mathbb{P}(E_n|E_1 \cap \cdots \cap E_{n-1}) \\
= \ & \mathbb{P}(E_1)\frac{\mathbb{P}(E_1 \cap E_2)}{\mathbb{P}(E_1)} \frac{\mathbb{P}(E_1 \cap E_2 \cap E_3)}{\mathbb{P}(E_1 \cap E_2)} \cdots \frac{\mathbb{P}(E_1 \cap E_2 \cap \cdots \cap E_n)}{\mathbb{P}(E_1 \cap E_2 \cap \cdots \cap E_{n-1})} \\
= \ & \mathbb{P}(E_1 \cap E_2 \cap \cdots \cap E_n).
\end{aligned}$$

Ce qui prouve le résultat. □

Exemple 2.1.4. Une urne contient 7 boules blanches, 5 boules rouges et 6 boules jaunes. On tire successivement et sans remise 3 boules de l'urne. Quelle est la probabilité d'avoir successivement (si les événements élémentaires sont équiprobables)

$a)$ une boule rouge, une boule jaune, une boule blanche,

$b)$ une boule blanche, une boule jaune, une boule blanche,

$c)$ une boule rouge, une boule rouge, une boule jaune.

Réponse. Soit les événements B_i ="On tire une boule blanche au i-ième tirage", R_i ="On tire une boule rouge au i-ième tirage", J_i ="On tire une boule jaune au i-ième tirage".

$a)$ On veut déterminer $\mathbb{P}(R_1 \cap J_2 \cap B_3)$. En appliquant la formule des probabilités composées on obtient

$$\begin{aligned} \mathbb{P}(R_1 \cap J_2 \cap B_3) &= \mathbb{P}(R_1)\mathbb{P}(J_2|R_1)\mathbb{P}(B_3|R_1 \cap J_2) \\ &= \frac{5}{18} \times \frac{6}{17} \times \frac{7}{16} \\ &\approx 0.04. \end{aligned}$$

Il y'a donc 4% de chances que l'on tire successivement une boule rouge, une boule jaune puis une boule blanche.

$b)$ On veut déterminer $\mathbb{P}(B_1 \cap J_2 \cap B_3)$. On a :

$$\mathbb{P}(B_1 \cap J_2 \cap B_3) = \mathbb{P}(B_1)\mathbb{P}(J_2|B_1)\mathbb{P}(B_3|B_1 \cap J_2) = \frac{7}{18} \times \frac{6}{17} \times \frac{6}{16} \approx 0.05.$$

$c)$ Dans ce dernier cas on veut déterminer $\mathbb{P}(R_1 \cap R_2 \cap J_3)$. On a :

$$\mathbb{P}(R_1 \cap R_2 \cap J_3) = \mathbb{P}(R_1)\mathbb{P}(R_2|R_1)\mathbb{P}(J_3|R_1 \cap R_2) = \frac{5}{18} \times \frac{4}{17} \times \frac{6}{16} \approx 0.02.$$

On peut noter que vu les proportions de boules rouges, blanches et jaunes dans l'urne, il est tout à fait intuitif que

$$\mathbb{P}(R_1 \cap R_2 \cap J_3) \leq \mathbb{P}(R_1 \cap J_2 \cap B_3) \leq \mathbb{P}(B_1 \cap J_2 \cap B_3).$$

Remarque 2.1.2. Dans l'exemple précédent, on peut calculer les différentes probabilités en utilisant l'égalité (1.6.5) et la formule des arrangements. Pour la première question par exemple, on a

$$\mathbb{P}(R_1 \cap J_2 \cap B_3) = \frac{A_5^1 \times A_6^1 \times A_7^1}{A_{18}^3}.$$

Exemple 2.1.5. Quelle est la probabilité pour que 50 individus d'un groupe, tirés au hasard, aient tous des dates d'anniversaire différentes.

Réponse. Soit $i \in \{1, 2, \ldots, 50\}$ et soit E_i, l'événement que les i premiers individus ont des dates d'anniversaire différentes et $E_1 = \Omega$. On veut déterminer $\mathbb{P}(E_{50})$. Notons d'abord que la suite d'événements E_i est décroissante :

$$E_1 \supset E_2 \supset E_3 \supset \ldots$$

Donc pour tout $i \in \{1, 2, \ldots, 50\}$, on a $E_i = E_1 \cap E_2 \cap \cdots \cap E_i$. Par conséquent, en utilisant la formule des probabilités composées, on obtient

$$\begin{aligned} \mathbb{P}(E_{50}) &= \mathbb{P}(E_1 \cap \cdots \cap E_{50}) \\ &= \mathbb{P}(E_1)\mathbb{P}(E_2|E_1)\mathbb{P}(E_3|E_1 \cap E_2) \ldots \mathbb{P}(E_{50}|E_1 \cap \cdots \cap E_{49}) \\ &= \mathbb{P}(E_1)\mathbb{P}(E_2|E_1)\mathbb{P}(E_3|E_2) \ldots \mathbb{P}(E_{50}|E_{49}). \end{aligned}$$

Puisque l'année compte 365 jours, la probabilité que les i premiers individus aient tous des dates d'anniversaire différentes sachant que les $i-1$ premiers individus ont tous des dates d'anniversaire différentes est donnée par

$$\mathbb{P}(E_i|E_{i-1}) = \frac{365-i+1}{365}.$$

D'où

$$\mathbb{P}(E_{50}) = \frac{365}{365}\times\frac{364}{365}\times\ldots\times\frac{316}{365} \approx 0.03.$$

Il y'a donc 97% de chances que deux au moins des individus d'un groupe de 50 individus tirés au hasard aient la même date d'anniversaire.

De façon générale, la probabilité qu'un groupe de n individus tirés au hasard aient tous des dates d'anniversaire différentes est

$$\mathbb{P}(E_n) = \frac{365}{365}\times\frac{364}{365}\times\ldots\times\frac{365-n+1}{365}.$$

Notons que, comme on pouvait s'y attendre, $\mathbb{P}(E_{366}) = 0$.

2.2 Formule des probabilités totales

Définition 2.2.1. *Soit $E_1, E_2, \ldots, E_n, \ldots$ une suite d'événements.*
On dit que $E_1, E_2, \ldots, E_n, \ldots$ forment une partition de Ω si les trois conditions suivantes sont vérifiées :

1. $E_i \neq \emptyset, \quad \forall i \in \mathbb{N},$
2. $E_i \cap E_j = \emptyset, \quad \forall i \neq j,$
3. $\bigcup_{i=1}^{+\infty} E_i = \Omega.$

Une partition de Ω est donc une subdivision de Ω en sous-ensembles non vides et disjoints.

Exemple 2.2.1. Soit E un événement non vide : $E \neq \emptyset$ et $E \subsetneq \Omega$. Alors les événements E et E^c forment une partition de Ω.

Exercice 2.2.1. Soit E et F deux événements.

1. Montrer que si E et F sont disjoints alors, E, F et $E^c \cap F^c$ forment une partition de Ω.
2. Donner une partition de Ω à partir d'opérations sur les événements E et F si E et F ne sont pas disjoints.

Remarquons que si E et F sont deux événements tels que $\mathbb{P}(F)$, $\mathbb{P}(F^c) > 0$. Alors :

$$\mathbb{P}(E) = \mathbb{P}(E\cap\Omega) = \mathbb{P}\big(E\cap(F\cup F^c)\big) = \mathbb{P}\big((E\cap F)\cup(E\cap F^c)\big).$$

Comme les événements $E\cap F$ et $E\cap F^c$ sont disjoints on a

$$\begin{aligned}\mathbb{P}(E) &= \mathbb{P}(E\cap F) + \mathbb{P}(E\cap F^c)\\ &= \mathbb{P}(F)\mathbb{P}(E|F) + \mathbb{P}(F^c)\mathbb{P}(E|F^c).\end{aligned}$$

On voit à travers cette dernière expression que la probabilité d'un événement E peut s'exprimer comme la somme pondérée des probabilités de E sachant F et de E sachant F^c. Cette dernière formule se généralise à une suite d'événements $F_1, F_2, \ldots, F_n, \ldots$ (pas nécessairement finie) formant une partition de Ω.

Proposition 2.2.1. *Soit $F_1, F_2, \ldots, F_n, \ldots$ une partition de Ω telle que $\mathbb{P}(F_i) > 0$, $\forall i = 1, 2, \ldots$. Soit également E un événement quelconque. Alors, on a :*

$$\mathbb{P}(E) = \sum_{i=1}^{+\infty} \mathbb{P}(E \cap F_i) = \sum_{i=1}^{+\infty} \mathbb{P}(F_i)\mathbb{P}(E|F_i). \tag{2.2.1}$$

Exemple 2.2.2. On est au second tour des élections présidentielles. Les régions $R_1, R_2, \ldots, R_k$, $k \in \mathbb{N}^\star$, regroupent les $\frac{3}{4}$ des électeurs. Etant donné que les résultats des élections précédentes montrent que

- la probabilité que le parti P remporte les élections présidentielles sachant qu'il les a remportées dans les régions $R_1, \ldots, R_k$ réunies est de 0.8
- la probabilité que le parti P remporte les élections présidentielles sachant qu'il ne les a pas remportées dans les régions $R_1, \ldots, R_k$ réunies est de 0.3
- la probabilité de gagner les élections dans les régions $R_1, \ldots, R_k$ réunies est de 0.2.

Déterminer la probabilité que le parti P gagne les élections.

Réponse. Soit les événements $E \equiv$ " le parti P remporte les élections" et $F \equiv$ " le parti P remporte les élections dans les régions $R_1, \ldots, R_k$ réunies". On veut déterminer $\mathbb{P}(E)$.

En utilisant la formule (2.2.1) on obtient

$$\begin{aligned} \mathbb{P}(E) &= \mathbb{P}(F)\mathbb{P}(E|F) + (1 - \mathbb{P}(F))\mathbb{P}(E|F^c) \\ &= (0.2)(0.8) + (0.8)(0.3) \\ &= 0.4. \end{aligned}$$

2.3 Formule de *Bayes*

Soit $E_1, E_2, \ldots, E_n, \ldots$ une suite d'événements et soit F un événement quelconque. La formule de *Bayes* permet de déterminer la probabilité qu'un des événements E_i de la partition se réalise sachant que l'événement F s'est réalisé. Elle découle des formules (2.1.3) et (2.2.1).

Proposition 2.3.1. *Soit $E_1, \ldots, E_n, \ldots$ une partition de Ω telle que $\mathbb{P}(E_i) > 0$, $\forall i \in \mathbb{N}^\star$. Alors, pour tout événement F tel que $\mathbb{P}(F) > 0$, et pour tout $i_0 \in \mathbb{N}^\star$ fixé, on a*

$$\mathbb{P}(E_{i_0}|F) = \frac{\mathbb{P}(E_{i_0} \cap F)}{\mathbb{P}(F)} \tag{2.3.1}$$

$$= \frac{\mathbb{P}(E_{i_0})\mathbb{P}(F|E_{i_0})}{\sum_{j=1}^{+\infty} \mathbb{P}(E_j)\mathbb{P}(F|E_j)}. \tag{2.3.2}$$

Exemple 2.3.1. Une usine fabrique 3 types d'ampoules (type 1, 2 et 3). Les probabilités que la durée de vie des ampoules de type 1, 2 et 3 dépasse 1 an sont respectivement de 0.7, 0.4 et de 0.3. On suppose que 30% des ampoules fabriquées sont de type 1, 20% sont de type 2 et 50% sont de type 3.

1. Quelle est la probabilité qu'une ampoule tirée au hasard ait une durée de vie supérieure à 1 an ?
2. Sachant qu'une ampoule a duré plus d'un an, quelle est la probabilité qu'elle provienne du type i, pour $i \in \{1, 2, 3\}$.

Réponse. Soit E l'événement : " la durée de vie de l'ampoule choisie est supérieure à 1 an". Soit F_j l'événement : " choisir l'ampoule de type j", avec $j = 1, 2, 3$. Comme l'expérience consiste à tirer au hasard une ampoule, l'ensemble des résultats possibles de l'expérience est $\Omega = F_1 \cup F_2 \cup F_3$. Les événements F_1, F_2 et F_3 forment donc une partition de Ω.
1. On veut déterminer $\mathbb{P}(E)$. En utilisant la formule des probabilités totales, on a

$$\begin{aligned}\mathbb{P}(E) &= \mathbb{P}(F_1)\mathbb{P}(E|F_1) + \mathbb{P}(F_2)\mathbb{P}(E|F_2) + \mathbb{P}(F_3)\mathbb{P}(E|F_3) \\ &= (0.3)(0.7) + (0.2)(0.4) + (0.5)(0.3) \\ &= 0.44.\end{aligned}$$

2. Les probabilités demandées sont $\mathbb{P}(F_j|E), j = 1, 2, 3$. On a pour tout $j = 1, 2, 3$,

$$\mathbb{P}(F_j|E) = \frac{\mathbb{P}(F_j)\mathbb{P}(E|F_j)}{\mathbb{P}(E)}.$$

D'où $\mathbb{P}(F_1|E) = (0.3)(0.7)/0.44 \approx 0.48$; $\mathbb{P}(F_2|E) = (0.2)(0.4)/0.44 \approx 0.18$; $\mathbb{P}(F_3|E) = (0.5)(0.3)/0.44 \approx 0.34$.

Exercice 2.3.1. On souhaite prendre en location un appartement dans une grande ville. Un site internet publie régulièrement des offres de location d'appartements situés dans des quartiers de cette ville qu'on peut regrouper en trois catégories : quartier sympa, quartier moyen, quartier à éviter.

On sait que

- la probabilité qu'une annonce de location d'appartement se situant dans un quartier sympa dépasse 2 semaines est de 0.04,
- les probabilités qu'une annonce de location d'appartement se situant dans des quartiers moyens, et, à éviter dépasse 2 semaines sont respectivement de 0.2 et 0.5,
- $1/8$ des annonces d'appartement se situe dans les quartiers sympas, $3/8$ des annonces se situent en quartiers moyens et la moitié des annonces en quartiers à éviter.

En surfant sur ce site internet, on tombe sur une annonce qui a dépassé 2 semaines. Quelle est la probabilité que l'appartement se situe

1. dans un quartier sympa ?
2. dans un quartier moyen ?
3. dans un quartier à éviter ?

2.4 Evénements indépendants

Lorsqu'on considère une urne qui contient n boules blanches et m boules noires, il est naturel que si on tire successivement et sans remise deux boules de l'urne alors, la probabilité de tirer une boule blanche ou une boule noire au second tirage dépend de la couleur de la boule tirée au premier tirage. Donc, le résultat du premier tirage influe sur celui du second tirage. Par ailleurs, lorsqu'on lance deux fois une pièce de monnaie il est tout à fait raisonnable de considérer que le fait que Pile apparaisse au second lancer ne dépend pas du fait que Pile ou Face soit apparu au premier lancer et inversement. Le résultat du second lancer n'est donc pas influencé par celui du premier lancer. La notion d'indépendance entre deux événements E et F permet de rendre compte de l'absence d'influence de l'un des événements sur l'autre : E et F sont indépendants si la connaissance de l'information partielle que E (resp. F) s'est réalisé ne change pas la probabilité que l'événement F (resp. E) se réalise. Autrement dit $\mathbb{P}(E|F) = \mathbb{P}(E)$ (resp. $\mathbb{P}(F|E) = \mathbb{P}(F)$). On dit dans ce cas que les événements E et F sont indépendants. Comme

$$\mathbb{P}(E|F) = \frac{\mathbb{P}(E \cap F)}{\mathbb{P}(F)},$$

on a la définition équivalente suivante.

Définition 2.4.1. *Deux événements E et F sont* indépendants *si et seulement si*

$$\mathbb{P}(E \cap F) = \mathbb{P}(E)\mathbb{P}(F). \tag{2.4.1}$$

Exemple 2.4.1. On lance deux fois une pièce de monnaie équilibrée et on note la face qui apparaît. On suppose que les événements élémentaires de $\Omega = \{\mathrm{PP}, \mathrm{PF}, \mathrm{FP}, \mathrm{FF}\}$ sont équiprobables. Soit E l'événement : "obtenir Pile au premier lancer", G l'événement : "obtenir Face au second lancer", et H l'événement : "avoir deux Pile".

1. Montrer que les événements E et G sont indépendants.
2. Les événements E et H sont-ils indépendants ?

Réponse. Avant même de répondre aux questions posées notons que lorsqu'on lance deux fois une pièce de monnaie, le résultat du second lancer (en particulier le fait d'avoir Face au second lancer) ne dépend pas du fait qu'on ait Pile ou Face au premier lancer. On s'attend donc à ce que les événements E et G soient indépendants. Par contre, la réalisation de l'événement H dépend du premier lancer. En effet, si le résultat du premier lancer est Pile, on peut espérer que H se réalise au second lancer. Si par ailleurs le résultat du premier lancer est Face, on est sûr que l'événement H ne peut pas se réaliser. On s'attend donc à ce que les événements E et H soient dépendants.

Les événements E, G et H s'écrivent $E = \{\mathrm{PP}, \mathrm{PF}\}$; $G = \{\mathrm{PF}, \mathrm{FF}\}$ et $H = \{\mathrm{PP}\}$.

1. On a

$$\begin{aligned} \mathbb{P}(E \cap G) &= \mathbb{P}(\{\mathrm{PF}\}) = \frac{1}{4} \\ \mathbb{P}(E) &= \mathbb{P}(\{\mathrm{PP}\}) + \mathbb{P}(\{\mathrm{PF}\}) = \frac{1}{2} \\ \text{et} \quad \mathbb{P}(G) &= \mathbb{P}(\{\mathrm{PF}\}) + \mathbb{P}(\{\mathrm{FF}\}) = \frac{1}{2}. \end{aligned}$$

Comme $\mathbb{P}(E \cap G) = \mathbb{P}(E)\mathbb{P}(G)$, alors les événements E et G sont indépendants.

2. On a

$$\mathbb{P}(E \cap H) = \mathbb{P}(\{\mathrm{PP}\}) = \frac{1}{4},$$
$$\mathbb{P}(E) = \mathbb{P}(\{\mathrm{PP}\}) + \mathbb{P}(\{\mathrm{PF}\}) = \frac{1}{2},$$
$$\text{et} \quad \mathbb{P}(H) = \mathbb{P}(\{\mathrm{PP}\}) = \frac{1}{4}.$$

On en déduit que les événements E et H ne sont pas indépendants car $\mathbb{P}(E \cap H) \neq \mathbb{P}(E)\mathbb{P}(H)$.

Exemple 2.4.2. On lance deux fois un dé équilibré dont les faces sont numérotées de 1 à 6. Soit F l'événement qu'on obtient 4 au premier lancer, E l'événement que la somme des nombres obtenus aux deux lancers fait 7 et soit G l'événement que la somme des nombres obtenus aux deux lancers fait 6.

$a)$ Les événements E et F sont-ils indépendants ?

$b)$ Les événements G et F sont-ils indépendants ?

Réponse. $a)$ On peut noter que quelque soit le résultat du premier lancer (en particulier le fait d'avoir 4 au premier lancer), l'événement E peut toujours se réaliser au second lancer. On s'attend donc à ce que les événements E et F soient indépendants. Par contre, la réalisation de l'événement G dépend du résultat du premier lancer. En effet. si le résultat du premier lancer appartient à $\{1, 2, 3, 4, 5\}$ (en particulier s'il est égal à 4) on garde l'espoir que G puisse se réaliser au second lancer. Ce qui n'est pas le cas lorsque le résultat du premier lancer est 6. On pressent que F et G sont dépendants. Maintenant, prouvons le explicitement.

On a

$$E = \{(1,6), (2,5), (3,4), (4,3), (5,2), (6,1)\}$$
$$F = \{(4,1), (4,2), (4,3), (4,4), (4,5), (4,6)\}$$
$$\text{et} \quad G = \{(1,5), (2,4), (3,3), (4,2), (5,1)\}.$$

Donc

$$\mathbb{P}(E \cap F) = \mathbb{P}(\{(4,3)\}) = \frac{1}{36}.$$

D'autre part

$$\mathbb{P}(F) = \sum_{\omega \in F} \mathbb{P}(\{\omega\}) = \frac{6}{36} = \frac{1}{6} \qquad \text{et} \qquad \mathbb{P}(E) = \sum_{\omega \in E} \mathbb{P}(\{\omega\}) = \frac{1}{6}.$$

D'où $\mathbb{P}(E \cap F) = \mathbb{P}(E)\mathbb{P}(F)$. Les événements E et F sont donc indépendants.

$b)$ On a $\mathbb{P}(G \cap F) = \mathbb{P}(\{(4,2)\}) = \frac{1}{36}$ et $\mathbb{P}(G) = \frac{5}{36}$, d'où $\mathbb{P}(G)\mathbb{P}(F) = \frac{5}{36} \times \frac{1}{6}$. Donc $\mathbb{P}(G \cap F) \neq \mathbb{P}(G)\mathbb{P}(F)$. Les événements G et F ne sont donc pas indépendants.

Remarque 2.4.1. *On voit à travers l'égalité (2.4.1) que Ω et $\emptyset$ sont indépendants de tout événement.*

Exercice 2.4.1. Montrer qu'un événement E est indépendant de lui même si et seulement si E est soit certain, soit impossible.

La proposition suivante montre que si E et F sont indépendants alors il en est de même pour les événements E et F^c ; E^c et F ; E^c et F^c.

Proposition 2.4.1. *Si E et F sont indépendants alors E est indépendant de F^c ; E^c est indépendant de F et E^c est indépendant de F^c.*

Démonstration. Montrons que E et F^c sont indépendants, on suppose pour cela que $\mathbb{P}(E), \mathbb{P}(F^c) \notin \{0,1\}$ (dans le cas contraire, le résultat est évident). Il suffit de prouver que $\mathbb{P}(E|F^c) = \mathbb{P}(E)$, pour $\mathbb{P}(F^c) > 0$.

La formule des probabilités totales donne

$$\mathbb{P}(E) = \mathbb{P}(F)\mathbb{P}(E|F) + (1 - \mathbb{P}(F))\mathbb{P}(E|F^c).$$

Or, $\mathbb{P}(E|F) = \mathbb{P}(E)$ car E est indépendant de F. On obtient donc

$$\mathbb{P}(E) = \mathbb{P}(F)\mathbb{P}(E)+(1-\mathbb{P}(F))\mathbb{P}(E|F^c) \iff \mathbb{P}(E)(1-\mathbb{P}(F)) = (1-\mathbb{P}(F))\mathbb{P}(E|F^c).$$

En simplifiant par $(1 - \mathbb{P}(F))$, on obtient l'équivalence de l'égalité précédente avec : $\mathbb{P}(E) = \mathbb{P}(E|F^c)$, d'où le résultat.

Pour montrer que E^c et F sont indépendants avec l'hypothèse que E et F sont indépendants (c'est-à-dire, $\mathbb{P}(E|F) = \mathbb{P}(E)$), on utilise le fait que

$$\mathbb{P}(E^c|F) = 1 - \mathbb{P}(E|F) = 1 - \mathbb{P}(E) = \mathbb{P}(E^c).$$

Le dernier résultat est laissé en exercice. □

La définition de l'indépendance entre deux événements s'étend de la façon suivante entre n événements.

Définition 2.4.2.

1. *Les événements $E_1, E_2, \ldots, E_n$ sont dits indépendants (ou mutuellement indépendants) si pour toute partie $I \subset \{1, 2, \ldots, n\}$, on a*

$$\mathbb{P}(\bigcap_{i\in I} E_i) = \prod_{i\in I} \mathbb{P}(E_i). \tag{2.4.2}$$

2. *Les événements $E_1, E_2, \ldots, E_n$ sont dits deux à deux indépendants si pour tout i, $j \in \{1, 2, \ldots, n\}$ avec $i \neq j$, on a*

$$\mathbb{P}(E_i \cap E_j) = \mathbb{P}(E_i)\mathbb{P}(E_j). \tag{2.4.3}$$

Remarque 2.4.2. On voit que l'indépendance mutuelle entraîne l'indépendance deux à deux. L'exemple suivant en donne une illustration.

Exemple 2.4.3. Soit E, F et G trois événements.

1. En utilisant la formule (2.4.2) énumérer les conditions pour que les événements E, F et G soient deux à deux indépendants.
2. Quelles conditions faut-il rajouter (à celles précédentes) pour avoir l'indépendance mutuelle de E, F et G ?

Réponse. 1. Les événements E, F et G sont deux à deux indépendants si les trois conditions suivantes sont vérifiées :

a. $\mathbb{P}(E \cap F) = \mathbb{P}(E)\mathbb{P}(F)$
b. $\mathbb{P}(E \cap G) = \mathbb{P}(E)\mathbb{P}(G)$
c. $\mathbb{P}(G \cap F) = \mathbb{P}(G)\mathbb{P}(F)$.

2. Pour avoir l'indépendance mutuelle, il faut en plus de (a), (b) et (c) avoir :

$$\mathbb{P}(E \cap F \cap G) = \mathbb{P}(F)\mathbb{P}(F)\mathbb{P}(G).$$

Exercice 2.4.2. Soit E, F, G et H quatre événements.

1. Enumérer les conditions pour que les évéments E, F, G et H soient deux à deux indépendants.
2. Quelles conditions faut-il rajouter à celles précédentes pour avoir l'indépendance mutuelle de E, F, G et H ?

Exemple 2.4.4. On lance de façon infinie et indépendante une pièce de monnaie non équilibrée dont la probabilité d'apparition de Pile est p et celle de Face est $1 - p$. Déterminer

1. la probabilité que Pile apparaisse pour la première fois au n-ième tirage.
2. la probabilité que Pile apparaisse au moins une fois lors des n premiers lancers.
3. la probabilité qu'il y ait exactement k Pile lors des n premiers lancers.
4. la probabilité d'avoir Pile à tous les lancers.

Réponse. 1. Soit P_i l'événement : "Pile apparaît au i-ième lancer" et F_i : "l'événement que Face apparaît au i-ième lancer". La probabilité demandée est $\mathbb{P}(F_1 \cap \cdots \cap F_{n-1} \cap P_n)$. On a par indépendance

$$\mathbb{P}(F_1 \cap \cdots \cap F_{n-1} \cap P_n) = \mathbb{P}(F_1)\ldots\mathbb{P}(F_{n-1})\mathbb{P}(P_n) = (1-p)^{n-1}p.$$

2. Il est plus facile ici de passer par l'événement complémentaire. On a (en posant $E =$ "Pile apparaît au moins une fois lors des n premiers lancers") :

$$\mathbb{P}(E) = 1 - \mathbb{P}(F_1 \cap F_2 \cap \cdots \cap F_n).$$

Or, on a par indépendance,

$$\mathbb{P}(F_1 \cap F_2 \cap \cdots \cap F_n) = (1-p)^n.$$

Donc la probabilité demandée est $1 - (1-p)^n$.

3. Pour calculer la probabilité d'avoir exactement k Pile lors des n premiers lancers, considérons une combinaison où on a k Pile et $n - k$ Face. La probabilité d'une telle combinaison est donnée, en utilisant l'indépendance, par $p^k(1-p)^{n-k}$. Le nombre de telles combinaisons est le nombre de combinaisons de k éléments d'un ensemble à n éléments : $C_n^k = \frac{n!}{(n-k)!k!}$. Donc la probabilité qu'il y ait exactement k Pile lors des n premiers lancers est

$$C_n^k p^k (1-p)^{n-k}.$$

4. On a :

$$\mathbb{P}(\{\text{Avoir Pile à tous les lancers}\}) = \mathbb{P}(\bigcap_{i=1}^{+\infty} P_i) = \mathbb{P}(\lim_{n\to+\infty} \bigcap_{i=1}^{n} P_i) = \mathbb{P}(\lim_{n\to+\infty} E_n),$$

avec $E_n = \bigcap_{i=1}^n P_i$. Or, la suite d'événements $(E_n)_{n\geq 1}$ est décroissante. En effet, pour tout $n \geq 1$,

$$E_{n+1} = E_n \cap P_{n+1} \subset E_n.$$

En appliquant la Proposition 1.6.4 on obtient $\mathbb{P}(\lim_{n\to+\infty} E_n) = \lim_{n\to+\infty} \mathbb{P}(E_n)$. Comme par indépendance des lancers,

$$P(E_n) = \mathbb{P}(P_1 \cap P_2 \cap \cdots \cap P_n) = p^n,$$

on en déduit que

$$\mathbb{P}(\{\text{Avoir Pile à tous les lancers}\}) = \begin{cases} 0 & \text{si } p < 1 \\ 1 & \text{si } p = 1. \end{cases}$$

Proposition 2.4.2. *Soit $E_1, \cdots E_n$, une suite de n événements indépendants. Si pour tout $i \in \{1, \cdots, n\}$, $E'_i = E_i$ ou $E'_i = E_i^c$, alors les n événements $E'_1, \cdots, E'_n$ sont indépendants.*

Démonstration. Il faut montrer d'après le point (1) de la Définition 2.4.2 que pour tout sous-ensemble $I \subset \{1, \cdots, n\}$ tel que $I \neq \emptyset$, on a

$$\mathbb{P}(\bigcap_{i\in I} E'_i) = \prod_{i\in I} \mathbb{P}(E'_i). \tag{2.4.4}$$

Soit donc $I \subset \{1, \cdots, n\}$ tel que $I \neq \emptyset$, montrons l'égalité (2.4.4). Notons que $I = I_1 \cup I_2$ avec $I_1 = \{i \in I, E'_i = E_i\}$ et $I_2 = \{i \in I, E'_i = E_i^c\}$. Si $I_2 = \emptyset$ alors $I = I_1$ et l'égalité (2.4.4) vient de la définition de l'indépendance des E_i, $i = 1, \cdots, n$ (Définition 2.4.2). Supposons donc pour la suite que $I_2 \neq \emptyset$.

Avant de faire la démonstration dans un cadre général, donnons un exemple.

Etape 1 : Exemple. Si $I_1 = \{3\}$ et $I_2 = \{1, 2\}$ alors

$$\begin{aligned}\bigcap_{i\in I} E'_i &= A_1^c \cap A_2^c \cap A_3 \\ &= A_3 \setminus (A_1 \cup A_2) \\ &= A_3 \setminus (A_3 \cap (A_1 \cup A_2)) \\ &= A_3 \setminus ((A_3 \cap A_1) \cup (A_3 \cap A_1)).\end{aligned}$$

Il suit donc que

$$\begin{aligned}\mathbb{P}(A_1^c \cap A_2^c \cap A_3) &= \mathbb{P}(A_3) - \mathbb{P}((A_3 \cap A_1) \cup (A_3 \cap A_1)) \\ &= \mathbb{P}(A_3) - \mathbb{P}(A_3 \cap A_1) - \mathbb{P}(A_3 \cap A_2) + \mathbb{P}(A_1 \cap A_2 \cap A_3).\end{aligned}$$

Et en utilisant le fait que A_1, A_2 et A_3 sont indépendants, on a

$$\begin{aligned}\mathbb{P}(A_1^c \cap A_2^c \cap A_3) &= \mathbb{P}(A_3) - \mathbb{P}(A_3)\mathbb{P}(A_1) - \mathbb{P}(A_3)\mathbb{P}(A_2) \\ &\quad -\mathbb{P}(A_1)\mathbb{P}(A_2)\mathbb{P}(A_3) \\ &= \mathbb{P}(A_3)(1 - \mathbb{P}(A_1))(1 - \mathbb{P}(A_2)) \\ &= \mathbb{P}(A_1^c)\mathbb{P}(A_2^c)\mathbb{P}(A_3),\end{aligned}$$

d'où le résultat.

Etape 2 : Cas général. Notons d'abord que si $(x_i)_{1\leq i\leq m}$, $m \in \mathbb{N}^\star$ est une suite de réels, on montre par récurrence que

$$\begin{aligned}\prod_{i=1}^{m}(1 - x_i) &= 1 - \sum_{i=1}^{m} x_i + \sum_{1\leq i<j\leq m} x_i x_j - \sum_{1\leq i<j<k\leq m} x_i x_j x_k \\ &\quad + \cdots + (-1)^m \prod_{i=1}^{m} x_i.\end{aligned} \tag{2.4.5}$$

Par ailleurs, en posant $E = \bigcap_{i\in I_1} E_i$ et $F^c = \bigcap_{i\in I_2} E_i^c$, de sorte que

$$F = \bigcup_{i\in I_2} E_i \qquad \text{et} \qquad E\cap F = \Big(\bigcup_{j\in I_2} E_j\Big)\cap\Big(\bigcap_{i\in I_1} E_i\Big),$$

nous avons

$$\bigcap_{i\in I} E_i' = \Big(\bigcap_{i\in I_1} E_i\Big)\cap\Big(\bigcap_{i\in I_2} E_i^c\Big) = E\cap F^c = E\setminus F.$$

Il s'en suit que

$$\begin{aligned}
\mathbb{P}\Big(\bigcap_{i\in I} E_i'\Big) &= \mathbb{P}(E) - \mathbb{P}(E\cap F) &(2.4.6)\\
&= \mathbb{P}\Big(\bigcap_{i\in I_1} E_i\Big) - \mathbb{P}\Big(\big(\bigcup_{j\in I_2} E_j\big)\cap\big(\bigcap_{i\in I_1} E_i\big)\Big)\\
&= \prod_{i\in I_1}\mathbb{P}(E_i) - \mathbb{P}\Big(\bigcup_{j\in I_2}\Big(E_j\cap\big(\bigcap_{i\in I_1} E_i\big)\Big)\Big). &(2.4.7)
\end{aligned}$$

D'autre part, il découle de la formule de Poincaré (égalité (1.6.12)) que :

$$\begin{aligned}
\mathbb{P}\Big(\bigcup_{j\in I_2}\Big(E_j\cap\big(\bigcap_{i\in I_1} E_i\big)\Big)\Big) &= \sum_{j\in I_2}\mathbb{P}\Big(E_j\cap\big(\bigcap_{i\in I_1} E_i\big)\Big) +\\
&\quad - \sum_{j\in J,\, J\subset I_2,\, \text{card}(J)=2}\mathbb{P}\Big(\big(\bigcap_{j\in J} E_j\big)\cap\big(\bigcap_{i\in I_1} E_i\big)\Big)\\
&\quad + \cdots + (-1)^{\text{card}(I_2)+1}\,\mathbb{P}\Big(\big(\bigcap_{j\in I_2} E_j\big)\cap\big(\bigcap_{i\in I_1} E_i\big)\Big).
\end{aligned}$$

En utilisant l'indépendance des $(E_i)_{1\le i\le n}$, on obtient :

$$\begin{aligned}
\mathbb{P}\Big(\bigcup_{j\in I_2}(E_j\cap(\bigcap_{i\in I_1} E_i))\Big) &= \sum_{j\in I_2}\Big(\mathbb{P}(E_j)\prod_{i\in I_1}\mathbb{P}(E_i)\Big)\\
&\quad - \sum_{J\subset I_2,\text{card}(J)=2}\Big(\prod_{j\in J}\mathbb{P}(E_j)\prod_{i\in I_1}\mathbb{P}(E_i)\Big) +\\
&\quad \ldots + (-1)^{\text{card}(I_2)+1}\Big(\prod_{j\in I_2}\mathbb{P}(E_j)\prod_{i\in I_1}\mathbb{P}(E_i)\Big).
\end{aligned}$$

En factorisant par $\prod_{i\in I_1}\mathbb{P}(E_i)$ on obtient

$$\begin{aligned}
\mathbb{P}\Big(\bigcup_{j\in I_2}(E_j\cap(\bigcap_{i\in I_1} E_i))\Big) &= \prod_{i\in I_1}\mathbb{P}(E_i)\Big\{\sum_{j\in I_2}\mathbb{P}(E_j) - \sum_{j\in J,\, J\subset I_2,\text{card}(J)=2}\prod_{j\in J}\mathbb{P}(E_j)\\
&\quad + \ldots + (-1)^{\text{card}(I_2)+1}\prod_{j\in I_2}\mathbb{P}(E_j)\Big\}.
\end{aligned}$$

Finalement, on déduit de l'égalité (2.4.5) que

$$\begin{aligned}
\mathbb{P}\Big(\bigcap_{i\in I} E_i'\Big) &= \prod_{i\in I_1}\mathbb{P}(E_i)\times\prod_{j\in I_2}(1-\mathbb{P}(E_j))\\
&= \prod_{i\in I_1}\mathbb{P}(E_i)\times\prod_{j\in I_2}\mathbb{P}(E_j^c)\\
&= \prod_{i\in I}\mathbb{P}(E_i').
\end{aligned}$$

Ce qui prouve l'indépendance des événements $E'_1, \cdots, E'_n$. □

Définition 2.4.3. *Soit $(E_n)_{n\in\mathbb{N}}$ une suite d'événements. On dit que les (E_n) sont indépendants si pour tout sous-ensemble fini I inclus dans $\mathbb{N}$, on a :*

$$\mathbb{P}\Big(\bigcap_{i\in I} E_i\Big) = \prod_{i\in I} \mathbb{P}(E_i).$$

Proposition 2.4.3. *Soit $(E_n)_{n\in\mathbb{N}}$ une suite d'événements indépendants. Si pour tout $n \in \mathbb{N}$, on a $E'_n = E_n$ ou $E'_n = E^c_n$, alors $(E'_n)_{n\in\mathbb{N}}$ est une suite d'événements indépendants.*

Démonstration. Il suffit d'appliquer la Définition 2.4.3 et la Proposition 2.4.2. □

2.5 Exercices supplémentaires

Exercice 2.5.1. On considère trois événements A, B et C d'un espace probabilisé $(\Omega, \mathbb{P})$, tels que $\mathbb{P}(A) = 1/2, \mathbb{P}(B) = 3/5, \mathbb{P}(A \cap B) = 1/5, \mathbb{P}(C \mid A) = \mathbb{P}(C \mid B) = 1/2$ et $1/\mathbb{P}(C) \in \mathbb{N}$. Calculer $\mathbb{P}(C)$.

Exercice 2.5.2. Une urne contient trois sacs.

- Le sac S_1 contient 2 pièces d'or,
- Le sac S_2 contient 2 pièces ordinaires,
- Le sac S_3 contient une pièce d'or et une pièce ordinaire.

Le jeu consiste à tirer un sac au hasard (selon une loi de probabilité uniforme sur $\{1, 2, 3\}$), puis à tirer une pièce au hasard dans le sac choisi.

1. Quelle est la probabilité de tirer une pièce d'or ?
2. Supposons que l'on ait tiré une pièce d'or. Quelle est alors la probabilité pour que la seconde pièce (du sac) soit en or ?

Exercice 2.5.3. Un document a été perdu. La probabilité pour qu'il se trouve dans un meuble est p, $(0 < p < 1)$. Ce meuble comporte sept tiroirs. On explore six tiroirs sans trouver le document. Quelle est la probabilité de le trouver dans le septième ?

Exercice 2.5.4. Soit $(\Omega, \mathbb{P})$ un espace probabilisé, A et B dans Ω tels que $\mathbb{P}(A \cap B) \neq 0$. Calculer les quantités suivantes $\mathbb{P}(A|B)$, $\mathbb{P}(B|A)$, $\mathbb{P}(A \cup B|A \cup B)$, $\mathbb{P}(A^c|B)$ et $\mathbb{P}((A \cup B)^c|A \cap B)$ en fonction de $\mathbb{P}(A)$, $\mathbb{P}(B)$ et $\mathbb{P}(A \cap B)$.

Exercice 2.5.5. Deux urnes A et B contiennent des boules blanches et noires. La proportion de boules blanches dans l'urne A est de a tandis qu'elle est de b dans l'urne B. On suppose que $a + b < 1$. Un joueur choisit au hasard une urne (avec une probabilité uniforme) et ensuite, il effectue des tirages avec remise dans l'urne choisie tant que la boule tirée est blanche. Il change d'urne lorsque la boule tirée est noire et effectue à nouveau des tirages avec remise dans cette dernière urne choisie tant que la boule tirée est blanche. On appelle p_j la probabilité d'obtenir une boule blanche au j ième tirage.

1. Etablir la relation $p_{j+1} = (a+b-1)p_j + a + b - 2ab$.
2. Caculer p_j.

Exercice 2.5.6. Soit $\mathbb{P}$ une probabilité sur Ω et A et B deux événements de Ω. Montrer que A et B indépendants si et seulement si

$$\mathbb{P}(A \cap B)\,\mathbb{P}(A^c \cap B^c) = \mathbb{P}(A \cap B^c)\,\mathbb{P}(A^c \cap B).$$

Exercice 2.5.7. La proportion de pièces défectueuses dans un lot de pièces est 0.05. Le contrôle de fabrication des pièces est tel que : si la pièce est bonne, elle est acceptée avec une probabilité de 0.96. Si la pièce est mauvaise, elle est refusée avec la probabilité 0.98. On choisit une pièce au hasard et on la contrôle. Quelle est la probabilité :

1. Qu'il y ait une erreur de contrôle ?
2. Qu'une pièce acceptée soit mauvaise ?

Exercice 2.5.8. Un sac contient deux dés, le dé un est parfaitement équilibré tandis que le dé deux est pipé et donne un six, une fois sur deux. Le jeu consiste à tirer une première fois un dé au hasard et à le lancer, ensuite on tire le dé restant dans le sac et on le lance.

1. Trouver la probabilité d'obtenir un six lors du premier lancer.
2. Sachant qu'on a obtenu un six au premier lancer, quelle est la probabilité d'avoir encore un six au second lancer ?

Exercice 2.5.9. Le quart d'une population a été vacciné. Parmi les vaccinés on compte $1/12$ de malades. Parmi les malades, il y a 4 non vaccinés pour un vacciné. Quelle est la probabilité pour un non vacciné de tomber malade ?

Exercice 2.5.10. On dispose de deux dés A et B. Le dé A a 4 faces rouges et 2 faces blanches. Le dé B a 2 faces rouges et 4 faces blanches. On lance une pièce de monnaie dont la probabilité d'apparition de "Pile" est $1/3$.

— Si on obtient Pile, on décide de jouer uniquement avec le dé A.
— Si on obtient face, on décide de jouer uniquement avec le dé B.

1. Calculer la probabilité d'obtenir une face rouge au premier coup.
2. On a obtenu une face rouge aux deux premiers coups. Calculer la probabilité d'obtenir une face rouge au 3 ième coup.
3. On a obtenu une face rouge aux n premiers coups, ($n \in \mathbb{N}^\star$). Determiner la probabilité p_n d'avoir utilisé le dé A.

Exercice 2.5.11. On joue à Pile ou Face en lançant 3 fois une pièce de monnaie équilibrée avec la règle de jeu suivante : on gagne 1 point si Pile apparaît et on perd 1 point sinon. Soit les événements

E : "gagner 1 point à l'issue des trois lancers"
F : "avoir un seul Pile aux deux premiers lancers"
G : "avoir Face au premier lancer"

1. Déterminer l'ensemble Ω des résultats possibles à l'issue des 3 lancers.
2. Déterminer $\mathbb{P}(E|F)$.
3. Calculer $\mathbb{P}(E|G)$.

4. Expliquer, en dehors des calculs, pourquoi $\mathbb{P}(E|G) \leq \mathbb{P}(E|F)$.

Exercice 2.5.12. Une urne contient b boules blanches et r boules rouges. On considère l'expérience aléatoire qui consiste à tirer une boule de l'urne et

1. à la remettre dans l'urne si la boule tirée est rouge
2. à ne pas la remettre dans l'urne si la boule tirée est blanche.

Quelle est la probabilité d'obtenir une boule blanche au n-ième tirage ?

Exercice 2.5.13. On veut tester le degré d'efficacité d'un test de dépistage du paludisme. On décide pour cela de le tester sur des patients pris au hasard, dont certains peuvent présenter des symptômes proches du paludisme mais ne souffrent pas de cette maladie. On sait (après coup) que 7% des patients ont effectivement le paludisme. On obtient les résultats suivants après le test : 98 fois sur 100 le test s'est révélé positif alors que le patient avait réellement le paludisme et 5 fois sur 100 le test s'est révélé positif, alors que le patient n'avait pas le paludisme.

1. Quelle est la probabilité que le test donne une indication correcte sur un patient choisi par hasard ?
2. Quelle est la probabilité qu'un patient soit réellement atteint du paludisme lorsque le test est positif ?

Exercice 2.5.14. Considérons une expérience aléatoire d'univers $\Omega = \{a, b, c, d\}$ et une probabilité $\mathbb{P}$ sur Ω, avec

$$\mathbb{P}(\{a\}) = \mathbb{P}(\{b\}) = \mathbb{P}(\{c\}) = \frac{1}{4}.$$

On pose $A = \{a, d\}$, $B = \{b, d\}$, $C = \{c, d\}$. Les événements A, B et C sont-ils

1. deux-à-deux indépendants ?
2. mutuellement indépendants ?

Exercice 2.5.15. Une urne contient 2 boules blanches et une boule rouge. On effectue des tirages successifs d'une boule dans cette urne en remettant la boule après avoir noté sa couleur, jusqu'à ce que l'on obtienne la boule rouge. Montrer que l'on effectuera presque sûrement un nombre fini de tirages (il suffit de montrer que la probabilité d'avoir un nombre fini de tirages est égale à 1).

Chapitre 3

Variables aléatoires discrètes

3.1 Introduction et définition d'une variable aléatoire (v.a.) discrète

Pour définir une variable aléatoire discrète, considérons les deux exemples suivants.

Soit le jeu de Pile ou Face avec une pièce de monnaie équilibrée où on gagne 1 point si Pile (P) apparaît et on perd 1 point si Face (F) apparaît. On lance trois fois la pièce et on note X la quantité représentant notre gain cumulé à l'issue des trois lancers. Les valeurs prises par X dépendent du résultat des trois lancers :

1. elle prend la valeur -3 si le résultat ω des trois lancers est $\omega = \text{FFF}$,
2. elle prend la valeur -1 si le résultat ω des trois lancers appartient à l'ensemble $\{\text{FFP}, \text{PFF}, \text{FPF}\}$,
3. elle prend la valeur 1 si le résultat ω des trois lancers appartient à l'ensemble $\{\text{PPF}, \text{FPP}, \text{PFP}\}$,
4. elle prend la valeur 3 si le résultat ω des 3 lancers est $\omega = \text{PPP}$.

Le gain cumulé X est donc une application de Ω à valeurs dans l'ensemble $\{-3, -1, 1, 3\}$:

$$X : \Omega \to E = \{-3, -1, 1, 3\}$$
$$\omega \mapsto X(\omega).$$

Dans ce cas on voit que X est à valeurs dans un ensemble de cardinal fini.

Maintenant, considérons à nouveau l'Exemple 1.3.3 du chapitre 1 où on lance une pièce de monnaie jusqu'à l'apparition de Face. On note par X le nombre de lancers nécessaires à cet effet. Dans ce cas

$$\Omega = \{\text{F}, \text{PF}, \text{PPF}, \text{PPPF}, \cdots, \text{PPPPPPPPPPPPPF}, \cdots\}, \text{ et}$$

$$X(\text{F}) = 1,\ X(\text{PF}) = 2,\ X(\text{PPF}) = 3,\ X(\text{PPPF}) = 4, \cdots,$$
$$\cdots, X(\text{PPPPPPPPPPPPPF}) = 14, \cdots.$$

Nous remarquons ici que $E = X(\Omega) = \mathbb{N}^\star$.

Dans les deux exemples précédents, l'application X est définie sur un espace Ω et est à valeurs dans un espace E fini ou infini dénombrable. Dans ce chapitre on se limitera aux cas où E est inclus dans $\mathbb{R}$. Par ailleurs, l'application X est appelée variable aléatoire car ses valeurs prises dépendent du résultat de l'expérience aléatoire considérée.

Si $(\Omega, \mathbb{P})$ est un espace de probabilité discret (c'est à dire Ω est un un ensemble dénombrable et $\mathbb{P}$ une probabilité sur Ω) et si E est un sous-ensemble dénombrable de $\mathbb{R}$ (E peut être égal à une partie finie de $\mathbb{R}$ ou une partie infinie dénombrable comme $\mathbb{N}$, $\mathbb{Z}$, etc...), on définit une variable aléatoire discrète comme suit.

Définition 3.1.1. *Une variable aléatoire (v.a.) discrète est une application X définie sur l'ensemble Ω et à valeurs dans un ensemble dénombrable E.*

Exemple 3.1.1. On lance deux fois une pièce de monnaie équilibrée et on note la face qui apparaît après chaque lancer. On suppose que les lancers sont indépendants. Rappelons que l'univers $\Omega = \{\text{PP}, \text{PF}, \text{FP}, \text{FF}\}$. Considérons la fonction X qui compte le nombre de Pile obtenu : on a $X : \Omega \mapsto \{0, 1, 2\}$ avec

$$X(\omega) = \begin{cases} 0 & \text{si } \omega = \text{FF}, \\ 1 & \text{si } \omega \in \{\text{FP}, \text{PF}\}, \\ 2 & \text{si } \omega = \text{PP}. \end{cases}$$

Lorsqu'on définit une variable aléatoire X (comme dans l'exemple 3.1.1), une des questions fondamentales que l'on se pose est de savoir déterminer sa *loi de probabilité* $\mathbb{P}_X$ qui est une "application" qui, dans le cadre de l'exemple 3.1.1, permet en particulier de calculer le degré de vraisemblance associé à chacune des valeurs prises par la variable aléatoire X. C'est-à-dire, les quantités $\mathbb{P}_X(\{i\}) = \mathbb{P}(\{X = i\})$, pour $i \in \{0, 1, 2\}$. Si on considère l'exemple 3.1.1 il s'agit de déterminer les quantités $\mathbb{P}(A_i)$, où pour tout $i \in \{0, 1, 2\}$,

$$\mathbb{P}(A_i) := \mathbb{P}_X(\{i\}) = \mathbb{P}(\{X = i\}) = \mathbb{P}(\{\omega \in \Omega, X(\omega) = i\}) = \mathbb{P}\big(X^{-1}(\{i\})\big), \tag{3.1.1}$$

pour $i \in \{0, 1, 2\}$. On a alors,

$$\begin{aligned} \mathbb{P}(X = 0) &= 1/4 \\ \mathbb{P}(X = 1) &= 1/2 \\ \mathbb{P}(X = 2) &= 1/4. \end{aligned}$$

De manière générale, si $(\Omega, \mathbb{P})$ est un espace de probabilité discret, E un sous-ensemble dénombrable de $\mathbb{R}$, on définit l'application $\mathbb{P}_X$ sur $\mathcal{P}(E)$ par

$$\begin{aligned} \mathbb{P}_X : \quad \mathcal{P}(E) &\to [0, 1] \\ A &\mapsto \mathbb{P}_X(A) = \mathbb{P}(\{X \in A\}) \\ &\qquad\quad = \mathbb{P}(X^{-1}(A)) \\ &\qquad\quad = \mathbb{P}(\{\omega \in \Omega, X(\omega) \in A\}). \end{aligned} \tag{3.1.2}$$

On voit que $\mathbb{P}_X(E) = \mathbb{P}(\{X \in E\}) = \mathbb{P}(\Omega) = 1$. Et si $(A_n)_{n \geq 1}$ est une suite de sous-ensembles de E deux à deux disjoints (notons dans ce cas que si $n \neq m$, alors $X^{-1}(A_n) \cap X^{-1}(A_m) = \emptyset$), on a :

$$\begin{aligned} \mathbb{P}_X\Big(\bigcup_{n \geq 1} E_n\Big) = \mathbb{P}\Big(X^{-1}\big(\bigcup_{n \geq 1} E_n\big)\Big) &= \mathbb{P}\Big(\bigcup_{n \geq 1} (X^{-1}(E_n))\Big) \\ &= \sum_{n \geq 1} \mathbb{P}(X^{-1}(E_n)) = \sum_{n \geq 1} \mathbb{P}_X(E_n). \end{aligned}$$

On conclut que $\mathbb{P}_X$ est une probabilité sur $\mathcal{P}(E)$.

3.2 Loi d'une variable aléatoire discrète

Prenons une variable aléatoire X et intéressons-nous à sa loi de probabilité $\mathbb{P}_X$ qui permet de calculer le degré de vraisemblance associé à chaque valeur prise par X. Si on considère l'exemple 3.1.1 il s'agit de déterminer les quantités $\mathbb{P}(X = i)$, pour $i = 0, 1, 2$. La définition générale de $\mathbb{P}_X$ est déjà donnée par (3.1.2). Cette définition se simplifie lorsque X est une v.a. discrète.

Définition 3.2.1. *Soit X une v.a. discrète définie sur Ω et à valeurs dans $E = \{x_0, x_1, x_2, \ldots\} \subset \mathbb{R}$. La loi de probabilité de X est la probabilité $\mathbb{P}_X = p$ caractérisée par*

$$p(x_i) = \mathbb{P}(X = x_i) = \mathbb{P}\big(\{\omega \in \Omega, X(\omega) = x_i\}\big), \quad i = 0, 1, 2, \ldots.$$

Exemple 3.2.1. On lance, de façon indépendante, trois fois une pièce de monnaie dont la probabilité d'apparition de Pile est p et on note la face qui apparaît après chaque lancer. Soit X la variable aléatoire qui compte le nombre de Face obtenu. Déterminer la loi de X.

Réponse. X est une variable aléatoire discrète à valeurs dans $\{0, 1, 2, 3\}$. On a, en utilisant l'indépendance,

$$\begin{aligned}
p(0) &= \mathbb{P}(X = 0) = \mathbb{P}(\{\text{PPP}\}) = p^3, \\
p(1) &= \mathbb{P}(X = 1) = \mathbb{P}(\{\text{PPF}\}) + \mathbb{P}(\{\text{PFP}\}) + \mathbb{P}(\{\text{FPP}\}) = 3p^2(1-p), \\
p(2) &= \mathbb{P}(X = 2) = \mathbb{P}(\{\text{PFF}\}) + \mathbb{P}(\{\text{FPF}\}) + \mathbb{P}(\{\text{FFP}\}) = 3p(1-p)^2, \\
p(3) &= \mathbb{P}(X = 3) = \mathbb{P}(\{\text{FFF}\}) = (1-p)^3.
\end{aligned}$$

Remarque 3.2.1. Remarquons que lorsque $x \notin \{x_0, x_1, \ldots\}$ alors $\mathbb{P}(X = x) = 0$. Rappelons aussi que lorsque X est une variable aléatoire discrète qui prend les valeurs $x_0, x_1, \ldots$, alors l'application

$$\mathbb{P}_X : \mathcal{P}(E) = \mathcal{P}(\{x_0, x_1, \ldots\}) \mapsto [0, 1],$$

caractérisée par

$$\mathbb{P}_X(\{x_i\}) = p(x_i) = \mathbb{P}(X = x_i)$$

est une probabilité sur E. On a en particulier

$$\mathbb{P}_X(E) = \sum_{i=0}^{+\infty} \mathbb{P}_X(\{x_i\}) = \sum_{i=0}^{+\infty} \mathbb{P}(X = x_i) = 1. \tag{3.2.1}$$

Cette dernière remarque nous permet, une fois que la loi de probabilité de X est donnée, de travailler directement avec la probabilité $\mathbb{P}_X$ plutôt qu'avec $\mathbb{P}$. C'est l'objet de l'exemple suivant.

Exemple 3.2.2. Soit $\lambda > 0$ et soit X une variable aléatoire à valeurs dans $\{0, 1, 2, \ldots\}$ telle que

$$p(i) = \mathbb{P}(X = i) = c\frac{\lambda^i}{i!}, \qquad c > 0,\ i = 0, 1, 2, \ldots$$

1. Déterminer la constante de normalisation c.
2. Calculer $\mathbb{P}(X = 0)$ et $\mathbb{P}(X \geq 1)$.

Réponse. 1. Compte tenu de (3.2.1) on doit avoir

$$\sum_{i=0}^{+\infty} p(i) = 1 \iff c\sum_{i=0}^{+\infty} \frac{\lambda^i}{i!} = 1.$$

Or, $\sum_{i=0}^{+\infty} \frac{\lambda^i}{i!} = e^{\lambda}$. Donc $c = e^{-\lambda}$.

2. On a $\mathbb{P}(X = 0) = e^{-\lambda}$. D'autre part,

$$\mathbb{P}(X \geq 1) = \mathbb{P}(X = 1) + \mathbb{P}(X = 2) + \cdots = \sum_{i=1}^{+\infty} \mathbb{P}(X = i).$$

Comme on sait que

$$\sum_{i=0}^{+\infty} \mathbb{P}(X = i) = \mathbb{P}(X = 0) + \sum_{i=1}^{+\infty} \mathbb{P}(X = i) = 1$$

et que $\mathbb{P}(X = 0) = e^{-\lambda}$, on en déduit que $\mathbb{P}(X \geq 1) = 1 - e^{-\lambda}$.

Nous étudions maintenant quelques quantités liées aux variables aléatoires.

3.3 Fonction de répartition

Reprenons l'exemple introductif où on joue à Pile ou Face et où notre gain cumulé X à l'issue des trois lancers a pour loi de probabilité

$$\mathbb{P}(X = -3) = 1/8,\ \mathbb{P}(X = -1) = 3/8,\ \mathbb{P}(X = +1) = 3/8,\ \mathbb{P}(X = +3) = 1/8.$$

On peut se demander quelle est la probabilité pour que l'on perde la partie à l'issue des trois lancers. C'est aussi la probabilité pour que notre gain cumulé X soit négatif, soit $\mathbb{P}(X < 0)$ (dans ce contexte on peut constater que $\mathbb{P}(X < 0) = \mathbb{P}(X \leq 0)$). Or, notre gain cumulé X est négatif si et seulement si $X = -3$ ou $X = -1$. Autrement dit,

$$\begin{aligned} \{\omega \in \Omega, X(\omega) \leq 0\} &= \{\omega \in \Omega, X(\omega) = -1 \text{ ou } X(\omega) = -3\} \\ &= \{\omega \in \Omega, X(\omega) = -1\} \cup \{\omega \in \Omega, X(\omega) = -3\}. \end{aligned}$$

Par conséquent, on a

$$\mathbb{P}(X \leq 0) = \mathbb{P}(X = -3) + \mathbb{P}(X = -1) = \frac{1}{2}.$$

De façon générale, on peut s'intéresser au calcul de la probabilité pour que notre gain cumulé X ne dépasse pas un certain montant $x \in \mathbb{R}$, c'est-à-dire : $\mathbb{P}(X \leq x)$. La fonction qui à $x \in \mathbb{R}$ associe la probabilité $\mathbb{P}(X \leq x)$ nous donne la répartition de notre richesse à l'issue des trois lancers et est appelée fonction de répartition. Nous la définissons ci-après pour une variable aléatoire discrète.

Définition 3.3.1. *Soit X une variable aléatoire discrète. Alors, la fonction*

$$\begin{aligned} F_X : \quad \mathbb{R} &\mapsto [0,1] \\ x &\mapsto F_X(x) = \mathbb{P}(X \leq x) \end{aligned}$$

est appelée fonction de répartition (f.r.) de X. On la notera parfois F s'il n'y a pas d'ambiguïté.

Remarque 3.3.1. Noter que la fonction de répartition est définie sur $\mathbb{R}$ tout entier. Il ne faut donc pas oublier de la déterminer pour toute valeur x de $\mathbb{R}$.

Nous réécrivons maintenant la fonction de répartition pour une variable aléatoire discrète à valeurs dans $\{x_1, x_2, \ldots\}$.

Définition 3.3.2. *Lorsque X est une variable aléatoire discrète à valeurs dans $\{x_1, x_2, \ldots\}$, la fonction de répartition s'écrit*

$$F(x) = \sum_{i:x_i \leq x} \mathbb{P}(X = x_i), \quad \textit{pour tout } x \in \mathbb{R}. \tag{3.3.1}$$

Exemple 3.3.1. Reprenons l'exemple introductif où on joue à Pile ou Face et où notre gain cumulé X à l'issue des trois lancers a pour loi de probabilité

$$\mathbb{P}(X = -3) = 1/8,\ \mathbb{P}(X = -1) = 3/8,\ \mathbb{P}(X = +1) = 3/8,\ \mathbb{P}(X = +3) = 1/8.$$

1. Déterminons la fonction de répartition de X.
2. Représentons la fonction $x \mapsto F(x)$.

Réponse. 1. Notons d'abord que la probabilité pour que notre gain cumulé X soit (strictement) inférieur à -3 est nulle. Car notre perte maximale à l'issue des trois lancers est de 3 points. Ainsi,

$$\forall x < -3, \quad F(x) = \mathbb{P}(X \leq x) = 0.$$

Soit maintenant un montant $x \in [-3, -1[$. La fonction de répartition évaluée en x donne :

$$F(x) = \sum_{i:x_i \leq x} \mathbb{P}(X = x_i) = \mathbb{P}(X = -3) = 1/8.$$

Pour tout $x \in [-1, 1[$, on a

$$F(x) = \sum_{i:x_i \leq x} \mathbb{P}(X = x_i) = \mathbb{P}(X = -3) + \mathbb{P}(X = -1) = 1/2.$$

Si $x \in [1, 3[$, alors

$$F(x) = \sum_{i:x_i \leq x} \mathbb{P}(X = x_i) = \mathbb{P}(X = -3) + \mathbb{P}(X = -1) + \mathbb{P}(X = 1) = 7/8.$$

Et enfin, si $x \geq 3$, alors

$$F(x) = \sum_{i:x_i \leq x} \mathbb{P}(X = x_i) = \mathbb{P}(X = -3) + \mathbb{P}(X = -1) + \mathbb{P}(X = 1) + \mathbb{P}(X = 3) = 1.$$

Finalement,

$$F(x) = \begin{cases} 0 & \text{si } x < -3 \\ 1/8 & \text{si } x \in [-3, -1[\\ 1/2 & \text{si } x \in [-1, 1[\\ 7/8 & \text{si } x \in [1, 3[\\ 1 & \text{si } x \geq 3. \end{cases} \tag{3.3.2}$$

2. Le graphique est représenté à la figure 3.1.

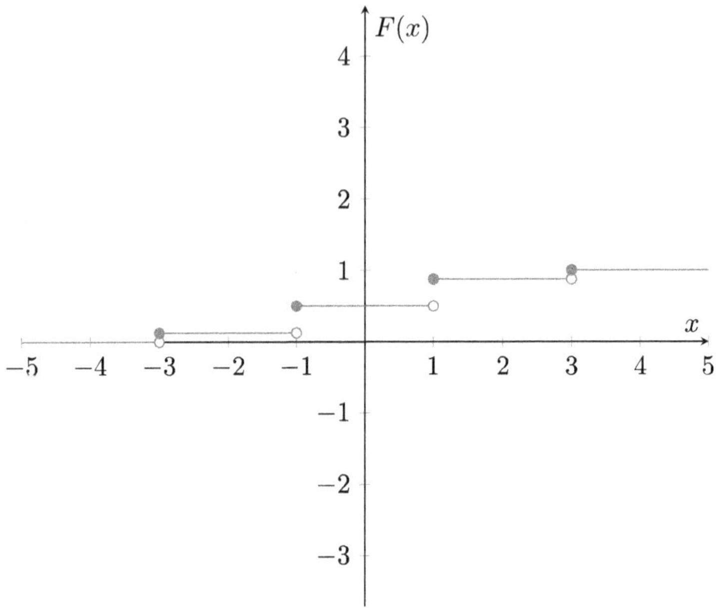

FIGURE 3.1 – Représentation de la fonction de répartition $F(x)$ définie par (3.3.2).

Exemple 3.3.2. Soit X une variable aléatoire qui prend les valeurs -1, 0 et 1 avec les probabilités suivantes :

$$\mathbb{P}(X=-1)=1/3,\ \mathbb{P}(X=0)=1/6,\ \mathbb{P}(X=1)=1/2.$$

1. Déterminons la fonction de répartition de X.
2. Représentons la fonction $x \mapsto F(x)$.

Réponse. 1. On a quatre cas à distinguer : $x \in]-\infty,-1[$, $x \in [-1,0[$, $x \in [0,1[$ et $x \in [1,+\infty]$.

- Si $x \in]-\infty,-1[$ alors $F(x)=\sum_{i:x_i\leq x}\mathbb{P}(X=x_i)=0$.
- Si $x \in [-1,0[$ alors $F(x)=\mathbb{P}(X=-1)=1/3$.
- Si $x \in [0,1[$ alors $F(x)=\mathbb{P}(X=-1)+\mathbb{P}(X=0)=1/2$.
- Si $x \in [1,+\infty]$ alors $F(x)=\mathbb{P}(X=-1)+\mathbb{P}(X=0)+\mathbb{P}(X=1)=1$.

La fonction de répartion est donc donnée par

$$F(x)=\begin{cases} 0 & \text{si } x<-1 \\ 1/3 & \text{si } x\in[-1,0[\\ 1/2 & \text{si } x\in[0,1[\\ 1 & \text{si } x\geq 1. \end{cases} \tag{3.3.3}$$

2. Nous représentons graphiquement la fonction de répartition dans la figure 3.2.

Exercice 3.3.1. Soit X une variable aléatoire à valeurs dans $\{1,2,\ldots\}$ avec

$$\mathbb{P}(X=k)=(1-p)^{k-1}p, \quad k=1,2,\ldots, \text{ avec } p\in]0,1[.$$

Déterminer la fonction de répartition de X.

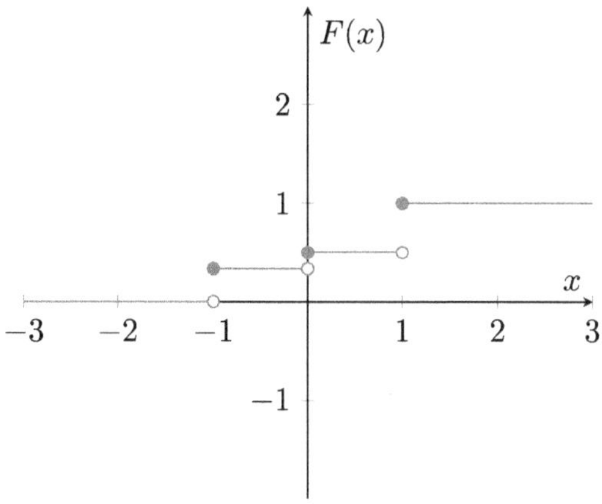

FIGURE 3.2 – Représentation de la fonction de répartition $F(x)$ définie par (3.3.3).

Exercice 3.3.2. On dispose d'une urne contenant 9 boules rouges et 1 boule blanche. On considère le jeu aléatoire suivant. On tire successivement et sans remise une boule de l'urne : si la boule obtenue au n-ième tirage est rouge on perd 1 point, sinon (si la boule tirée est blanche) on gagne 5 points.

On appelle X_n la variable aléatoire qui représente notre gain (ou notre perte) à l'issue du n-ième tirage.

1. Quelle est l'ensemble des valeurs prises par X_n ?
2. Déterminer la loi de probabilité de X_n.
3. Déterminer la fonction de répartition de X_n.

La loi de probabilité de X est aussi caractérisée par sa fonction de répartition. En effet, on peut déterminer la probabilité de tout intervalle de $\mathbb{R}$ à travers la fonction de répartition. Pour cela, pour tout $x \in \mathbb{R}$ on note $F_X(x_-)$ la limite à gauche de la fonction de répartition F_X : c'est-à-dire,

$$F_X(x_-) = \lim_{n\to+\infty} F_X\Big(x - \frac{1}{n}\Big). \tag{3.3.4}$$

Propriétés 3.3.1. *Soit X une variable aléatoire et soit F_X sa fonction de répartition. Soit $x, y \in \mathbb{R}$ tels que $x \leq y$. On a*

1. $\mathbb{P}(X \leq x) = F_X(x)$ *et* $\mathbb{P}(X < x) = F_X(x_-)$.
2. $\mathbb{P}(X \geq x) = 1 - F_X(x_-)$ *et* $\mathbb{P}(X > x) = 1 - F_X(x)$.
3. $\mathbb{P}(X = x) = F_X(x) - F_X(x_-)$.

Démonstration. 1. Par définition, $\mathbb{P}(X \leq x) = F_X(x)$. D'autre part, la suite d'événements

$$E_n = \{\omega \in \Omega,\ X(\omega) \leq x - \frac{1}{n}\}$$

est croissante. En effet

$$\omega \in E_n \Longrightarrow X(\omega) \leq x - \frac{1}{n} \Longrightarrow X(\omega) \leq x - \frac{1}{n+1} \Longrightarrow \omega \in E_{n+1}.$$

Donc,

$$\lim_{n\to+\infty} E_n = \bigcup_{i=1}^{+\infty} E_i = \{\omega \in \Omega, X(\omega) < x\}.$$

En utilisant la proposition 1.6.4 on obtient

$$\mathbb{P}(X < x) = \lim_{n\to+\infty} \mathbb{P}\Big(X \le x - \frac{1}{n}\Big) = \lim_{n\to+\infty} F_X\Big(x - \frac{1}{n}\Big) = F_X(x_-).$$

2. On a $\mathbb{P}(X \ge x) = 1 - \mathbb{P}(X < x) = 1 - F_X(x_-)$ et $\mathbb{P}(X > x) = 1 - \mathbb{P}(X \le x) = 1 - F_X(x)$.
3. On a $\{\omega \in \Omega,\ X(\omega) = x\} \cup \{\omega \in \Omega,\ X(\omega) < x\} = \{\omega \in \Omega,\ X(\omega) \le x\}$. Donc (puisque l'union est disjointe)

$$\mathbb{P}(X = x) + \mathbb{P}(X < x) = \mathbb{P}(X \le x).$$

D'où $\mathbb{P}(X = x) = \mathbb{P}(X \le x) - \mathbb{P}(X < x) = F_X(x) - F_X(x_-)$. □

Propriétés 3.3.2. *Soit X une variable aléatoire et soit F_X sa fonction de répartition. Pour tous $x, y \in \mathbb{R}$ tels que $x \le y$. On a*

1. $\mathbb{P}(x \le X \le y) = F_X(y) - F_X(x_-)$.
2. $\mathbb{P}(x \le X < y) = F_X(y_-) - F_X(x_-)$.
3. $\mathbb{P}(x < X \le y) = F_X(y) - F_X(x)$.
4. $\mathbb{P}(x < X < y) = F_X(y_-) - F_X(x)$.

Démonstration. 1. L'ensemble $\{X \le y\}$ est l'union disjointe des deux ensembles $\{X < x\}$ et $\{x \le X \le y\}$:

$$\{\omega \in \Omega,\ X(\omega) < x\} \cup \{\omega \in \Omega,\ x \le X(\omega) \le y\} = \{\omega \in \Omega,\ X(\omega) \le y\}.$$

Donc

$$\mathbb{P}(X < x) + \mathbb{P}(x \le X \le y) = \mathbb{P}(X \le y).$$

On en déduit que $\mathbb{P}(x \le X \le y) = \mathbb{P}(X \le y) - \mathbb{P}(X < x) = F_X(y) - F_X(x_-)$. Le reste des démonstrations est laissé en exercice. □

Exemple 3.3.3. Soit X une variable aléatoire de fonction de répartition donnée par

$$F_X(x) = \begin{cases} 0 & \text{si } x < -1 \\ 1/3 & \text{si } x \in [-1, 0[\\ 1/2 & \text{si } x \in [0, 1[\\ 1 & \text{si } x \ge 1. \end{cases}$$

$a)$ Déterminer $\mathbb{P}(X = x)$, pour tout $x \in \mathbb{R}$.

$b)$ Calculer $\mathbb{P}(X \in [0, 1])$, $\mathbb{P}(X \in]0, 1])$, et $\mathbb{P}(X \in] -1, 0[)$.

Réponse. $a)$ En utilisant les Propriétés 3.3.1, 3. on a

$$\begin{aligned}
\mathbb{P}(X = -1) &= F_X(-1) - F_X(-1_-) = 1/3, \\
\mathbb{P}(X = 0) &= F_X(0) - F_X(0_-) = 1/2 - 1/3 = 1/6, \\
\mathbb{P}(X = 1) &= F_X(1) - F_X(1_-) = 1 - 1/2 = 1/2
\end{aligned}$$

et $\mathbb{P}(X = x) = 0$ pour tout $x \notin \{-1, 0, 1\}$. Ce qui correspond bien à la définition de la v.a. X de l'exemple 3.3.2.

$b)$ On a d'après (le point 1. des) Propriétés 3.3.2,

$$\mathbb{P}(X \in [0,1]) = \mathbb{P}(0 \leq X \leq 1) = F_X(1) - F_X(0_-) = 1 - \frac{1}{3} = \frac{2}{3}.$$

De même, d'après le point 3. des Propriétés 3.3.2,

$$\mathbb{P}(X \in]0,1]) = \mathbb{P}(0 < X \leq 1) = F_X(1) - F_X(0) = 1 - \frac{1}{2} = \frac{1}{2}.$$

En utilisant le point 4. des Propriétés 3.3.2 on a

$$\mathbb{P}(X \in]-1,0[) = \mathbb{P}(-1 < X < 0) = F_X(0_-) - F_X(-1) = 0.$$

Ce qui est tout à fait attendu vu la définition de la v.a. X.

Exercice 3.3.3. Soit X une v.a. discrète de f.r. (fonction de répartition) F_X et soit $x \in \mathbb{R}$. Ecrire les probabilités suivantes en fonction de F_X : $\mathbb{P}(|X| \geq x)$, $\mathbb{P}(|X| > x)$, $\mathbb{P}(|X| \leq x)$ et $\mathbb{P}(|X| < x)$.

3.3.1 D'autres propriétés de la fonction de répartition

Nous résumons d'autres propriétés de la fonction de répartitions dans le théorème suivant.

Théorème 3.3.1. *Soit X une variable aléatoire discrète de f.r. F_X. Alors,*

1. *Pour tout $x \in \mathbb{R}$, $\quad 0 \leq F_X(x) \leq 1$.*
2. *F_X est une fonction croissante.*
3. *F_X est une fonction continue à droite. C'est-à-dire, pour tout $x \in \mathbb{R}$ et pour toute suite (x_n) de nombres décroissante vers x, $\lim_{n \to +\infty} F_X(x_n) = F_X(x)$.*
4. *$\lim_{x \to -\infty} F_X(x) = 0$ et $\lim_{x \to +\infty} F_X(x) = 1$.*

Une fonction de répartition est donc croissante, continue à droite, admet pour limite 0 en $-\infty$ et pour limite 1 en $+\infty$.

Démonstration. 1. Du fait que la fonction de répartition de X est une probabilité on a pour tout $x \in \mathbb{R}$,

$$0 \leq F_X(x) \leq 1.$$

2. Soit $x, y \in \mathbb{R}$ avec $x \leq y$. Montrons que $F_X(x) \leq F_X(y)$. Puisque $x \leq y$ alors

$$\{\omega \in \Omega, X(\omega) \leq x\} \subset \{\omega \in \Omega, X(\omega) \leq y\}.$$

En utilisant la Proposition 1.6.1 on a

$$F_X(x) = \mathbb{P}(\{\omega \in \Omega, X(\omega) \leq x\}) \leq F_X(y) = \mathbb{P}(\{\omega \in \Omega, X(\omega) \leq y\}).$$

3. Puisque (x_n) est décroissante vers x, la suite d'événements $E_n = \{X \leq x_n\}$ est décroissante car

$$E_{n+1} = \{X \leq x_{n+1}\} \subset \{X \leq x_n\} = E_n.$$

Donc la suite d'événements $E_n = \{X \leq x_n\}$ décroît vers $\bigcap_{n=1}^{+\infty} E_n = E = \{X \leq x\}$. On déduit de la Proprosition 1.6.4 que

$$\lim_{n\to+\infty} F_X(x_n) = \lim_{n\to+\infty} \mathbb{P}(E_n) = \mathbb{P}(\lim_{n\to+\infty} E_n) = \mathbb{P}(E) = F_X(x).$$

4. Notons que si (x_n) est une suite quelconque décroissante vers $-\infty$ alors la suite d'événements $E_n = \{X \leq x_n\}$ décroît vers $\bigcap_{n=1}^{+\infty} E_n = \emptyset$. D'où en utilisant la Proposition 1.6.4

$$\lim_{x\to-\infty} F_X(x) = \lim_{n\to+\infty} F_X(x_n) = 0.$$

□

3.4 Fonction quantile

Dans beaucoup de problèmes (en Statistique ou en Simulation par exemple) on est amené à déterminer l'inverse (si elle existe) de la fonction de répartition F_X d'une variable . C'est-à-dire, pour $\alpha \in]0,1[$, on souhaite déterminer x_α tel que $F_X(x_\alpha) = \mathbb{P}(X \leq x_\alpha) = \alpha$. Ce qui mène à la définition de la fonction quantile.

Définition 3.4.1. *Soit X une v.a. discrète de fonction de répartition F_X et soit $\alpha \in]0,1[$. On appelle quantile (ou fractile) d'ordre α de X, un nombre x_α tel que*

$$F_X(x_\alpha) = \alpha.$$

Remarque 3.4.1. Si F_X est bijective alors $x_\alpha = F_X^{-1}(\alpha)$ où F_X^{-1} est la bijection réciproque de F_X. Sinon F_X^{-1} sera l'inverse généralisée définie par

$$F_X^{-1}(\alpha) = \inf\{t \in \mathbb{R} \text{ tel que } F_X(t) \geq \alpha\}.$$

Exemple 3.4.1. Soit X une variable aléatoire de fonction de répartition

$$F(x) = \begin{cases} 0 & \text{si } x < -1 \\ 1/3 & \text{si } x \in [-1,0[\\ 1/2 & \text{si } x \in [0,1[\\ 1 & \text{si } x \geq 1. \end{cases}$$

1. Déterminer la fonction quantile de X.
2. En déduire les quantiles d'ordres $\alpha = 40\%, \alpha = 95\%$ et $\alpha = 99\%$ de X.

Réponse. 1. Soit $\alpha \in]0,1/3]$. Alors,

$$\forall t < -1,\ F(t) = 0 < \alpha \quad \text{et} \quad \forall t \geq -1,\ F(t) \geq 1/3 \geq \alpha.$$

Par conséquent $\{t \in \mathbb{R},\ F_X(t) \geq \alpha\} = [-1,+\infty[$ et

$$F^{-1}(\alpha) = \inf\{t \in \mathbb{R},\ F_X(t) \geq \alpha\} = \inf\,[-1,+\infty[= -1.$$

Si $\alpha \in]1/3,1/2]$ alors, $\forall t < 0,\ F(t) \leq 1/3 < \alpha$ et $\forall t \geq 0,\ F(t) \geq 1/2 \geq \alpha$. Donc, $F^{-1}(\alpha) = 0$. De même, si $\alpha \in]1/2,1[$ alors, $\forall t < 1,\ F(t) \leq 1/2 < \alpha$ et $\forall t \geq 1$, $F(t) \geq 1 > \alpha$ et $F^{-1}(\alpha) = 1$. En résumé,

$$F^{-1}(\alpha) = \begin{cases} -1 & \text{si } \alpha \in]0,1/3] \\ 0 & \text{si } \alpha \in]1/3,1/2] \\ 1 & \text{si } \alpha \in]1/2,1[. \end{cases}$$

2. On a $F^{-1}(0.4) = 0$ et $F^{-1}(0.90) = F^{-1}(0.95) = 1$.

3.5 Espérance d'une variable aléatoire discrète

L'espérance (mathématique) d'une variable aléatoire est l'un des indicateurs les plus importants en probabilité. Pour l'introduire, considérons les exemples suivants.

On lance un dé à six faces non truqué et on note par $\Omega = \{1, 2, 3, 4, 5, 6\}$ les résultats de l'expérience. On définit sur Ω la probabilité uniforme : $\mathbb{P}(\omega) = \frac{1}{\text{card}(\Omega)} = \frac{1}{6}$. Soit X la variable aléatoire qui donne le résultat de chaque lancer : $X(\omega) = \omega$, l'ensemble image de X ici est clairement : $E = \Omega = \{1, \cdots, 6\}$. La valeur moyenne que prend X (notée $\mathbb{E}(X)$) devrait être alors

$$\mathbb{E}(X) = \frac{1 + 2 + \cdots + 6}{6} = \frac{7 \times 6}{2 \times 6} = 3.5.$$

Par ailleurs $\mathbb{P}(\{X = i\}) = \mathbb{P}(X^{-1}(\{i\})) = \mathbb{P}(\{i\}) = \frac{1}{6}$, $\forall i \in E$, d'où on remarque aussi que :

$$\mathbb{E}(X) = \sum_{i \in E} i\mathbb{P}(\{X = i\}).$$

Considérons maintenant le problème suivant qui consiste à déterminer le lieu optimal (meilleur endroit) où une compagnie de transport de bus doit mettre un arrêt de bus sur une distance $[a, b]$ qui se situe sur un grand boulevard (que l'on munit d'un repère quelconque) selon le critère de proximité avec les voyageurs. Pour cela la compagnie relève les noms (assez représentatifs) de n personnes qui prennent le bus concerné. Elle relève aussi, pour chaque personne $i \in \{1, \ldots, n\}$ de l'échantillon choisi, la distance x_i qui sépare son lieu de provenance (sa demeure, son lieu de travail, etc) et la portion de boulevard $[a, b]$.

Sur un certain nombre de jours, la compagnie relève la fréquence p_i à laquelle chaque personne i a pris le bus et souhaite trouver un lieu (le point $g^\star \in [a, b]$ où mettre l'arrêt de bus selon le critère de proximité avec les voyageurs. Autrement dit, elle souhaite trouver un point $g^\star$ dont la distance *pondérée* parcourue par l'ensemble des voyageurs au point $g^\star$ est la plus petite. Si pour tout $g \in \mathbb{R}$, on définit la fonction ψ par

$$\psi(g) = \sum_{i=1}^{n} p_i(x_i - g)^2,$$

le point $g^\star$ doit donc être choisi de sorte que

$$\psi(g^\star) = \min_{g \in \mathbb{R}^2} \psi(g). \tag{3.5.1}$$

Notons que la fonction ψ est convexe et que sa dérivée est

$$\psi'(g) = 2\sum_{i=1}^{n} p_i(x_i - g).$$

En résolvant le problème d'optimisation du membre de droite de l'équation (3.5.1) on obtient

$$g^\star = \sum_{i=1}^{n} x_i p_i.$$

Enfin, si nous considérons une variable aléatoire X à valeurs dans $E = \{x_1, \ldots, x_n\}$ de loi de probabilité $p(x_i) = \mathbb{P}_X(\{x_i\}) = p_i$, pour tout $i \in \{1, \ldots, n\}$, on peut écrire que

$$g^\star = \sum_{i=1}^{n} x_i p(x_i) = \sum_{x \in E} x\mathbb{P}(X = x) = \mathbb{E}(X),$$

où $\mathbb{E}(X)$ correspond à l'espérance mathématique de X.

Ces deux exemples nous amènent à la définition suivante de l'espérance :

Définition 3.5.1. *Si X est une variable aléatoire discrète à valeurs dans $E = \{x_0, x_1, \ldots\}$, de loi de probabilité p, alors si $\sum_{x \in E} |x|\mathbb{P}(X = x) < +\infty$, on définit l'espérance (mathématique) de X, notée $\mathbb{E}(X)$, par*

$$\mathbb{E}(X) = \sum_{x \in E} x\mathbb{P}(X = x) = \sum_{i=0}^{+\infty} x_i \mathbb{P}(X = x_i) = \sum_{i=0}^{+\infty} x_i p(x_i). \tag{3.5.2}$$

Evidemment, si $E = \{x_0, x_1, \ldots, x_n\}$ est fini on a,

$$\mathbb{E}(X) = \sum_{x \in E} x\mathbb{P}(X = x) = \sum_{i=0}^{n} x_i \mathbb{P}(X = x_i).$$

Exemple 3.5.1. Reconsidérons l'exemple 3.2.1 et déterminons l'espérance de X. Rappelons que X est une variable aléatoire à valeurs dans $E = \{0, 1, 2, 3\}$ avec des poids suivants :

$$\mathbb{P}(X = 0) = p^3,\ \mathbb{P}(X = 1) = 3p(1-p)^2,\ \mathbb{P}(X = 2) = 3p^2(1-p),\ \mathbb{P}(X = 3) = (1-p)^3.$$

Par conséquent (en notant $q(i) = \mathbb{P}(X = i)$),

$$\mathbb{E}(X) = 0 \times q(0) + 1 \times q(1) + 2 \times q(2) + 3 \times q(3) = -6p^3 + 9p^2 - 6p + 3.$$

Exemple 3.5.2. Soit X et Y des variables aléatoires à valeurs dans $\{0, 1, 2\}$ avec

$$\mathbb{P}(X = 0) = \frac{1}{2},\ \mathbb{P}(X = 1) = \frac{1}{4},\ \mathbb{P}(X = 2) = \frac{1}{4}$$

$$\text{et} \quad \mathbb{P}(Y = 0) = \frac{1}{4},\ \mathbb{P}(Y = 1) = \frac{1}{4},\ \mathbb{P}(Y = 2) = \frac{1}{2}.$$

1. Déterminer $\mathbb{E}(X)$ et $\mathbb{E}(Y)$.
2. Calculer la moyenne empirique m des valeurs prises par X et Y.
3. Comparer $\mathbb{E}(X)$, $\mathbb{E}(Y)$ et m. Commenter.

Réponse. 1. On a

$$\mathbb{E}(X) = 0 \times \mathbb{P}(X = 0) + 1 \times \mathbb{P}(X = 1) + 2 \times \mathbb{P}(X = 2) = 3/4$$

$$\text{et} \quad \mathbb{E}(Y) = 0 \times \mathbb{P}(Y = 0) + 1 \times \mathbb{P}(Y = 1) + 2 \times \mathbb{P}(Y = 2) = 5/4.$$

2. La moyenne empirique des valeurs prises par X est donnée par

$$m = \frac{0+1+2}{3} = 1.$$

3. On a

$$\mathbb{E}(X) < m < \mathbb{E}(Y).$$

La moyenne empirique m peut être vue comme l'espérance mathématique d'une variable aléatoire Z qui prend les valeurs 0, 1 et 2 avec le même poids : $\mathbb{P}(Z=0) = \mathbb{P}(Z=1) = \mathbb{P}(Z=2) = 1/3$. Donc, $\mathbb{E}(Z) = 1$ (le point du milieu entre les points 0 et 2) du fait que les pondérations sont égales. L'inégalité

$$\mathbb{E}(X) < m = \mathbb{E}(Z)$$

s'explique donc par l'influence du point 0 qui est plus pondéré (ou plus vraisemblable) pour la variable aléatoire X que pour la variable Z.

Le même raisonnement s'applique pour expliquer que $m < \mathbb{E}(Y)$, en remarquant que Y pondère la valeur 2 plus que les autres valeurs.

Exercice 3.5.1. On dispose d'une urne contenant 9 boules rouges et 1 boule blanche. On considère le jeu aléatoire suivant. On tire successivement et sans remise une boule de l'urne : si la boule obtenue au n-ième tirage est rouge on perd 1 point, sinon (si la boule tirée est blanche) on gagne 5 points.

On appelle X_n la variable aléatoire qui représente notre gain (ou notre perte, en nombre de points) à l'issue du n-ième tirage.

1. Quelle est l'ensemble des valeurs prises par X_n ?
2. Déterminer la loi de probabilité de X_n.
3. Déterminer la fonction de répartition de X_n.
4. Calculer le gain espéré au n-ième tirage.

Exemple 3.5.3. Soit $\lambda > 0$ et soit X une variable aléatoire à valeurs dans $\{0, 1, 2, \ldots\}$ telle que

$$p(i) = \mathbb{P}(X = i) = e^{-\lambda}\frac{\lambda^i}{i!}, \qquad i = 0, 1, 2, \ldots$$

Calculer $\mathbb{E}(X)$.

Réponse. Voir Proposition 3.7.3.

Théorème 3.5.1. *Soit X une variable aléatoire définie sur Ω et à valeurs dans une partie dénombrable E de $\mathbb{R}$. Si $\sum_{x \in E} |x|\mathbb{P}(X = x) < +\infty$, alors*

$$\mathbb{E}(X) = \sum_{\omega \in \Omega} X(\omega)\mathbb{P}(\{\omega\}).$$

Démonstration. Vu que $\sum_{x \in E} |x|\mathbb{P}(X = x) < +\infty$, alors $\mathbb{E}(X)$ est bien définie. Par suite, notons que

$$\forall x \in E, \quad X^{-1}(\{x\}) = \{\omega \in \Omega, X(\omega) = x\} \tag{3.5.3}$$

$$= \bigcup_{\omega \in X^{-1}(\{x\})} \{\omega\}. \tag{3.5.4}$$

On a d'autre part

$$\mathbb{E}(X) = \sum_{x \in E} x\mathbb{P}(X = x) = \sum_{x \in E} x\mathbb{P}(X^{-1}(x)).$$

En utilisant (3.5.4), on en déduit que

$$\begin{aligned}
\mathbb{E}(X) &= \sum_{x \in E} x \sum_{\omega \in X^{-1}(\{x\})} \mathbb{P}(\{\omega\}) \\
&= \sum_{x \in E} \sum_{\omega \in X^{-1}(\{x\})} x\mathbb{P}(\{\omega\}) \\
&= \sum_{x \in E} \sum_{\omega \in X^{-1}(\{x\})} X(\omega)\mathbb{P}(\{\omega\}),
\end{aligned}$$

la dernière inégalité découlant du fait que $\omega \in X^{-1}(\{x\})$ si et seulement si $X(\omega) = x$. Maintenant, en utilisant le fait que $\Omega = \cup_{x \in E} X^{-1}(\{x\})$, il s'en suit que

$$\mathbb{E}(X) = \sum_{\omega \in \Omega} X(\omega)\mathbb{P}(\{\omega\}).$$

D'où le résultat. □

Remarque 3.5.1. L'espérance se comprend alors comme la moyenne des valeurs prises par la variable aléatoire X pondérée par la probabilité de l'événement associé.

Exemple 3.5.4. Considérons les étudiants d'un amphithéâtre de première année scientifique qui reçoivent leurs notes de contrôle de probabilité. Notons par Ω l'ensemble des étudiants : $\Omega = \{\omega_1, \omega_2, \cdots, \omega_N\}$ et $\mathbb{P}$ la probabilité définie sur Ω par $\mathbb{P}(\omega) = 1/N$. Définissons la variable aléatoire

$$X : \Omega \to E := \{0, 0.5, 1, 1.5, \cdots, 20\}$$

qui à tout étudiant associe sa note. On voit alors que sa loi est donnée par :

$$\mathbb{P}(X = x) = \frac{\text{card}(\{X = x\})}{N}, \quad \forall x \in E.$$

Alors, la note moyenne des étudiants de l'amphitéâtre est égale à

$$\mathbb{E}(X) = \frac{1}{N}\sum_{i=1}^{N} X(\omega_i) = \sum_{i=1}^{N} X(\omega_i)\mathbb{P}(\omega_i) = \sum_{x \in E} x\mathbb{P}(X = x).$$

3.5.1 Espérance d'une fonction d'une v.a. discrète

Soit X une variable aléatoire discrète à valeurs dans E. On souhaite déterminer $\mathbb{E}(f(X))$ où f est une fonction connue. Nous avons pour cela deux façons de procéder. L'une des façons de calculer $\mathbb{E}(f(X))$ est de déterminer, si c'est possible, la loi de la variable aléatoire discrète $Y = f(X)$ à valeurs dans $f(E) = G$ et d'utiliser la formule

$$\mathbb{E}(f(X)) = \mathbb{E}(Y) = \sum_{y \in G} y\mathbb{P}(Y = y) = \sum_{x \in E} f(x)\mathbb{P}\big(f(X) = f(x)\big). \tag{3.5.5}$$

Exemple 3.5.5. Soit X une variable aléatoire qui prend les valeurs $-1, 0$ et 1 avec les probabilités suivantes :

$$\mathbb{P}(X=-1)=1/3,\ \mathbb{P}(X=0)=1/6,\ \mathbb{P}(X=1)=1/2.$$

Déterminer $\mathbb{E}(X^2)$.

Réponse. Soit $Y = X^2$. Alors, la v.a. Y prend les valeurs 0 et 1 avec

$$\mathbb{P}(Y=0)=\mathbb{P}(X=0)=1/6 \text{ et } \mathbb{P}(Y=1)=\mathbb{P}(X=1)+\mathbb{P}(X=-1)=5/6.$$

Par conséquent, $\mathbb{E}(Y) = 0\times\mathbb{P}(Y=0)+1\times\mathbb{P}(Y=1)=5/6$.

L'autre façon de calculer $\mathbb{E}(f(X))$ est d'utiliser le théorème de transfert .

Théorème 3.5.2. *(Théorème de transfert) Soit X une variable aléatoire discrète à valeurs dans E. Alors, pour toute fonction réelle f on a*

$$\mathbb{E}(f(X)) = \sum_{x\in E} f(x)\mathbb{P}(X=x). \tag{3.5.6}$$

Il est facile de voir que les formules (3.5.6) et (3.5.5) coïncident sur l'exemple 3.5.5. En effet, en utilisant la formule (3.5.6) on obtient

$$\mathbb{E}(f(X)) = 0^2\mathbb{P}(X=0)+(-1)^2\mathbb{P}(X=-1)+1^2\mathbb{P}(X=1)=5/6.$$

Ce qui correspond bien à la valeur trouvée dans l'exemple 3.5.5. Remarquons que la formule (3.5.6) regroupe dans la somme précédente les termes qui ont les mêmes valeurs $f(x)$:

$$\mathbb{E}(f(X)) = 0\mathbb{P}(X=0)+1\big(\mathbb{P}(X=-1)+\mathbb{P}(X=1)\big).$$

D'ailleurs, la preuve du théorème se fait en regroupant les termes dans $\sum_{x\in E} f(x)\mathbb{P}(X=x)$ qui ont les mêmes valeurs $f(x)$.

Démonstration. Soit $G = f(E) = \{f(x), x\in E\}$. On a

$$\begin{aligned}
\sum_{x\in E} f(x)\mathbb{P}(X=x) &= \sum_{y\in G}\sum_{\{x:f(x)=y\}} f(x)\mathbb{P}(X=x)\\
&= \sum_{y\in G}\sum_{\{x:f(x)=y\}} y\mathbb{P}(X=x)\\
&= \sum_{y\in G} y \sum_{\{x:f(x)=y\}} \mathbb{P}(X=x)\\
&= \sum_{y\in G} y\mathbb{P}(f(X)=y)\\
&= \mathbb{E}(f(X)).
\end{aligned}$$

D'où le résultat. □

Remarquons que l'un des intérêts du théorème de transfert est d'éviter un travail supplémentaire qui est de déterminer la loi de la variable aléatoire $f(X)$ lorsque la loi de X est déjà connue. Dans certaines situations cela permet un gain de temps énorme dans les calculs.

Exemple 3.5.6. Soit X une variable aléatoire à valeurs dans $\{1, 2, \ldots\}$ telle que

$$\mathbb{P}(X = k) = (1-p)^{k-1}p, \quad k = 1, 2, \ldots, \text{avec } p \in]0,1[.$$

Calculer $\mathbb{E}(X)$ et $\mathbb{E}(X^2)$.

Réponse. On a

$$\mathbb{E}(X) = \sum_{k=1}^{+\infty} k\mathbb{P}(X = k) = p\sum_{k=1}^{+\infty} k(1-p)^{k-1}.$$

Or, si $p \in]0,1[$ alors la série $\sum_{k=0}^{+\infty}(1-p)^k$ est dérivable de dérivée

$$\Big(\sum_{k=0}^{+\infty}(1-p)^k\Big)' = -\sum_{k=1}^{+\infty} k(1-p)^{k-1}.$$

Rappelons que la somme infinie $\sum_{k=0}^{+\infty}(1-p)^k$ est la somme des termes d'une série géométrique de raison $1-p$, et

$$\sum_{k=0}^{+\infty}(1-p)^k = 1/p.$$

Par conséquent

$$\begin{aligned}\mathbb{E}(X) = p\sum_{k=1}^{+\infty} k(1-p)^{k-1} &= -p\Big(\sum_{k=0}^{+\infty}(1-p)^k\Big)' \\ &= 1/p.\end{aligned}$$

D'autre part

$$\mathbb{E}(X^2) = \sum_{k=1}^{+\infty} k^2\mathbb{P}(X = k) = p\sum_{k=1}^{+\infty} k^2(1-p)^{k-1}.$$

En écrivant $k^2 = k(k-1) + k$ on a

$$\mathbb{E}(X^2) = p\sum_{k=1}^{+\infty} k(k-1)(1-p)^{k-1} + p\sum_{k=1}^{+\infty} k(1-p)^{k-1}. \tag{3.5.7}$$

Nous venons de voir que $p\sum_{k=1}^{+\infty} k(1-p)^{k-1} = \mathbb{E}(X)$. Il reste donc à calculer le premier terme du second membre de l'expression (3.5.7). Il suffit pour cela de remarquer que la série $\sum_{k=0}^{+\infty}(1-p)^k$ est deux fois dérivable et sa dérivée seconde s'écrit

$$\Big(\sum_{k=0}^{+\infty}(1-p)^k\Big)'' = \sum_{k=2}^{+\infty} k(k-1)(1-p)^{k-2}.$$

On en déduit donc que

$$\sum_{k=1}^{+\infty} k(k-1)(1-p)^{k-1} = \sum_{k=2}^{+\infty} k(k-1)(1-p)^{k-1}$$

$$= (1-p)\sum_{k=2}^{+\infty} k(k-1)(1-p)^{k-2} = (1-p)\left(\frac{1}{p}\right)''.$$

D'où $\mathbb{E}(X^2) = 2(1-p)/p^2 + 1/p = (2-p)/p^2$.

Nous résumons dans ce qui suit quelques propriétés élémentaires de l'espérance mathématique.

Propriétés 3.5.1. *Soit X et Y deux variables aléatoires réelles telles que $\mathbb{E}(|X|) < +\infty$, $\mathbb{E}(|Y|) < +\infty$, et soit a, b et c des nombres réels. Alors,*

1. *Pour toute variable aléatoire X constante : $X(\omega) = c, \forall \omega \in \Omega$, on a $\mathbb{E}(X) = c$.*
2. *(Linéarité) $\mathbb{E}(aX + bY) = a\,\mathbb{E}(X) + b\,\mathbb{E}(Y)$. De façon générale, pour toute suite de v.a. $X_1, \ldots, X_n$ et pour toute suite de nombres réels $a_1, \ldots, a_n$, on a*
$$\mathbb{E}\Big(\sum_{i=1}^{n} a_i X_i\Big) = \sum_{i=1}^{n} a_i \mathbb{E}(X_i).$$
3. *(Positivité) si $X \leq Y$ alors $\mathbb{E}(X) \leq \mathbb{E}(Y)$, en particulier si $Y \geq 0$, alors $\mathbb{E}(Y) \geq 0$.*
4. *(Inégalité de Jensen) Si f est une fonction convexe sur $\mathbb{R}$ telle que $\mathbb{E}(|f(X)|) < +\infty$, alors*
$$f(\mathbb{E}(X)) \leq \mathbb{E}(f(X)).$$

Démonstration. 1. Si $X = c$, alors $\mathbb{P}(X = c) = 1$ et l'ensemble image de X est donné par $E = \{c\}$. Donc, $\mathbb{E}(X) = c \times \mathbb{P}(X = c) = c$, d'où le résultat.

2. D'abord, en utilisant le Théorème 3.5.1 on a

$$\begin{aligned}
\mathbb{E}\left(|aX + bY|\right) &= \sum_{\omega\in\Omega} |aX(\omega) + bY(\omega)|\,\mathbb{P}(\{\omega\}) \\
&\leq |a|\sum_{\omega\in\Omega} |X(\omega)|\,\mathbb{P}(\{\omega\}) + |b|\sum_{\omega\in\Omega} Y(\omega)|\mathbb{P}(\{\omega\}) \\
&< +\infty.
\end{aligned}$$

Donc $\mathbb{E}(aX + bY)$ est bien définie. Par ailleurs, en réutilisant le Théorème 3.5.1 dans une démarche similaire, on montre que $\mathbb{E}(aX + bY) = a\mathbb{E}(X) + b\mathbb{E}(Y)$. Et de la même manière, on montre que $\mathbb{E}\Big(\sum_{i=1}^{n} a_i X_i\Big) = \sum_{i=1}^{n} a_i \mathbb{E}(X_i)$.

3. D'abord si $Y \geq 0$, alors en se référant à la définition de l'espérance, on voit que $\mathbb{E}(Y) \geq 0$. Par suite si $Y - X \geq 0$, alors $0 \leq \mathbb{E}(Y - X) = \mathbb{E}(Y) - \mathbb{E}(X)$ (d'après le point 2.). On a donc bien $\mathbb{E}(X) \leq \mathbb{E}(Y)$.

4. Nous supposons ici que $X(\Omega) = E = \{x_1, \cdots, x_n\}$. Alors

$$\begin{aligned}
f\left(\mathbb{E}(X)\right) &= f\left(\sum_{i=1}^{n} x_i \mathbb{P}(X = x_i)\right) \\
&\leq \sum_{i=1}^{n} f(x_i)\mathbb{P}(X = x_i) \\
&\leq \mathbb{E}(f(X)),
\end{aligned}$$

où on a utilisé l'inégalité de convexité et le Théorème 3.5.2. □

Exercice 3.5.2. *Soit $f : \mathbb{R} \to \mathbb{R}$ une fonction continue, convexe et nulle en 0, et soit X une variable aléatoire à valeurs dans $\mathbb{N}$, telle que $\mathbb{E}(X) < +\infty$ et $\mathbb{E}(|f(X)|) < +\infty$. On veut terminer la preuve du point 4. des Propriétés 3.5.1 pour ce cas particulier. On définit la v.a. $Y_n(\omega) = X(\omega)\mathbb{1}_{[0,n]}(X(\omega))$.*

1. *Montrer que $f(\mathbb{E}(Y_n)) \leq \mathbb{E}(f(Y_n))$.*
2. *En déduire que $f(\mathbb{E}(X)) \leq \mathbb{E}(f(X))$.*

3.6 Variance d'une v.a. discrète

Nous avons vu que l'espérance mathématique d'une variable aléatoire X est la moyenne pondérée des valeurs prises par X. Par ailleurs, lorsqu'on étudie certains problèmes, on s'intéresse à l'écart à la moyenne des valeurs prises par X. Pour évaluer cette quantité on utilise la variance.

3.6.1 Définition et propriétés

Supposons par exemple qu'on veut comparer les performances en Mathématiques de deux classes C_1 et C_2, de n et m élèves, respectivement. Soit $\{x_1, \ldots, x_n\}$, l'ensemble des n notes obtenues par la classe C_1 et $\{y_1, \ldots, y_m\}$, l'ensemble des m notes obtenues par la classe C_2. Soit X et Y deux v.a. à valeurs dans $\{x_1, \ldots, x_n\}$ et $\{y_1, \ldots, y_m\}$, respectivement, avec $\mathbb{P}(X = x_i) = 1/n$, $\forall i \in \{1, \ldots, n\}$ et $\mathbb{P}(Y = y_j) = 1/m$, $\forall j \in \{1, \ldots, m\}$.

Une façon naturelle de comparer les performances des deux classes est de comparer leurs moyennes empiriques qui correspondent aux espérances mathématiques des v.a. X et Y. Supposons maintenant que les moyennes des deux classes sont toutes égales à $\bar{m}_{xy}$. Alors, comment peut-on départager les deux classes ?

Il est naturel de considérer dans ce cas que la classe la plus performante est celle dont les notes sont réparties de façon plus homogène, c'est-à-dire, dont l'écart entre les notes est plus petit. Il y'a plusieurs façons de mesurer ces écarts mais celle qui présente plus d'avantages théoriques est la distance quadratique moyenne entre le vecteur des notes et la moyenne (on note e_1 la moyenne des carrés des écarts des notes à la moyenne de la classe C_1 et e_2 la moyenne des carrés des écarts des notes à la moyenne de la classe C_2). Comme les vecteurs des notes à la moyenne s'écrivent

$$\begin{bmatrix} x_1 - \bar{m}_{xy} \\ x_2 - \bar{m}_{xy} \\ \vdots \quad \vdots \\ x_n - \bar{m}_{xy} \end{bmatrix} \quad \text{et} \quad \begin{bmatrix} y_1 - \bar{m}_{xy} \\ y_2 - \bar{m}_{xy} \\ \vdots \quad \vdots \\ y_m - \bar{m}_{xy} \end{bmatrix},$$

on a donc,

$$e_1 = \frac{1}{n}\sum_{i=1}^{n}(x_i - \bar{m}_{xy})^2 = \mathbb{E}(X - \mathbb{E}(X))^2$$

$$\text{et} \quad e_2 = \frac{1}{m}\sum_{j=1}^{m}(y_j - \bar{m}_{xy})^2 = \mathbb{E}(Y - \mathbb{E}(Y))^2.$$

Ainsi, nous dirons que la classe C_1 est plus performante en Mathématiques que la classe C_2 (rappelons qu'elles ont la même moyenne) lorsque $e_1 < e_2$. La moyenne de ces écarts (au carré) à la moyenne introduite précédemment correspond à la notion de variance que nous définissons de façon plus générale dans ce qui suit.

Définition 3.6.1. *Soit X une v.a. Alors la variance de X, notée Var(X), est définie par*

$$Var(X) \quad = \quad \mathbb{E}\big(X - \mathbb{E}(X)\big)^2. \tag{3.6.1}$$

On appelle écart type de X et on note σ_X la racine carrée de la variance :

$$\sigma_X = \sqrt{Var(X)}. \tag{3.6.2}$$

Une chose importante à remarquer et à retenir est que par définition, *la variance est une quantité positive.* Il est aussi facile de montrer, en développant l'expression (3.6.1), que

$$\mathrm{Var}(X) = \mathbb{E}(X^2) - \big(\mathbb{E}(X)\big)^2. \tag{3.6.3}$$

Noter que pour calculer la variance, il est plus simple d'utiliser cette dernière expression que de partir de la définition.

Exemple 3.6.1. On reconsidère l'exemple 3.5.5, où X est une variable aléatoire qui prend les valeurs $-1, 0$ et 1 avec les probabilités :

$$\mathbb{P}(X = -1) = 1/3, \ \mathbb{P}(X = 0) = 1/6, \ \mathbb{P}(X = 1) = 1/2.$$

Calculons la variance de X.

Réponse. On a

$$\begin{aligned} &\mathbb{E}(X) = -1\times\mathbb{P}(X = -1) + 0\times\mathbb{P}(X = 0) + 1\times\mathbb{P}(X = 1) = 1/6 \\ \text{et} \quad &\mathbb{E}(X^2) = (-1)^2\times\mathbb{P}(X = -1) + 0^2\times\mathbb{P}(X = 0) + 1^2\times\mathbb{P}(X = 1) = 5/6. \end{aligned}$$

Donc

$$\mathrm{Var}(X) = \mathbb{E}(X^2) - \big(\mathbb{E}(X)\big)^2 = \frac{29}{36}.$$

Exercice 3.6.1. Soit X une variable aléatoire à valeurs dans $\{1, 2, \ldots\}$, avec

$$\mathbb{P}(X = k) = (1 - p)^{k-1}p, \quad k = 1, 2, \ldots; \ p \in]0, 1[.$$

Calculer la variance de X.

Exercice 3.6.2. Soit $\lambda > 0$ et soit X une variable aléatoire à valeurs dans $\{0, 1, \ldots\}$, telle que

$$\mathbb{P}(X = k) = e^{-\lambda}\frac{\lambda^k}{k!}, \quad k = 0, 1, \ldots$$

Calculer la variance de X.

Nous terminons cette partie en donnant quelques propriétés de la variance qui découlent immédiatement de la définition et dont les preuves sont laissées en exercice.

Propriétés 3.6.1. *Voici quelques propriétés de la variance.*

1. *Pour toute v.a. X on a Var(X) ≥ 0 et Var(c) $= 0$ pour tout réel c.*

2. *Soit X une v.a. réelle. Alors, pour tous réels a et b, $Var(aX+b) = a^2 Var(X)$.*

Remarquons qu'en général, lorsque X et Y sont deux variables aléatoires quelconques, alors

$$\mathrm{Var}(X+Y) \neq \mathrm{Var}(X) + \mathrm{Var}(Y) \tag{3.6.4}$$

Comme on le verra ultérieurement, on obtient une égalité dans (3.6.4) si X et Y sont *indépendantes* (voir Chapitre 4)

3.7 Quelques lois de probabilité usuelles

On peut construire une infinité de variables aléatoires discrètes. Par ailleurs, il y'en a quelques unes qui sont régulièrement utilisées dans la pratique. Nous décrivons ici ces lois discrètes usuelles en donnant l'expression de leur espérance et de leur variance.

3.7.1 Loi de Bernoulli

La loi de Bernoulli correspond à une expérience à deux issues possibles : le succès codé par 1, dont la probabilité d'apparition est p, et l'échec codé par 0, de probabilité d'apparition $q = 1 - p$.

Définition 3.7.1. *Une v.a. X suit la loi de Bernoulli de paramètre $p \in [0,1]$ (on note parfois $X \sim \mathcal{B}er(p)$) si elle est à valeurs dans $\{0,1\}$ et sa loi de probabilité est donnée par :*

$$\mathbb{P}(X=1) = p; \qquad \mathbb{P}(X=0) = 1-p.$$

On montre facilement le résultat suivant.

Proposition 3.7.1. *Si $X \sim \mathcal{B}er(p)$, alors :*

1. *Son espérance et sa variance sont données par*

$$\mathbb{E}(X) = p, \qquad Var(X) = p(1-p). \tag{3.7.1}$$

2. *Sa fonction de répartition vaut* $F(x) = \begin{cases} 0 & si\ x < 0 \\ 1-p & si\ x \in [0,1[\\ 1 & si\ x \geq 1. \end{cases}$

Exemple 3.7.1. On considère l'expérience aléatoire qui consiste à faire goûter un nouveau produit et avoir l'avis des gens avant sa mise en production. On choisit au hasard des gens dans la rue pour avoir leur avis sur le produit. La question qui est posée à chaque personne choisie est de savoir si *oui* ou *non* elle a aimé le produit. Pour une personne donnée, on considère la variable aléatoire X qui vaut 1 si elle aime le produit et 0, sinon, elle suit une loi de Bernoulli de paramètre $p = \mathbb{P}(X=1)$, c'est-à-dire, la probabilité pour que la personne choisie aime le produit.

Exemple 3.7.2. On considère l'expérience qui consiste à lancer un dé équilibré. Soit X la variable aléatoire qui vaut 1 lorsque la face 6 apparaît et 0 lorsque la face 6 n'apparaît pas. Déterminer la loi de X.

Réponse. Soit E l'événement que la face 6 apparaît. Il est clair que

$$\mathbb{P}(E) = \frac{1}{6} \quad \text{et } \mathbb{P}(E^c) = \frac{5}{6}.$$

Donc $\mathbb{P}(X = 1) = \mathbb{P}(E) = 1/6$ et $\mathbb{P}(X = 0) = \mathbb{P}(E^c) = 5/6$. D'où la v.a. X suit la loi de Bernoulli de paramètre $1/6$.

3.7.2 Loi binomiale

La loi binomiale modélise la loi du nombre de succès obtenus à l'issue de n épreuves indépendantes de Bernoulli de paramètre $p \in [0, 1]$.

Définition 3.7.2. *Une variable aléatoire X est de loi binomiale de paramètres n et p (on notera $X \sim \mathcal{B}in(n, p)$) si elle est à valeurs dans $\{0, 1, \dots, n\}$ et si sa loi de probabilité est définie par*

$$\mathbb{P}(X = k) = C_n^k \, p^k \, (1 - p)^{n-k}, \qquad k = 0, \dots, n.$$

où

$$C_n^k = \frac{n!}{k!(n-k)!}$$

est le nombre de combinaisons à k éléments d'un ensemble à n éléments.

On vérife facilement que $\sum_{k=0}^{n} \mathbb{P}(X = k) = 1$ en remarquant que

$$1 = (p + q)^n = C_n^k \, p^k \, q^{n-k}, \qquad \text{avec } q = 1 - p.$$

Remarque 3.7.1. Il découle de la définition précédente qu'une variable aléatoire X de loi binomiale de paramètres n et p peut être représentée par

$$X = \sum_{i=1}^{n} X_i$$

où les X_i, $i = 1, \dots, n$, sont des v.a. *indépendantes* (voir Chapitre 4 pour la définition des variables aléatoires indépendantes), de loi de Bernoulli de paramètre p.

Proposition 3.7.2. *Si $X \sim \mathcal{B}in(n, p)$, alors*

1. *Son espérance et sa variance sont données par*

$$\mathbb{E}(X) = np, \qquad Var(X) = np(1 - p). \tag{3.7.2}$$

2. *Sa fonction de répartition vaut*

$$F(x) = \begin{cases} 0 & si\ x < 0 \\ \displaystyle\sum_{k=0}^{[x]} C_n^k \, p^k \, (1-p)^{n-k} & si\ x \in [0, n[\\ 1 & si\ x \geq n, \end{cases}$$

où $[x]$ est la partie entière de x.

Démonstration. On ne prouvera que le 1. puisque le 2. est évident. Montrons que $\mathbb{E}(X) = np$. On a

$$\begin{aligned}\mathbb{E}(X) = \sum_{k=0}^{n} k\mathbb{P}(X = k) &= \sum_{k=1}^{n} \frac{n!k}{k!(n-k)!} p^k (1-p)^{n-k} \\ &= \sum_{k=1}^{n} \frac{n!}{(k-1)!(n-k)!} p^k (1-p)^{n-k} \\ &= np \sum_{k=1}^{n} \frac{(n-1)!}{(k-1)!(n-k)!} p^{k-1} (1-p)^{n-k}.\end{aligned}$$

Le changement d'indice $k' = k - 1$ donne

$$\mathbb{E}(X) = np \sum_{k'=0}^{n-1} \frac{(n-1)!}{k'!(n-1-k')!} p^{k'} (1-p)^{n-1-k'} = np \sum_{k'=0}^{n-1} \mathbb{P}(Y = k')$$

où Y est une variable aléatoire de loi $\mathcal{B}\text{in}(n-1, p)$. Comme $\sum_{k'=0}^{n-1} \mathbb{P}(Y = k') = 1$, il s'en suit que $\mathbb{E}(X) = np$.

Calculons maintenant la variance de X. D'abord, on a

$$\begin{aligned}\mathbb{E}(X^2) &= \sum_{k=0}^{n} \frac{n!k^2}{k!(n-k)!} p^k (1-p)^{n-k} \\ &= \sum_{k=1}^{n} \frac{n!((k-1)+1)}{(k-1)!(n-k)!} p^k (1-p)^{n-k} \\ &= \sum_{k=1}^{n} \frac{n!(k-1)}{(k-1)!(n-k)!} p^k (1-p)^{n-k} + \sum_{k=1}^{n} \frac{n!}{(k-1)!(n-k)!} p^k (1-p)^{n-k}.\end{aligned}$$

On a déja vu que le second terme du membre de droite de cette dernière égalité correspond à $\mathbb{E}(X) = np$. D'autre part, on a

$$\begin{aligned}&\sum_{k=1}^{n} \frac{n!(k-1)}{(k-1)!(n-k)!} p^k (1-p)^{n-k} \\ &= \sum_{k=2}^{n} \frac{n!}{(k-2)!(n-k)!} p^k (1-p)^{n-k} \\ &= n(n-1)p^2 \sum_{k=2}^{n} \frac{(n-2)!}{(k-2)!(n-k)!} p^{k-2} (1-p)^{n-k} \\ &= n(n-1)p^2 \sum_{k'=0}^{n-2} \frac{(n-2)!}{k'!(n-2-k')!} p^{k'} (1-p)^{n-2-k'} \\ &= n(n-1)p^2 \sum_{k'=0}^{n-2} \mathbb{P}(Y = k'),\end{aligned}$$

où Y est une variable aléatoire de loi $\mathcal{B}\text{in}(n-2, p)$ (de sorte que $\sum_{k'=0}^{n-2} \mathbb{P}(Y = k') = 1$). Par conséquent,

$$\mathbb{E}(X^2) = n(n-1)p^2 + \mathbb{E}(X).$$

On en déduit que Var$(X) = n(n-1)p^2 - np - n^2p^2 = np(1-p)$. □

Exercice 3.7.1. Soit $X \sim \mathcal{B}\text{in}(n, p)$. Calculer $\mathbb{E}(X^3)$.

Remarque 3.7.2. En utilisant la propriété de linéarité de l'espérance et l'hypothèse d'*indépendance* des X_i, on pourra déduire immédiatement (3.7.2) à partir de la Remarque 3.7.1

Exemple 3.7.3. On considère à nouveau l'expérience aléatoire qui consiste à faire goûter un nouveau produit à des gens choisis au hasard dans la rue pour avoir leur avis sur le produit avant sa mise en production. Chaque personne choisie doit répondre à la question de savoir si *oui* ou *non* elle a aimé le produit. Soit X_i la variable aléatoire qui vaut 1 si la personne i aime le produit et 0, sinon.

On suppose que les chances que le produit soit aimé ne changent pas d'une personne à une autre (cela suppose qu'on néglige en particulier les différences de goûts pouvant provenir des habitudes culinaires par exemple) et vaut $p = \mathbb{P}(X_i = 1)$, pour tout $i \in \{1, \ldots, n\}$. On dit dans ce cas que $X_1, \ldots, X_n$ *ont la même loi de probabilité*.

Aussi, on suppose que chaque personne donne sa réponse indépendamment des autres. Autrement dit, les réponses des uns n'ont aucune influence sur celles des autres (il faut donc, pour cela, recueillir les réponses des gens de façon séparée). Dans ce cas, on dit que les variables aléatoires $X_1, \ldots, X_n$ sont *indépendantes* (voir Chapitre 4).

La variable aléatoire $X = X_1 + \ldots + X_n$, qui compte le nombre de personnes ayant aimé le produit est de loi binomiale de paramètres n et p.

Exemple 3.7.4. On lance 10 fois, et de façon indépendante, une pièce de monnaie équilibrée. Soit X la variable aléatoire qui compte de nombre de Pile obtenu. Déterminer la loi de X.

Réponse. Soit X_i la v.a. qui vaut 1 lorsque Pile apparaît au i-ième lancer et qui vaut 0 sinon. Il est clair que pour tout $i = 1, \ldots, 10$, la v.a. X_i suit une loi de Bernoulli de paramètre $1/2$ et que

$$X = \sum_{i=1}^{10} X_i. \tag{3.7.3}$$

Les lancers étant indépendants on en déduit que la v.a. X suit une loi binomiale de paramètres $n = 10$ et $p = 1/2$. Donc pour tout $k = 0, 1, \ldots, 10$,

$$\mathbb{P}(X = k) = C_{10}^k (1/2)^2 (1 - 1/2)^{10-k} = 2^{-10} \frac{10!}{k!(10-k)!}.$$

On a en particulier

$$\begin{array}{lll} \mathbb{P}(X=0) = 9.8 \times 10^{-4} & \mathbb{P}(X=1) = 9.8 \times 10^{-3} & \mathbb{P}(X=2) = 0.04 \\ \mathbb{P}(X=3) = 0.12 & \mathbb{P}(X=4) = 0.21 & \mathbb{P}(X=5) = 0.25 \\ \mathbb{P}(X=6) = 0.21 & \mathbb{P}(X=7) = 0.12 & \mathbb{P}(X=8) = 0.04 \\ \mathbb{P}(X=9) = 9.8 \times 10^{-3} & \mathbb{P}(X=10) = 9.8 \times 10^{-4}. & \end{array}$$

Il faut remarquer que comme Pile et Face ont la même probabilité d'apparition, on a

$$\mathbb{P}(X = k) = \mathbb{P}(Y = n - k),$$

où Y est la v.a. qui compte le nombre de Face. Cela se voit aussi en utilisant la propriété suivante des coefficients binomiaux (en prenant $n = 10$) :

$$C_n^k = C_n^{n-k}.$$

3.7.3 Loi de Poisson

La loi de Poisson modélise les résultats d'expériences aléatoires dans lesquelles on compte le nombre d'événements qui se produisent pour une unité de temps ou de volume donnée, à un taux moyen λ fixé.

Définition 3.7.3. *Une variable aléatoire X est de loi de Poisson de paramètre $\lambda > 0$ (on notera parfois $X \sim \mathcal{P}ois(\lambda)$) si sa loi de probabilité est déterminée par*

$$\mathbb{P}(X = k) = e^{-\lambda}\frac{\lambda^k}{k!}, \qquad k = 0, 1, 2, \ldots$$

C'est la probabilité qu'il se produise exactement k occurrences pour l'unité de temps ou de volume donnée.

Proposition 3.7.3. *Si $X \sim \mathcal{P}ois(\lambda)$, alors*

$$\mathbb{E}(X) = \lambda, \qquad Var(X) = \lambda. \tag{3.7.4}$$

Démonstration. On a :

$$\mathbb{E}(X) = \sum_{k\geq 0} k\mathbb{P}(X = k) = \sum_{k\geq 0} ke^{-\lambda}\frac{\lambda^k}{k!} = \lambda e^{-\lambda}\sum_{k=1}^{\infty}\frac{\lambda^{k-1}}{(k-1)!} = \lambda$$

(où on a utilisé un changement de variable).

D'autre part, comme ci-dessus, on a :

$$\mathbb{E}(X^2) = \sum_{k\geq 0} k^2\mathbb{P}(X = k) = \sum_{k\geq 0} k(k-1)e^{-\lambda}\frac{\lambda^k}{k!} + \sum_{k\geq 0} ke^{-\lambda}\frac{\lambda^k}{k!}$$

$$= \lambda^2 e^{-\lambda}\sum_{k=2}^{\infty}\frac{\lambda^{k-2}}{(k-2)!} + \lambda = \lambda^2 + \lambda.$$

D'où, Var$(X) = \mathbb{E}(X^2) - \mathbb{E}(X)^2 = \lambda^2 + \lambda - \lambda^2 = \lambda$.

□

Remarque 3.7.3. Approximation de la loi binomiale par la loi de Poisson.
La loi de Poisson peut être vue comme une approximation de la loi binomiale de paramètres n et p lorsque n est grand et que p est suffisamment petit pour que np soit considéré comme constant. En particulier, on l'appliquera lorsque $p \leq 0.1$ et $n \geq 40$, ou lorsque $np < 5$.

Soit en effet X une variable aléatoire de loi binomiale de paramètres n et p et soit $\lambda = np$. Nous avons alors

$$\begin{aligned}\mathbb{P}(X = k) &= \frac{n!}{k!(n-k)!}\left(\frac{\lambda}{n}\right)^k\left(1-\frac{\lambda}{n}\right)^{n-k} \\ &= \frac{n(n-1)\ldots(n-k+1)}{n^k}\frac{\lambda^k}{k!}\frac{(1-\lambda/n)^n}{(1-\lambda/n)^k}.\end{aligned}$$

Or, lorsque n est assez grand et lorsque λ est supposé constant on a :

$$\frac{n(n-1)\ldots(n-k+1)}{n^k} \approx 1, \quad \left(1-\frac{\lambda}{n}\right)^k \approx 1 \quad \text{et} \quad \left(1-\frac{\lambda}{n}\right)^n \approx e^{-\lambda},$$

de sorte que

$$\mathbb{P}(X=k) \approx e^{-\lambda}\frac{\lambda^k}{k!}.$$

De ce fait, on peut modéliser beaucoup de problèmes par la loi de Poisson : la loi du nombre d'objets (téléphone portable, ampoule, ...) défectueux par jour dans une usine de fabrication, la loi du nombre de personnes par an qui sont âgées de plus de 100 ans, la loi du nombre d'accidents par jour sur une autoroute, ...

Exemple 3.7.5. On s'intéresse à la loi du nombre de fautes (d'orthographe, de grammaire, ...) par page d'un grand journal. On suppose que la probabilité p de rencontrer une faute sur une page est très petite et que la loi du nombre X de fautes par page est une loi de Poisson de paramètre $\lambda = 0.02$. Déterminer $\mathbb{P}(X=0), \mathbb{P}(X=1), \mathbb{P}(X \geq 3)$.

3.7.4 Loi uniforme (discrète)

La loi uniforme sur un ensemble E de cardinal fini décrit une situation où tous les éléments de l'ensemble E ont le même poids, c'est-à-dire, la même probabilité. Une variable aléatoire X à valeurs dans E suit une loi uniforme si $\mathbb{P}(X=i) = \mathbb{P}(X=j)$, pour tout $i, j \in E$. On a

$$\begin{aligned}
\mathbb{P}_X(E) = \mathbb{P}(X^{-1}(E)) &= \mathbb{P}\Big(X^{-1}\big(\bigcup_{i\in E}\{i\}\big)\Big) \\
&= \sum_{i\in E}\mathbb{P}(X^{-1}(\{i\})) \\
&= \mathbb{P}(X=k) \times \text{card}(E)
\end{aligned}$$

pour tout $k \in E$. Comme $\mathbb{P}_X(E) = 1$, on en déduit que $\mathbb{P}(X=k) = 1/\text{card}(E)$, pour tout $k \in E$. D'où la définition suivante.

Définition 3.7.4. *Soit E un ensemble non vide et fini. On dit qu'une variable aléatoire $X : \Omega \to E$ suit une loi uniforme sur E (on notera $X \sim \mathcal{U}(E)$), si :*

$$\mathbb{P}(X=k) = \frac{1}{\textit{card}(E)}, \quad \forall k \in E.$$

Proposition 3.7.4. *Si $X \sim \mathcal{U}(E)$, avec $E = \{1, \ldots, n\}$, alors*

$$\mathbb{E}(X) = \frac{n+1}{2} \qquad \textit{et} \qquad \textit{Var}(X) = \frac{(n-1)(n+1)}{12}. \tag{3.7.5}$$

Démonstration. On a

$$\mathbb{E}(X) = \sum_{k=1}^{n} k\mathbb{P}(X=k) = \sum_{k=1}^{n}\frac{k}{\text{card}(E)} = \frac{1}{n}\sum_{k=1}^{n} k.$$

On sait par ailleurs que $\sum_{k=1}^{n} k = \frac{n(n+1)}{2}$. Il s'en suit que $\mathbb{E}(X) = \frac{n+1}{2}$.

D'autre part, on a :

$$\mathbb{E}(X^2) = \sum_{k=1}^{n} k^2 \mathbb{P}(X = k) = \sum_{k=1}^{n} \frac{k^2}{\text{card}(E)} = \frac{1}{n} \sum_{k=1}^{n} k^2.$$

Comme $\sum_{k=1}^{n} k^2 = \frac{n(n+1)(2n+1)}{6}$, on en déduit que $\mathbb{E}(X^2) = \frac{(n+1)(2n+1)}{6}$ et finalement que

$$\text{Var}(X) = \mathbb{E}(X^2) - (\mathbb{E}(X))^2 = \frac{(n-1)(n+1)}{12}.$$

□

3.7.5 Loi géométrique

Si on renouvelle une épreuve de Bernoulli de probabilité de succès p, de façon indépendante, jusqu'à l'obtention du premier succès. La v.a. X donnant le rang du premier succès suit une loi géométrique de paramètre de succès p.

Définition 3.7.5. *Une variable aléatoire X est de loi géométrique de paramètre (de succès) $p \in [0, 1]$ (on notera parfois $X \sim \mathcal{G}eo(p)$) si sa loi de probabilité est définie par*

$$\mathbb{P}(X = k) = (1-p)^{k-1} p, \qquad k = 1, 2, \ldots \tag{3.7.6}$$

Nous avons déjà calculé dans l'exemple 3.6.1 l'espérance et la variance d'une variable aléatoire de loi géométrique de paramètre de succès p. On le rappelle ci-après

Proposition 3.7.5. *Si $X \sim \mathcal{G}eo(p)$, alors*

$$\mathbb{E}(X) = \frac{1}{p} \qquad et \qquad Var(X) = \frac{1-p}{p^2}. \tag{3.7.7}$$

Démonstration. Dans l'Exemple 3.5.6, on a vu que :

$$\mathbb{E}(X) = \frac{1}{p} \qquad \text{et} \qquad \mathbb{E}(X^2) = \frac{2-p}{p^2}.$$

Il suit donc que

$$\text{Var}(X) = \mathbb{E}(X^2) - \mathbb{E}(X) = \frac{2-p}{p^2} - \frac{1}{p^2} = \frac{1-p}{p^2}.$$

D'où le résultat. □

Exercice 3.7.2. On considère un site où une entreprise de forage de puits à la recherche de pétrole a 30% de chances de trouver ce produit.

1. Quelle est la probabilité que l'entreprise trouve du pétrole au troisième forage de puits ?
2. Si chaque forage lui coûte x francs CFA, quelle est la perte espérée avant le troisième forage (où elle a trouvé son premier puits de pétrole) ?

Exemple 3.7.6. On lance (de façon indépendante) un dé équilibré de façon répétée jusqu'à l'apparition de la face 6. Soit X la v.a. qui donne le rang du lancer à l'issue duquel apparaît 6 pour la première fois. Déterminer la loi de X.

Réponse. Notons d'abord que X est à valeurs dans $\{1, 2, \ldots\}$. Soit E_k l'événement : " 6 apparaît au k-ième lancer". Alors, l'événement : " 6 apparaît pour la premiére fois au k-ième lancer" est égal à

$$E_1^c \cap E_2^c \cap \cdots \cap E_{k-1}^c \cap E_k.$$

De sorte qu'en utilisant l'indépendance entre les différents lancers on obtient :

$$\begin{aligned}\mathbb{P}(X = k) &= \mathbb{P}(E_1^c \cap E_2^c \cap \cdots \cap E_{k-1}^c \cap E_k) \\ &= \mathbb{P}(E_1^c)\mathbb{P}(E_2^c)\ldots\mathbb{P}(E_{k-1}^c)\mathbb{P}(E_k).\end{aligned}$$

Or $\mathbb{P}(E_k) = 1/6$ et quelque soit $i = 1, 2, \ldots, k-1$, $\mathbb{P}(E_i^c) = 1 - \mathbb{P}(E_i) = 5/6$. D'où

$$\begin{aligned}\mathbb{P}(X = k) &= \underbrace{(5/6)\times(5/6)\times\ldots\times(5/6)}_{k-1 \text{ fois}}\times(1/6) \\ &= (5/6)^{k-1}\times(1/6).\end{aligned}$$

Donc la v.a. X suit une loi géométrique de paramètre de succès $p = 1/6$.

3.7.6 Loi binomiale négative

Définition 3.7.6. *Soit $n \in \mathbb{N}^\star$ un entier fixé et soit $p \in]0, 1[$, on dit qu'une variable aléatoire X suit une loi binomiale négative (ou une loi de Pólia) de paramètre n et p (on note $X \sim$ NegBin(n, p)), si elle est à valeurs dans $\{0, 1, 2, \ldots\}$ et si sa loi de probabilité est donnée par*

$$\mathbb{P}(X = k) = C_{n+k-1}^k \, q^k p^n, \qquad \text{avec } q = 1 - p,\ k = 0, 1, \ldots. \tag{3.7.8}$$

Si l'expérience aléatoire consiste à lancer une pièce de monnaie tronquée dont la probabilité d'apparition de Pile (le succès) est p, la variable X de loi (3.7.8) compte le nombre d'échecs (le nombre de Face) avant l'obtention de n succès. On voit que la loi NegBin$(1, p)$ correspond à la loi $\mathcal{G}eo(p)$.

Si pour les exemples de variables des sections précédentes, il est facile de prouver que $\sum_{k=0}^{+\infty} \mathbb{P}(X = k) = 1$, c'est moins évident ici. Nous prouvons ci-après que c'est bien le cas (ce qui garantit que la variable aléatoire X est bien définie).

Proposition 3.7.6. *Soit $p \in]0, 1[$ et $q = 1 - p$. On a*

$$\sum_{k=0}^{+\infty} C_{n+k-1}^k q^k p^n = 1. \tag{3.7.9}$$

Démonstration. On va procéder par récurrence.

Si $n = 1$, alors

$$\sum_{k=0}^{+\infty} C_k^k q^k p = p \sum_{k=0}^{+\infty} q^k = p\frac{1}{1-q} = 1, \quad \forall p \in]0, 1[.$$

Supposons que le résultat soit vrai à l'ordre n c'est- à-dire, on a (3.7.9), et on veut montrer que le résultat est vrai à l'ordre $n+1$ à savoir :

$$\forall p \in]0,1[, \qquad \sum_{k=0}^{+\infty} C_{n+k}^{k} q^k p^{n+1} = 1. \tag{3.7.10}$$

D'après le triangle de Pascal, on a : $\forall k \geq 1$, $C_{n+k}^{k} = C_{n+k-1}^{k-1} + C_{n+k-1}^{k}$. D'où

$$\begin{aligned}
\sum_{k=0}^{+\infty} C_{n+k}^{k} q^k p^{n+1} &= p^{n+1} + \sum_{k=1}^{+\infty} C_{n+k}^{k} q^k p^{n+1} \\
&= p^{n+1} + \sum_{k=1}^{+\infty} C_{n+k-1}^{k} q^k p^{n+1} + \sum_{k=1}^{+\infty} C_{n+k-1}^{k-1} q^k p^{n+1} \\
&= p^{n+1} + p\Big(\sum_{k=0}^{+\infty} C_{n+k-1}^{k} q^k p^n - p^n\Big) + \sum_{k=1}^{+\infty} C_{n+k-1}^{k-1} q^k p^{n+1}.
\end{aligned}$$

En utilisant l'hypothèse de récurrence, on obtient

$$\begin{aligned}
\sum_{k=0}^{+\infty} C_{n+k}^{k} q^k p^{n+1} &= p^{n+1} + p(1-p^n) + \sum_{k=1}^{+\infty} C_{n+k-1}^{k-1} q^k p^{n+1} \\
&= p + \sum_{k=1}^{+\infty} C_{n+k-1}^{k-1} q^k p^{n+1} \\
&= p + \frac{1}{n} \sum_{k=1}^{+\infty} C_{n+k-1}^{k} k q^k p^{n+1} \\
&= p + \frac{q}{n} \sum_{k=1}^{+\infty} C_{n+k-1}^{k} k q^{k-1} p^{n+1},
\end{aligned} \tag{3.7.11}$$

où on a utilisé le fait que $C_{n+k-1}^{k-1} = \frac{k}{n} C_{n+k-1}^{k}$.

Par ailleurs, considérons les séries de fonctions de la forme :

$$\sum_{k=0}^{+\infty} C_{n+k}^{k} x^k = \frac{1}{n!} \sum_{k=0}^{+\infty} (n+k)(n+k-1) \times \cdots \times (k+1) x^k, \quad \text{avec } x \in]0,1[. \tag{3.7.12}$$

Vu que les séries de la forme $\sum_{k=0}^{+\infty} k^i x^k$ sont convergentes pour tout $i \in \mathbb{N}$ et pour tout $x \in]0,1[$ (en effet $k^{i+2} x^k \to 0$ quand $k \to +\infty$, de sorte que pour k assez grand on a $k^i x^k \leq \frac{1}{k^2}$ et comme la série $\sum_{k \geq 1} \frac{1}{k^2}$ est convergente, on en déduit la convergence de la série $\sum_{k=0}^{+\infty} k^i x^k$), ce qui entraîne la convergence des séries de fonctions de la forme (3.7.12).

De plus, pour tout $x_1 \in]0,1[$ fixé, la série $\sum_{k=0}^{+\infty} k^i x^k$ est normalement convergente sur $]0, x_1[$. On vérifie alors aisément que la série de fonction $\sum_{k=0}^{+\infty} k^i x^k$ est dérivable sur $]0, x_1[$ de dérivée $\sum_{k=1}^{+\infty} k^{i+1} x^{k-1}$.

Soit $p_1 \in]0,1[$ fixé et $q_1 = 1 - p_1$, on a d'après l'hypothèse de récurrence :

$$\forall q \in]0, q_1[, \quad \sum_{k=0}^{+\infty} C_{n+k-1}^{k} q^k p^n = p^n \sum_{k=0}^{+\infty} C_{n+k-1}^{k} q^k = 1.$$

D'après tout ce qui précède, on peut dériver la dernière égalité en q sur $]0, q_1[$, ce qui donne (en rappelant que $p = 1 - q$) :

$$-np^{n-1}\sum_{k=0}^{+\infty} C_{n+k-1}^{k} q^k + \sum_{k=0}^{+\infty} C_{n+k-1}^{k} k q^{k-1} p^n = 0.$$

Par suite :

$$\sum_{k=1}^{+\infty} C_{n+k-1}^{k} k q^{k-1} p^n = np^{n-1}\sum_{k=0}^{+\infty} C_{n+k-1}^{k} q^k. \tag{3.7.13}$$

En utilisant cette dernière égalité dans (3.7.11), on obtient :

$$\begin{aligned}\sum_{k=0}^{+\infty} C_{n+k}^{k} q^k p^{n+1} &= p + \frac{qp}{n} \times np^{n-1}\sum_{k=0}^{+\infty} C_{n+k-1}^{k} q^k \\ &= p + q\sum_{k=0}^{+\infty} C_{n+k-1}^{k} q^k p^n.\end{aligned}$$

En utilisant l'hypothèse de récurrence une nouvelle fois, on déduit que

$$\sum_{k=0}^{+\infty} C_{n+k}^{k} q^k p^{n+1} = p + q = 1, \;\; \forall q \in]0, q_1[.$$

De plus ceci étant vrai pour $q_1 \in]0,1[$ quelconque (donc on peut toujours choisir un tel réel q_1), il suit que :

$$\forall q \in]0,1[\text{ (donc } \forall p \in]0,1[), \qquad \sum_{k=0}^{+\infty} C_{n+k}^{k} q^k p^{n+1} = 1.$$

Ce qui met fin à la preuve. □

Le résultat suivant donne les expressions de l'espérance et de la variance d'une loi binomiale négative.

Proposition 3.7.7. *Si $X \sim NegBin(n, p)$, alors*

$$\mathbb{E}(X) = n\frac{q}{p} \qquad et \qquad Var(X) = n\frac{q}{p^2}. \tag{3.7.14}$$

Démonstration. Calculons l'espérance de X. On a

$$\begin{aligned}\mathbb{E}(X) &= \sum_{k=0}^{+\infty} k\mathbb{P}(X = k) \\ &= \sum_{k=1}^{+\infty} kC_{n+k-1}^{k} q^k p^n \\ &= q\sum_{k=1}^{+\infty} kC_{n+k-1}^{k} q^{k-1} p^n.\end{aligned}$$

Il découle de (3.7.13) que

$$\begin{aligned}\mathbb{E}(X) &= q \times np^{n-1} \sum_{k=0}^{+\infty} C_{n+k-1}^{k} q^{k} \\ &= \frac{qn}{p} \sum_{k=0}^{+\infty} C_{n+k-1}^{k} q^{k} p^{n} = \frac{nq}{p}.\end{aligned}$$

Pour calculer la variance de X, on peut dériver une nouvelle fois l'égalité (3.7.13) (on fait d'abord cette dérivation sur un voisinage locale comme précédemment). On obtient alors :

$$\begin{aligned}&\sum_{k=2}^{+\infty} k(k-1) C_{n+k-1}^{k} q^{k-2} p^{n} - \sum_{k=1}^{+\infty} knC_{n+k-1}^{k} q^{k-1} p^{n-1} \\ &= -n(n-1)p^{n-2} \sum_{k=0}^{+\infty} C_{n+k-1}^{k} q^{k} + np^{n-1} \sum_{k=1}^{+\infty} kC_{n+k-1}^{k} q^{k-1}.\end{aligned}$$

Il suit, en utilisant les résultats précédents que :

$$\begin{aligned}\sum_{k=2}^{+\infty} k(k-1) C_{n+k-1}^{k} q^{k-2} p^{n} &= \frac{2n}{pq} \sum_{k=1}^{+\infty} kC_{n+k-1}^{k} q^{k} p^{n} - \sum_{k=0}^{+\infty} C_{n+k-1}^{k} q^{k} p^{n} \\ &= \frac{2n}{pq} \times \frac{nq}{p} - \frac{n(n-1)}{p^2} \\ &= \frac{n^2+n}{p^2}.\end{aligned}$$

On déduit que :

$$\begin{aligned}\text{Var}(X) &= \mathbb{E}(X^2) - (\mathbb{E}(X))^2 \\ &= \sum_{k=0}^{+\infty} k^2 C_{n+k-1}^{k} q^{k} p^{n} - \frac{n^2q^2}{p^2} \\ &= q^2 \sum_{k=2}^{+\infty} k(k-1) C_{n+k-1}^{k} q^{k-2} p^{n} + \sum_{k=1}^{+\infty} kC_{n+k-1}^{k} q^{k} p^{n} - \frac{n^2q^2}{p^2} \\ &= \frac{q^2(n^2+n)}{p^2} + \frac{nq}{p} - \frac{n^2q^2}{p^2} \\ &= \frac{nq(q+p)}{p^2} = \frac{nq}{p^2}.\end{aligned}$$

D'où le résultat. □

Exercice 3.7.3. On considère un site où une entreprise de forage de puits à la recherche de pétrole a 30% de chances de trouver du pétrole. L'objectif de l'entreprise est de trouver deux puits de pétrole.

1. Quelle est la probabilité que l'entreprise trouve son deuxième puits de pétrole au cinquième forage ?
2. Si chaque forage lui coûte x francs CFA, quelle est la perte espérée avant le cinquième forage (où elle a trouvé son deuxième puits de pétrole) ?

3.7.7 Loi de Pascal

Considérons une pièce de monnaie dont la probabilité de donner pile est égale à p. Pour $n \in \mathbb{N}^\star$ fixé, on s'intéresse ici à la variable aléatoire X égale au nombre de lancers nécessaires pour obtenir n succès. Compte tenu de ce qui précéde, si Y est une loi binomiale négative, on a $X = Y + n$ et pour tout entier $m \geq n$, on a :

$$\mathbb{P}(X = m) = C_{m-1}^{m-n} q^{m-n} p^n,$$

avec $q = 1 - p$. On dit d'une telle variable aléatoire, qu'elle suit une loi de Pascal de paramètre n et p. On a donc le résultat suivant.

Proposition 3.7.8. *Si une variable aléatoire X est de loi de Pascal de paramètre n et p, alors*

$$\mathbb{E}(X) = \frac{n}{p} \qquad \textit{et} \qquad Var(X) = \frac{nq}{p^2}. \tag{3.7.15}$$

Cela découle du fait que $\mathbb{E}(X) = \mathbb{E}(Y) + n$ et $\mathrm{Var}(X) = \mathrm{Var}(Y)$, où $Y \sim \mathrm{NegBin}(n, p)$.

3.7.8 Loi hypergéometrique

On considère la population des étudiants de l'UCAD, composée de N étudiants dont N_1 étudiants n'ont pas une bourse d'études et les N_2 autres en ont une, on a bien sûr $N = N_1 + N_2$. On considère une assemblée générale des étudiants qui mobilise un nombre n parmi eux. On désigne par X la variable aléatoire qui compte le nombre de non boursiers parmi ces n étudiants.

On veut calculer la probabilité qu'il y'ait exactement k non boursiers parmi ces n étudiants. Cette probabilité est non nulle lorsque $k \in [\max(0, n - N_2), \min(n, N_1)]$. Dans ce cas, la variable aléatoire X est à valeurs dans $\{0, 1, \ldots, n\}$ et on a

$$\mathbb{P}(X = k) = \frac{C_{N_1}^k C_{N_2}^{n-k}}{C_N^n}, \qquad k \in \{0, \ldots, n\}.$$

On a la définition générale suivante.

Définition 3.7.7. *Soit N, N_1, N_2 et n des entiers naturels non nuls tels que $N = N_1 + N_2$, $n \leq N_1$ et $n \leq N_2$. On dit qu'une variable aléatoire X suit une loi hypergéometrique de paramètre N, n et $p := \frac{N_1}{N}$, si elle est à valeurs dans $\{0, 1, \ldots, n\}$ et si*

$$\mathbb{P}(X = k) = \frac{C_{N_1}^k C_{N_2}^{n-k}}{C_N^n}, \quad \forall k \in \{0, \cdots, n\}. \tag{3.7.16}$$

Comme pour la loi binomiale négative, nous avons besoin de montrer que la variable aléatoire X est bien définie. Pour cela, nous avons besoin de prouver l'égalité suivante, connue sous le nom de *Identité de Vandermonde*.

Lemme 3.7.1. *(Identité de Vandermonde) On a*

$$C_{m+n}^{\ell} = \sum_{k=0}^{\ell} C_n^k C_m^{\ell-k}, \quad \forall m, n \in \mathbb{N} \textit{ et } \forall \ell \in \{0, 1, \cdots, m+n\}. \tag{3.7.17}$$

On en déduit en particulier que la variable aléatoire X donnée par (3.7.16) *est bien définie.*

Démonstration. En effet, de l'égalité $(1+x)^{m+n} = (1+x)^m(1+x)^n \ \forall x \in \mathbb{R}$, on déduit par la formule du binôme de Newton que :

$$\sum_{\ell=0}^{m+n} C_{m+n}^{\ell} x^{\ell} = \Big(\sum_{i=0}^{m} C_n^i x^i\Big)\Big(\sum_{j=0}^{n} C_n^j x^j\Big), \ \forall x \in \mathbb{R}.$$

En développant le terme à droite de la dernière égalité et en identifiant les coefficients des monômes de même degré, il résulte que :

$$C_{m+n}^{\ell} = \sum_{0\leq i\leq m,\ 0\leq j\leq n,\ i+j=\ell} C_m^i C_n^j, \ \forall \ell \in \{0,1,\cdots,m+n\}.$$

On déduit la relation (3.7.17) cherchée, à savoir que :

$$C_{m+n}^{\ell} = \sum_{k=0}^{\ell} C_m^k C_n^{\ell-k}, \ \forall \ell \in \{0,1,\cdots,m+n\}.$$

D'où l'égalité (3.7.17). En revenant à la Définition 3.7.7, on a

$$C_N^n = \sum_{k=0}^{n} C_{N_1}^k C_{N_2}^{n-k}, \text{ d'où } 1 = \sum_{k=0}^{n} \frac{C_{N_1}^k C_{N_2}^{n-k}}{C_N^n} = \sum_{k=0}^{n} \mathbb{P}(X=k),$$

donc la variable aléatoire X est bien définie. □

L'espérance et la variance sont données par la proposition suivante.

Proposition 3.7.9. *Soit X une variable aléatoire de loi hypergéometrique de paramètre N, n et $p := \frac{N_1}{N}$. Alors,*

$$\mathbb{E}(X) = np \qquad et \qquad Var(X) = np(1-p)\frac{N-n}{N-1}. \tag{3.7.18}$$

Démonstration. Calculons l'espérance de X. On a :

$$\begin{aligned}
\mathbb{E}(X) &= \sum_{k=0}^{n} k\mathbb{P}(X=k) \\
&= \sum_{k=0}^{n} k\frac{C_{N_1}^k C_{N_2}^{n-k}}{C_N^n} \\
&= \frac{1}{C_N^n}\sum_{k=1}^{n} \frac{N_1!}{(k-1)!(N_1-k)!}\frac{N_2!}{(n-k)!(N_2-n+k)!}.
\end{aligned}$$

On en déduit que

$$\begin{aligned}
\mathbb{E}(X) &= \frac{N_1}{C_N^n}\sum_{k'=0}^{n-1} \frac{(N_1-1)!}{k'!(N_1-1-k')!}\frac{N_2!}{(n-1-k')!(N_2-n+1+k')!} \\
&= \frac{N_1}{C_N^n}\sum_{k=0}^{n-1} C_{N_1-1}^k C_{N_2}^{n-1-k}.
\end{aligned}$$

En utilisant encore l'identité de Vandermonde, on remarque que :

$$\sum_{k=0}^{n-1} C_{N_1-1}^{k} C_{N_2}^{n-1-k} = C_{N_1+N_2-1}^{n-1}.$$

Il suit alors que :

$$\mathbb{E}(X) = N_1 \frac{C_{N_1+N_2-1}^{n-1}}{C_N^n} = N_1 \frac{C_{N-1}^{n-1}}{C_N^n} = \frac{nN_1}{N} = np,$$

où on rappelle que $p = \frac{N_1}{N}$.

Calculons maintenant la variance de X. D'abord, on a

$$\begin{aligned}
\mathbb{E}(X^2) &= \sum_{k=0}^{n} k^2 \mathbb{P}(X=k) \\
&= \sum_{k=1}^{n} k^2 \frac{C_{N_1}^{k} C_{N_2}^{n-k}}{C_N^n} \\
&= \sum_{k=1}^{n} k(k-1) \frac{C_{N_1}^{k} C_{N_2}^{n-k}}{C_N^n} + \sum_{k=1}^{n} k \frac{C_{N_1}^{k} C_{N_2}^{n-k}}{C_N^n}.
\end{aligned}$$

On en déduit que

$$\begin{aligned}
\mathbb{E}(X^2) &= \sum_{k=2}^{n} \frac{N_1! C_{N_2}^{n-k}}{(N_1-k)!(k-2)! C_N^n} + \frac{nN_1}{N} \\
&= \sum_{k'=0}^{n-2} \frac{N_1! C_{N_2}^{n-2-k'}}{(N_1-2-k')! k'! C_N^n} + \frac{nN_1}{N} \\
&= \frac{N_1(N_1-1)}{C_N^n} \sum_{k=0}^{n-2} C_{N_1-2}^{k} C_{N_2}^{n-2-k} + \frac{nN_1}{N}.
\end{aligned}$$

En utilisant une nouvelle fois l'identité de Vandermonde, on a :

$$\sum_{k=0}^{n-2} C_{N_1-2}^{k} C_{N_2}^{n-2-k} = C_{N_1+N_2-2}^{n-2} = C_{N-2}^{n-2}.$$

Il suit que :

$$\begin{aligned}
\mathbb{E}(X^2) &= \frac{N_1(N_1-1) C_{N-2}^{n-2}}{C_N^n} + \frac{nN_1}{N} \\
&= \frac{n(n-1)N_1(N_1-1)}{N(N-1)} + \frac{nN_1}{N}.
\end{aligned}$$

On déduit que :

$$\begin{aligned}
\text{Var}(X) &= \mathbb{E}(X^2) - (\mathbb{E}(X))^2 \\
&= \frac{n(n-1)N_1(N_1-1)}{N(N-1)} + \frac{nN_1}{N} - \frac{n^2 N_1^2}{N^2} \\
&= \frac{nN_1N^2 - nN_1^2 N - n^2 N_1 N + n^2 N_1^2}{N^2(N-1)},
\end{aligned}$$

c'est-à-dire,

$$\begin{aligned}
\mathrm{Var}(X) &= \frac{nN_1N(N-N_1) - n^2N_1(N-N_1)}{N^2(N-1)} \\
&= n\frac{N_1}{N}\frac{(N-N_1)}{N}\frac{(N-n}{N-1} \\
&= np(1-p)\frac{N-n}{N-1},
\end{aligned}$$

d'où le résultat. □

3.8 Exercices supplémentaires

Exercice 3.8.1.

1. On lance une fois un dé équilibré dont les six faces sont numérotées de 1 à 6 et on note le point qui apparaît. Soit X la variable aléatoire qui représente le point obtenu. Donner la loi de X.
2. On lance maintenant deux fois le dé. Soit S la variable aléatoire qui représente la somme des points obtenus à l'issue des deux lancers. Donner la loi de S.
3. En déduire la probabilité que la somme des deux points obtenus soit supérieure ou égale à 10.

Exercice 3.8.2. Soit X une variable aléatoire à valeurs dans $\{-3, -2, -1, 0, 1, 2, 3\}$ telle que $\mathbb{P}(X = -3) = 1/7, \mathbb{P}(X = -2) = 1/7, \mathbb{P}(X = -1) = 3/14, \mathbb{P}(X = 0) = 1/7, \mathbb{P}(X = 1) = 1/14, \mathbb{P}(X = 2) = 1/7, \mathbb{P}(X = 3) = 1/7$.

1. Sans faire de calcul, expliquer pourquoi $\mathbb{E}(X) < 0$.
2. Dites (sans forcément faire de calcul), comment vous pourriez modifier les valeurs des probabilités $\mathbb{P}(X = -1)$, $\mathbb{P}(X = 0)$, $\mathbb{P}(X = 1)$ pour que la $\text{Var}(X)$ soit davantage plus proche de 0 tout en étant d'espérance nulle.

Exercice 3.8.3. On considère une pièce de monnaie dont la probabilité d'apparition de Pile est $p \in]0, 1[$. On lance trois fois de suite cette pièce (On supposera que les lancers sont indépendants).

1. Déterminer l'univers Ω de l'expérience aléatoire.
2. Donner un événement E pour lequel on a $\mathbb{P}(E) = p^2(1 - p)$.

On joue à Pile ou Face avec une telle pièce avec la règle de jeu suivante : on gagne 1 point. si Pile apparaît et on perd 1 point. (ou on gagne -1 point) si Face apparaît. Soit X la variable aléatoire représentant notre gain total cumulé (un gain négatif correspond à une perte) à l'issue des trois lancers.

3. Quel est l'ensemble des valeurs prises par X ?
4. Déterminer la loi de la variable aléatoire X.
5. Calculer la fonction de répartition de X. En déduire mes chances de gagner 2 points à l'issue d'une partie lorsque $p = 1/3$, lorsque $p = 1/2$.
6. Déterminer le gain que l'on espère cumuler lorsque $p = 1/3$, lorsque $p = 1/2$.

Exercice 3.8.4. Dans un aéroport, le nombre d'avions X qui se préparent à décoller au cours d'une minute est une variable aléatoire de loi de Poisson de paramètre $\lambda > 0$:

$$\mathbb{P}(X = k) = e^{-\lambda}\frac{\lambda^k}{k!}, \quad \text{pour } k \in \mathbb{N}.$$

1. Montrer qu'il s'agit bien d'une loi de probabilité.
2. Si l'aéroport ne peut faire décoller que 2 avions par minute au maximum. Quelle est la probabilité qu'il n'y ait pas d'attente pendant une minute donnée pour un avion ? On répondra à la question pour $\lambda = 1$, puis pour $\lambda = 2$.
3. Calculer $\mathbb{E}(X)$ et $\text{Var}(X)$ pour λ quelconque. On rappelle que pour tout $x \in \mathbb{R}$, $e^x = \displaystyle\sum_{k=0}^{\infty} \frac{x^k}{k!}$.

4. Calculer $\mathbb{E}\left(\frac{1}{1+X}\right)$.
5. Calculer $\mathbb{E}\left(\frac{1}{(1+X)(2+X)}\right)$ et en déduire $\mathbb{E}\left(\frac{1}{2+X}\right)$.

Exercice 3.8.5. On dispose d'un dé non pipé dont les faces sont numérotées de 1 à 6. On considère le jeu aléatoire suivant. On lance trois fois le dé : à chaque lancer, on gagne 5 points si la face 6 apparaît, sinon (si une autre face apparaît), on perd 1 point. Soit X la quantité représentant le nombre de points à l'issue des trois lancers.

1. Quelle est l'ensemble des valeurs prises par X ?
2. Déterminer la loi de probabilité de X.
3. Déterminer la fonction de répartition de X et représentez-la graphiquement.

Exercice 3.8.6. Soit X une variable aléatoire de fonction de répartition

$$F(x) = \begin{cases} 0 & \text{si } x < 3 \\ 1/4 & \text{si } x \in [3, 5[\\ 5/8 & \text{si } x \in [5, 10[\\ 1 & \text{si } x \geq 10. \end{cases}$$

1. Déterminer la loi de probabilité de X.
2. Calculer l'espérance de X.

Exercice 3.8.7. Inégalité de Cauchy-Schwarz.
Soit X et Y deux variables aléatoires réelles telles que $\mathbb{E}(X^2) < +\infty$, $\mathbb{E}(Y^2) < +\infty$. On définit le polynôme $P(\lambda) = \mathbb{E}\left((\lambda X + Y)^2\right)$, $\forall \lambda \in \mathbb{R}$. En calculant le discriminant de P, montrer que

$$|\mathbb{E}(XY)| \leq \sqrt{\mathbb{E}(X^2)\mathbb{E}(Y^2)}.$$

Exercice 3.8.8. Inégalité de Bienaymé-Tchebychev.
Soit X une variable aléatoire réelle telle que $\mathbb{E}(X^2) < +\infty$. Montrer que pour tout $a > 0$, on a :

$$\mathbb{P}\left(|X - \mathbb{E}(X)| \geq a\right) \leq \frac{\text{Var}(X)}{a^2}.$$

Exercice 3.8.9. Un hôtel constate un taux important d'annulation de réservations à certaines périodes prisées. Pour éviter d'avoir des chambres vides à ces périodes, il décide de faire de la surréservation en validant plus de réservations que la capacité d'accueil de l'hôtel. On suppose que chaque client potentiel se présente effectivement à l'hôtel avec une probabilité $p = 2/3$ et que les comportements des clients sont indépendants les uns des autres. L'hôtel a réservé $n = 55$ chambres alors qu'il n'en dispose que de $N = 50$.

Soit X la variable aléatoire représentant le nombre de clients se présentant effectivement à l'hôtel.

1. Quelle est la loi de X ?
2. Quelle est son espérance ?
3. Quelle est la probabilité qu'il n'y ait pas assez de chambres pour accueillir tous les clients ? (posez la formule sans nécessairement faire les calculs).

Exercice 3.8.10. Un cultivateur cultive de la céréale haut de gamme dont le rendement est de 85 grammes par plante. Il sème 16 graines par mètre carré mais seul 80% d'entre elles arrivent à terme (on suppose que les graines et les plantes poussent indépendamment les unes des autres). On numérote chaque mètre carré de 1 à n et on note X_i la variable aléatoire qui compte le nombre de graines qui arrivent à terme pour le mètre carré numéro i.

Le champ s'étend sur un hectare et le prix d'un kilogramme de la céréale est de 900 francs CFA.

1. Quelle est la loi de probabilité de X_i ?
2. Quelle est la probabilité que le nombre de graines qui arrivent à terme sur un mètre carré numéro i donné dépasse (ou égale) 15 ?
3. Quelle est le rendement moyen pour un mètre carré i donné ?
4. Quel est le rendement espéré sur l'étendue du champ ?
5. Calculer le gain brut espéré après la récolte.

Exercice 3.8.11. On lance une pièce de monnaie truquée dont la probabilité d'apparition de Pile est p. Soit X la variable aléatoire représentant le premier instant où Pile apparaît.

1. Montrer que X est une variable aléatoire à valeurs dans $\{1, 2, \ldots\}$ et que sa loi de probabilité est donnée par
$$\mathbb{P}(X = k) = (1-p)^{k-1}p, \quad k = 1, 2, \ldots; \; p \in]0,1[.$$
2. Que peut-on attendre sur l'espérance de X lorsque p est proche de 0 et lorsque p est proche de 1. Calculer l'espérance de X.
3. Calculer Var(X).

Exercice 3.8.12. Soit X une variable aléatoire prenant les valeurs $\{-2, -1, 1, 2\}$ avec
$$\mathbb{P}(X = -2) = ? \quad \mathbb{P}(X = -1) = 1/4 \quad \mathbb{P}(X = 1) = 1/4 \quad \mathbb{P}(X = 2) = ?$$

1. Déterminer les valeurs manquantes pour que $\mathbb{E}(X) > 0$.
2. Calculer l'espérance de X pour les valeurs choisies.
3. Déterminer la variance de X.

Exercice 3.8.13. On lance n fois une pièce dont la probabilité d'apparition de Pile est p. On note X_i la v.a. égale à 1 si on obtient Pile au ième lancer, et égale à 0 sinon , $i = 1, \cdots, n$.

1. Donner la loi de X_i et calculer $\mathbb{E}(X_i)$.
2. On pose $X = X_1 + \ldots + X_n$. Donner la loi de X et calculer $\mathbb{E}(X)$.
3. Pour $p = 1/2$, la pièce est équilibrée, calculer la probabilité d'obtenir 5 Pile en 10 lancers.

Exercice 3.8.14. Un veilleur de nuit doit ouvrir 12 portes avec 12 clés différentes et non discernables.

1. Quelle est la probabilité pour qu'il ouvre la première porte au k ème essai sachant qu'à chaque fois qu'il choisit une clé, il ne la remet pas dans le trousseau si elle ne convient pas.

2. On considère que le nombre total d'essais effectués définit une variable aléatoire X.
   (a) Déterminer la loi de probabilité de X.
   (b) Calculer la fonction de répartition de X.
   (c) Calculer $\mathbb{E}(X)$, $\mathbb{E}(\sqrt{X})$.

Exercice 3.8.15. Une urne contient n boules numérotées de 1 à n, avec $n > 3$. On tire simultanément 3 boules de l'urne. Soit X la v.a. égale à 1 si la boule numéro 1 est parmi les boules tirées, et, égale à 0 sinon.

1. Donner la loi de probabilité de X.
2. Calculer $\mathbb{E}(X)$ et $\mathrm{Var}(X)$.

Exercice 3.8.16. Soit X une variabe aléatoire qui suit une loi de Poisson de paramètre $\lambda > 0$. Soit Y la variable aléatoire définie par :

$$Y = \begin{cases} \frac{X}{2} & \text{si} \quad X \text{ est pair} \\ 0 & \text{si} \quad X \text{ est impair.} \end{cases}$$

Déterminer la loi de Y et calculer son espérance et sa variance.

Exercice 3.8.17. Soit X une variable aléatoire à valeurs dans $\mathbb{N}$. On suppose qu'il existe $k \in]0, 1[$ tel que

$$\mathbb{P}(X = n) = k\,\mathbb{P}(X \geq n).$$

Déterminer la loi de X.

Chapitre 4

Vecteurs aléatoires discrets

4.1 Introduction

Tandis qu'une variable aléatoire réelle X fait correspondre à toute éventualité $\omega \in \Omega$, le nombre $X(\omega) \in \mathbb{R}$, un *vecteur aléatoire* $X = (X_1, \ldots, X_d)$ de dimension d, appelé aussi *variable aléatoire multidimensionnelle* de dimension d, fait correspondre à toute éventualité $\omega \in \Omega$, le vecteur $X(\omega) \in \mathbb{R}^d$, où chaque composante $X_i(\omega) \in \mathbb{R}$, $i = 1, \ldots, d$.

Les vecteurs aléatoires apparaissent naturellement lorsqu'on étudie un phénomène aléatoire comportant d caractéristiques comme dans l'exemple suivant. On considère l'expérience aléatoire qui consiste à tirer au hasard un élève d'une école (composée de N élèves) et à noter son âge, son poids, sa taille, représentés respectivement par les variables aléatoires réelles X_1, X_2 et X_3. Alors, la variable $X = (X_1, X_2, X_3)$ qui, pour tout élève $\omega \in \Omega = \{1, \ldots, N\}$ pouvant être tiré au hasard, donne ses trois caractéristiques $X_1(\omega)$, $X_2(\omega)$ et $X_3(\omega)$ correspondant à son âge, à son poids et à sa taille est un vecteur aléatoire de dimension 3.

Il apparaît dès lors la question à savoir comment définir les notions permettant de caractériser ou d'étudier un vecteur aléatoire. Cela nous mène à définir proprement la loi de probabilité d'un vecteur aléatoire et sa fonction de répartition. Aussi, nous considérerons chaque composante d'un vecteur aléatoire, appelée *une marginale* du vecteur aléatoire, et nous étudierons sa loi de probabilité, appelé *loi marginale*, à partir de la loi du vecteur aléatoire tout entier. D'autre part, lorsque les composantes X_i du vecteur aléatoire X son issues du même système, on s'attend à ce qu'il y'ait un lien (ou une dépendance) entre ses composantes. Les notions de covariance et de coefficient de corrélation linéaire qui permettent de rendre compte de dépendance entre des variables aléatoires sont aussi étudiées dans ce chapitre. Lorsque, par ailleurs, des variables aléatoires évoluent sans qu'aucune d'elles n'ait de l'influence sur - et ne soit pas influencée par - les autres, on dit qu'elles sont indépendantes. Cette notion d'indépendance est généralement une hypothèse centrale dans l'étude de plusieurs modèles en Probabilité et Statistique et sera aussi abordée dans ce chapitre. D'autres notions fondamentales liées aux vecteurs aléatoires telles que les fonctions génératrices, le théorème de transfert, l'espérance conditionnelle sont aussi traitées.

4.2 Loi d'un vecteur aléatoire, loi marginale

Nous nous intéressons d'abord à la loi d'un couple de variables aléatoires discrètes avant de définir celle d'un vecteur aléatoire discret.

$\rightsquigarrow$ *Loi d'un couple de variables aléatoires discrètes* . On lance simultanément une pièce de monnaie et un dé équilibrés. Soit X la variable aléatoire qui prend la valeur 0 si Face apparaît et la valeur 1 si Pile apparaît et Y la variable aléatoire représentant le numéro du dé qui apparaît.

Donc l'ensemble Ω des résultats possibles de l'expérience est

$$\Omega = \{\mathrm{F1}, \mathrm{F2}, \mathrm{F3}, \mathrm{F4}, \mathrm{F5}, \mathrm{F6}, \mathrm{P1}, \mathrm{P2}, \mathrm{P3}, \mathrm{P4}, \mathrm{P5}, \mathrm{P6}\}$$

où Fi, $i = 1, \ldots, 6$, est l'événement élémentaire que le côté "Face" de la pièce et la face $\{i\}$ du dé apparaissent et, Pi, $i = 1, \ldots, 6$, est l'événement élémentaire que le côté "Pile" de la pièce et la face $\{i\}$ du dé apparaissent.

Une des questions qu'on peut se poser est de savoir comment déterminer la loi de probabilité du couple de variables aléatoires (X, Y), c'est-à-dire, la probabilité $p : \mathcal{P}(\{0, 1\} \times \{1, 2, \ldots, 6\}) \to [0, 1]$, caractérisée par

$$p(i, j) = \mathbb{P}(X = i, Y = j), \qquad i = 0, 1; j = 1, 2, \ldots, 6.$$

De façon générale, si X_1 et X_2 sont deux variables aléatoires discrètes à valeurs dans E_1 et E_2 respectivement. On appelle loi jointe du couple (X_1, X_2) l'unique probabilité $p : \mathcal{P}(E_1 \times E_2) \to [0, 1]$ caractérisée par

$$p(x_1, x_2) = \mathbb{P}(X_1 = x_1, X_2 = x_2), \quad (x_1, x_2) \in E_1 \times E_2. \tag{4.2.1}$$

Si (X_1, X_2) est un couple de variables aléatoires discrètes à valeurs dans $E_1 \times E_2$, de loi p. On appelle lois marginales de (X_1, X_2) la loi de chacune des variables aléatoires X_1 et X_2 qui composent le couple (X_1, X_2). On montrera (voir Proposition (4.2.1)) que la loi marginale p_{X_1} de X_1 est la probabilité $p_{X_1} : E_1 \to [0, 1]$, telle que :

$$p_{X_1}(x_1) = \mathbb{P}(X_1 = x_1) = \sum_{\{x_2 \in E_2\}} p(x_1, x_2), \qquad \text{pour tout } x_1 \in E_1 \tag{4.2.2}$$

et que la loi marginale p_{X_2} de X_2 est la probabilité $p_{X_2} : E_2 \to [0, 1]$ caractérisée par

$$p_{X_2}(x_2) = \mathbb{P}(X_2 = x_2) = \sum_{\{x_1 \in E_1\}} p(x_1, x_2), \qquad \text{pour tout } x_2 \in E_2. \tag{4.2.3}$$

Les définitions précédentes s'étendent facilement à des vecteurs aléatoires discrets. Ici également on utilise le fait qu'une probabilité p définie sur $\mathcal{P}(F)$ avec F un ensemble dénombrable est entièrement déterminée par ses valeurs sur les singletons de F.

Par ailleurs, dans tout ce qui suit et sauf mention contraire, les ensembles E_i, $i = 1, \cdots, d$ sont des sous-ensembles dénombrables de $\mathbb{R}$.

Définition 4.2.1. *Soit $X_1, \ldots, X_d$ des variables discrètes à valeurs dans $E_1, \ldots, E_d$, respectivement. La loi du vecteur (ou d-uplets de variables) aléatoires $(X_1, \ldots, X_d)$ est la probabilité $p : \mathcal{P}(E_1 \times \ldots \times E_d) \to [0, 1]$ caractérisée par :*

$$p(x_1, \ldots, x_d) = \mathbb{P}(X = x_1, \ldots, X_d = x_d), \quad \forall\, (x_1, \ldots, x_d) \in E_1 \times \ldots \times E_d. \tag{4.2.4}$$

Le résultat suivant montre comment on calcule la loi d'une marginale étant donnée la loi du vecteur.

Proposition 4.2.1. *Soit p la loi du vecteur $X_1, \ldots, X_d$. Alors, pour $i \in \{1, \ldots, d\}$, la loi marginale p_{X_i} de X_i est donnée par :*

$$p_{X_i}(x_i) = \mathbb{P}(X_i = x_i) = \sum_{\{x_j \in E_j,\, j \neq i\}} p(x_1, \ldots, x_j, \ldots, x_d), \quad \textit{pour } x_i \in E_i. \tag{4.2.5}$$

Démonstration. Posons $\mathcal{X}_j = \{X_1 = x_1, \ldots, X_j = x_j, \ldots, X_d = x_d\}$. On a :

$$\begin{aligned}
\mathbb{P}(\{X_i = x_i\}) &= \mathbb{P}(\{X_i = x_i\} \cap \Omega) \\
&= \mathbb{P}\Big(\{X_i = x_i\} \cap \bigcup_{\{x_j \in E_j,\, j \neq i\}} \mathcal{X}_j\Big) \\
&= \mathbb{P}\Big(\bigcup_{\{x_j \in E_j,\, j \neq i\}} \{X_i = x_i\} \cap \mathcal{X}_j\Big) \\
&= \sum_{\{x_j \in E_j,\, j \neq i\}} \mathbb{P}(X_1 = x_1, \ldots, X_d = x_d) \\
&= \sum_{\{x_j \in E_j,\, j \neq i\}} p(x_1, \ldots, x_d).
\end{aligned}$$

L'avant dernière égalité découlant du fait que les événements de la forme

$$\big\{\{X_i = x_i\} \cap \{X_1 = x_1, \ldots, X_j = x_j, \ldots, X_d = x_d, j \neq i\}\big\}$$

sont disjoints. □

Remarque 4.2.1. Soit $(X_1, \ldots, X_d)$ un vecteur aléatoire. Comme pour tout $i \in \{1, \ldots, d\}$,

$$\sum_{\{x_i \in E_i\}} \mathbb{P}(X_i = x_i) = 1,$$

on en déduit que

$$\sum_{\{x_i \in E_i\}} \sum_{\{x_j \in E_j,\, j \neq i\}} p(x_1, \ldots, x_j, \ldots, x_d) = \sum_{\{x_1 \in E_1, \ldots, x_d \in E_d\}} p(x_1, \ldots, x_d) = 1. \tag{4.2.6}$$

Exemple 4.2.1. Considérons l'exemple introductif où on lance simultanément une pièce de monnaie et un dé. Soit X_2 la variable aléatoire représentant le numéro du dé qui apparaît et X_1 la variable aléatoire qui vaut 1 si Pile apparaît et qui vaut 0 sinon. On suppose que les événements élémentaires du couple (X_1, X_2) sont équiprobables.

1. Déterminer la loi du couple (X_1, X_2).
2. En déduire les lois marginales de (X_1, X_2).

Réponse. 1. Rappelons que l'ensemble Ω des issues possibles de l'expérience (qui est de cardinal 12) est

$$\Omega = \{\mathrm{P1}, \mathrm{P2}, \mathrm{P3}, \mathrm{P4}, \mathrm{P5}, \mathrm{P6}, \mathrm{F1}, \mathrm{F2}, \mathrm{F3}, \mathrm{F4}, \mathrm{F5}, \mathrm{F6}\},$$

où P $\equiv$ Pile et F $\equiv$ Face. Soit

$$p(i,j) = \mathbb{P}(X_1 = i, X_2 = j), \qquad i = 0,1; j = 1,2,\ldots,6,$$

la loi du couple (X_1, X_2). Comme les événements élémentaires du couple (X_1, X_2) sont équiprobables et que

$$\sum_{i=0}^{1}\sum_{j=1}^{6} p(i,j) = 1,$$

on en déduit que

$$p(i,j) = \frac{1}{12}, \quad i = 0,1; j = 1,2,\ldots,6.$$

2. Déterminons la loi marginale de X_1. La variable aléatoire X est à valeurs dans $\{0,1\}$. On doit donc calculer les poids associés à 0 et 1. On a

$$\mathbb{P}(X_1 = 0) = \sum_{j=1}^{6} p(0,j).$$

Or, pour $i \in \{0,1\}$ et pour tout $j = 1,\ldots,6$, $p(i,j) = 1/12$. Par conséquent on a

$$\mathbb{P}(X_1 = 0) = \sum_{j=1}^{6} \frac{1}{12} = \frac{6}{12} = \frac{1}{2} \quad \text{et} \quad \mathbb{P}(X_1 = 1) = \sum_{j=1}^{6} \frac{1}{12} = \frac{6}{12} = \frac{1}{2}.$$

Déterminons la loi marginale de X_2 qui est une variable aléatoire à valeurs dans $\{1,2,3,4,5,6\}$. On a pour tout $j \in \{1,2,3,4,5,6\}$, $\mathbb{P}(X_2 = j) = p(0,j) + p(1,j)$ $= \frac{2}{12} = \frac{1}{6}$.

Exemple 4.2.2. Une urne contient 7 boules blanches et 4 boules rouges. On tire successivement et sans remise 2 boules de l'urne. Soit

- X_1 la variable aléatoire qui vaut 1 si on tire une boule blanche au premier tirage et 0 si on tire une boule rouge au premier tirage,
- X_2 la variable aléatoire qui vaut 1 si on tire une boule blanche au second tirage et 0 si on tire une boule rouge au second tirage.

Déterminer

1. la loi du couple (X_1, X_2).
2. les lois de X_1 et de X_2.

Réponse. 1. Le couple (X, Y) est une variable aléatoire à valeurs dans $\{(0,0),(0,1),(1,0),(1,1)\}$. Soit B_i l'événement "on tire une boule blanche au i-ième tirage" et R_i l'événement "on tire une boule rouge au i-ième tirage". Posons $p(i,j) = \mathbb{P}((X_1, X_2) = (i,j))$, $i,j \in \{0,1\}$. En utilisant la formule des probabilités composées on obtient

$$p(0,0) = \mathbb{P}(R_1 \cap R_2) = \mathbb{P}(R_1)\times\mathbb{P}(R_2|R_1) = \frac{4}{11}\times\frac{3}{10},$$
$$p(0,1) = \mathbb{P}(R_1 \cap B_2) = \mathbb{P}(R_1)\times\mathbb{P}(B_2|R_1) = \frac{4}{11}\times\frac{7}{10},$$
$$p(1,0) = \mathbb{P}(B_1 \cap R_2) = \mathbb{P}(B_1)\times\mathbb{P}(R_2|B_1) = \frac{7}{11}\times\frac{4}{10},$$
$$\text{et} \quad p(1,1) = \mathbb{P}(B_1 \cap B_2) = \mathbb{P}(B_1)\times\mathbb{P}(B_2|B_1) = \frac{7}{11}\times\frac{6}{10}.$$

Remarquons que nous avons bien $p(0,0) + p(0,1) + p(1,0) + p(1,1) = 1$.
2. Soit $p(i) = \mathbb{P}(X_1 = i)$ et $q(i) = \mathbb{P}(X_2 = i)$, $i \in \{0,1\}$. On a

$$\begin{aligned} & p(0) = p(0,0) + p(0,1) = \frac{4}{11} \qquad p(1) = p(1,0) + p(1,1) = \frac{7}{11} \\ \text{et} \quad & q(0) = p(0,0) + p(1,0) = \frac{4}{11} \qquad q(1) = p(0,1) + p(1,1) = \frac{7}{11}. \end{aligned}$$

4.3 Fonction de répartition

Définition 4.3.1. *Soit $X = (X_1, \ldots, X_d)$ un vecteur aléatoire. La fonction de répartition $F : \mathbb{R}^d \mapsto [0,1]$ de X est définie pour tout $(x_1, \ldots, x_d) \in \mathbb{R}^d$ par*

$$F(x_1, \ldots, x_d) = \mathbb{P}(X_1 \leq x_1, \ldots, X_d \leq x_d). \tag{4.3.1}$$

Remarque 4.3.1. Il découle de la définition précédente que si $(X_1, \ldots, X_d)$ est discret à valeurs dans $E_1 \times \ldots \times E_d$, alors sa fonction de répartition F peut s'écrire

$$F(x_1, \ldots, x_d) = \sum_{y_1 \leq x_1, \ldots, y_d \leq x_d} \mathbb{P}(X_1 = y_1, \ldots, X_d = y_d). \tag{4.3.2}$$

Donc, pour calculer la fonction de répartition d'un vecteur aléatoire discrèt il suffit seulement de connaître la loi du d-uplet $(X_1, \ldots, X_d)$ que nous avons étudié dans les paragraphes précédents.

On peut déduire la fonction de répartition d'une des marginales du vecteur $X = (X_1, \ldots, X_d)$ à partir de la fonction de répartition de X.

Proposition 4.3.1. *Soit $(X_1, \ldots, X_d)$ un vecteur aléatoire discrèt de fonction de répartition F. Alors, pour tout $i \in \{1, \ldots, d\}$, la fonction de répartition F_{X_i} de X_i est donnée par :*

$$F_{X_i}(x_i) = \lim_{\{x_j \to +\infty,\, j \neq i\}} F(x_1, \ldots, x_j, \ldots, x_d), \quad \forall x_i \in E_i. \tag{4.3.3}$$

4.4 Théorème de transfert

Le théorème de transfert permet d'utiliser la loi de $(X_1, \ldots, X_d)$ pour calculer $\mathbb{E}(g(X_1, \ldots, X_d))$ pour une fonction g donnée telle que l'espérance soit bien définie. Cela nous évite de chercher à déterminer la loi de $g(X_1, \ldots, X_d)$ qui peut être très difficile, voire impossible, à calculer. Notons qu'il peut aussi arriver que la loi de $g(X_1, \ldots, X_d)$ soit plus simple à utiliser que celle de $(X_1, \ldots, X_d)$ auquel cas on utilisera la première pour faire nos calculs.

Théorème 4.4.1. *(Théorème de transfert) Soit $(X_1, \ldots, X_d)$ un d-uplet de variables aléatoires à valeurs dans $E_1 \times \cdots \times E_d$ et soit g une fonction définie sur $E_1 \times \cdots \times E_d$ et à valeurs dans $\mathbb{R}$ telle que $\mathbb{E}\,|g(X_1, \ldots, X_d)| < +\infty$. On a :*

$$\mathbb{E}(g(X_1, \ldots, X_d)) = \sum_{\{x_1 \in E_1, \ldots, x_d \in E_d\}} g(x_1, \ldots, x_d)\, \mathbb{P}(X_1 = x_1, \ldots, X_d = x_d). \tag{4.4.1}$$

Exemple 4.4.1. On dispose de deux pièces de monnaie truquées dont les probabilités d'apparition de Pile sont respectivement p_1 et p_2 (on les appelle pièce I et pièce II, respectivement) avec $p_1, p_2 \in]0,1[$. On les lance (simultanément) jusqu'à l'apparition de Pile pour l'une des pièces ou les deux pièces (on arrête de lancer une pièce dès que Pile apparaît et on poursuit les lancers avec l'autre pièce). Soit X_1 la variable aléatoire représentant le rang de la première apparition de Pile pour la pièce I et X_2 la variable aléatoire représentant le rang de la première apparition de Pile pour la pièce II. La loi du couple est donnée par

$$\mathbb{P}(X_1 = i; X_2 = j) = (1-p_1)^{i-1}(1-p_2)^{j-1}p_1p_2, \qquad i,j = 1,2,\ldots$$

1. Calculer $\mathbb{E}(X_1X_2)$.
2. Déterminer la probabilité pour que Pile apparaisse en premier avec la pièce I : $\mathbb{P}(X_1 < X_2)$.
3. Calculer $\mathbb{P}(X_1 \leq X_2)$.

Réponse. 1. Soit la fonction $g : (x_1,x_2) \mapsto g(x_1,x_2) = x_1x_2$. En appliquant le théorème de transfert avec la fonction g on obtient

$$\begin{aligned}
\mathbb{E}(X_1X_2) = \mathbb{E}(g(X_1,X_2)) &= \sum_{i=1}^{+\infty}\sum_{j=1}^{+\infty} g(i,j)\mathbb{P}(X_1 = i; X_2 = j) \\
&= p_1p_2 \sum_{i=1}^{+\infty}\sum_{j=1}^{+\infty} ij(1-p_1)^{i-1}(1-p_2)^{j-1} \\
&= \Big[\sum_{i=1}^{+\infty} i(1-p_1)^{i-1}p_1\Big]\Big[\sum_{j=1}^{+\infty} j(1-p_2)^{j-1}p_2\Big].
\end{aligned}$$

Nous avons déjà démontré dans l'exemple 3.6.1 que $\sum_{i=1}^{+\infty} i(1-p)^{i-1}p = 1/p$, pour tout $p \in]0,1[$. Par conséquent,

$$\mathbb{E}(X_1X_2) = \frac{1}{p_1p_2}.$$

2. On veut calculer $\mathbb{P}(X_1 < X_2)$. On utilise la fonction $g : (x_1,x_2) \mapsto g(x_1,x_2) = \mathbb{1}_{\{x_1<x_2\}} = \begin{cases} 1 & \text{si } x_1 < x_2 \\ 0 & \text{sinon.} \end{cases}$

On a d'après le théorème de transfert

$$\begin{aligned}
\mathbb{P}(X_1 < X_2) &= \mathbb{E}(\mathbb{1}_{\{X_1<X_2\}}) \\
&= p_1p_2 \sum_{i=1}^{+\infty}\sum_{j=1}^{+\infty} \mathbb{1}_{\{i<j\}}(1-p_1)^{i-1}(1-p_2)^{j-1} \\
&= p_1p_2 \sum_{j=1}^{+\infty}\Big[\sum_{i=1}^{j-1}(1-p_1)^{i-1}\Big](1-p_2)^{j-1} \\
&= p_2 \sum_{j=1}^{+\infty}\big[1-(1-p_1)^{j-1}\big](1-p_2)^{j-1}.
\end{aligned}$$

Par conséquent,

$$\begin{aligned}\mathbb{P}(X_1 < X_2) &= p_2 \sum_{j=1}^{+\infty}(1-p_2)^{j-1} - p_2 \sum_{j=1}^{+\infty}\left[(1-p_1)(1-p_2)\right]^{j-1} \\ &= 1 - \frac{p_2}{1-(1-p_1)(1-p_2)} \\ &= \frac{p_1(1-p_2)}{p_2+p_1(1-p_2)}.\end{aligned}$$

On voit que $\mathbb{P}(X_1 < X_2) \geq 1/2$ si et seulement si $p_1 \geq \frac{p_2}{1-p_2}$.

3. En utilisant le même raisonnement que précédemment on montre que

$$\mathbb{P}(X_1 \leq X_2) = p_1 p_2 \sum_{j=1}^{+\infty}\Big[\sum_{i=1}^{j}(1-p_1)^{i-1}\Big](1-p_2)^{j-1} = \frac{p_1}{p_2+p_1(1-p_2)}.$$

Une méthode alternative consisterait à calculer $\mathbb{P}(X_1 = X_2)$ et de remarquer que

$$\mathbb{P}(X_1 \leq X_2) = \mathbb{P}(X_1 < X_2) + \mathbb{P}(X_1 = X_2).$$

4.5 Indépendance (mutuelle) entre variables aléatoires

Définition 4.5.1. *Des variables aléatoires $X_1, \ldots, X_d$ à valeurs respectivement dans $E_1, \ldots, E_d$, sont indépendantes si,*

$$\forall (x_1, \ldots, x_d) \in E_1 \times \ldots \times E_d, \qquad \mathbb{P}(X_1 = x_1, \ldots, X_d = x_d) = \prod_{i=1}^{d} \mathbb{P}(X_i = x_i). \tag{4.5.1}$$

La proposition suivante montre entre autres la relation entre indépendance d'événements et indépendance entre variables aléatoires.

Proposition 4.5.1. *Soit $X_1, \ldots, X_d$ des variables aléatoires à valeurs dans $E_1, \ldots, E_d$ admettant respectivement les fonctions de répartition $F_{X_1}, \ldots, F_{X_d}$ et soit F la fonction de répartition du vecteur aléatoire $(X_1, \ldots, X_d)$. Alors les affirmations suivantes sont équivalentes :*

1. *les variables aléatoires $X_1, \ldots, X_d$ sont indépendantes*
2. *Pour tout $A_1 \times \cdots \times A_d \subset E_1 \times \ldots \times E_d$,*

$$\mathbb{P}\left(X_1 \in A_1, \cdots, X_d \in A_d\right) = \prod_{i=1}^{d} \mathbb{P}\left(X_i \in A_i\right). \tag{4.5.2}$$

3. *Pour toute suite d'ensembles $A_1, \cdots, A_d$ telles que $A_1 \subset E_1, \cdots, A_d \subset E_d$, les événements $\{X_1 \in A_1\}, \cdots, \{X_d \in A_d\}$ sont mutuellement indépendants.*
4. *Pour tout $(x_1, \ldots, x_d) \in E_1 \times \ldots \times E_d$,*

$$F(x_1, \ldots, x_d) = \mathbb{P}(X_1 \leq x_1, \ldots, X_d \leq x_d) = \prod_{i=1}^{d} F_{X_i}(x_i). \tag{4.5.3}$$

5. *Pour toutes fonctions* $f_i : E_i \to \mathbb{R}$, $i = 1, \ldots, d$, *telles que* $\mathbb{E}\left(|f_1(X_1) \times \cdots \times f_d(X_d)|\right) < +\infty$, *on a :*

$$\mathbb{E}\left(f_1(X_1) \times \cdots \times f_d(X_d)\right) = \mathbb{E}\left(f_1(X_1)\right) \times \cdots \times \mathbb{E}\left(f_d(X_d)\right). \quad (4.5.4)$$

Démonstration. Par souci de simplifier les notations, nous allons prouver cette Proposition dans le cas $d = 2$, les techniques utilisées et les outils étant pareils que dans le cas général (sauf pour prouver que 2. implique 3., dont la démonstration du cas général est laissé en exercice).

Si $d = 2$, il est clair que les assertions 2. et 3. veulent dire la même chose. Supposons maintenant que l'assertion 2. soit vérifiée, alors il suffit de poser $\forall (x_1, x_2) \in E_1 \times E_2,\ A_1 = \{x_1\},\ A_2 = \{x_2\}$. En remplaçant dans ((4.5.2)), on a bien ((4.5.1)) et donc l'indépendance des variables aléatoires X_1 et X_2.

Réciproquement, si maintenant 1. est vérifiée, pour tout $A_1 \subset E_1$ et $A_2 \subset E_2$, on a :

$$\begin{aligned}
\mathbb{P}\left(X_1 \in A_1, X_2 \in A_2\right) &= \mathbb{P}\Big(\bigcup_{x_1 \in A_1, x_2 \in A_2} (X_1 = x_1,\ X_2 = x_2)\Big) \\
&= \sum_{x_1 \in A_1, x_2 \in A_2} \mathbb{P}\left(X_1 = x_1,\ X_2 = x_2\right) \\
&= \sum_{x_1 \in A_1} \sum_{x_2 \in A_2} \mathbb{P}\left(X_1 = x_1\right) \mathbb{P}\left(X_2 = x_2\right) \\
&= \sum_{x_1 \in A_1} \mathbb{P}\left(X_1 = x_1\right) \sum_{x_2 \in A_2} \mathbb{P}\left(X_2 = x_2\right) \\
&= \mathbb{P}\Big(\bigcup_{x_1 \in A_1} (X_1 = x_1)\Big) \times \mathbb{P}\Big(\bigcup_{x_2 \in A_2} (X_2 = x_2)\Big) \\
&= \mathbb{P}\left(X_1 \in A_1\right)\ \mathbb{P}\left(X_2 \in A_2\right),
\end{aligned}$$

Ce qui prouve que 1. implique 2. et donc les assertions 1., 2. et 3. sont équivalentes. De plus, en choisissant $A_1 =]-\infty, x_1]$ et $A_2 =]-\infty, x_2]$ on voit que 2. implique 4.

Supposons maintenant que 4. est vérifiée et prouvons 1. Soit $x_1 \in E_1$ et $x_2 \in E_2$. Posons

$$\begin{aligned}
F(x_{1-}, x_{2-}) &= \lim_{n \to +\infty} \mathbb{P}\Big(X_1 \leq x_1 - \frac{1}{n}, X_2 \leq x_2 - \frac{1}{n}\Big) \\
F(x_{1-}, x_2) &= \lim_{n \to +\infty} \mathbb{P}\Big(X_1 \leq x_1 - \frac{1}{n}, X_2 \leq x_2\Big) \\
\text{et} \qquad F(x_1, x_{2-}) &= \lim_{n \to +\infty} \mathbb{P}\Big(X_1 \leq x_1, X_2 \leq x_2 - \frac{1}{n}\Big).
\end{aligned}$$

Montrons que $F(x_{1-}, x_{2-}) = F(x_{1-})F(x_{2-})$.

Il est clair que la suite d'événements $E_n = \left\{X_1 \leq x_1 - \frac{1}{n}\right\} \cap \left\{X_2 \leq x_2 - \frac{1}{n}\right\}$ est croissante vers $\bigcup_{n \geq 1} E_n = \{X_1 < x_1\} \cap \{X_2 < x_2\}$. Donc, en utilisant la Proposition 1.6.4 on obtient

$$F(x_{1-}, x_{2-}) = \lim_{n \to +\infty} \mathbb{P}(E_n) = \mathbb{P}(X_1 < x_1, X_2 < x_2).$$

D'autre part, comme l'assertion 4. est vérifiée, on a

$$\mathbb{P}(E_n) = \mathbb{P}(X_1 \leq x_1 - \frac{1}{n})\, \mathbb{P}(X_2 \leq x_2 - \frac{1}{n}). \quad (4.5.5)$$

Nous avons déjà montré dans les Propriétés 3.3.1 que $\lim_{n\to+\infty} \mathbb{P}(X_1 \leq x_1 - \frac{1}{n}) = \mathbb{P}(X_1 < x_1) = F(x_{1-})$ et que $\lim_{n\to+\infty} \mathbb{P}(X_2 \leq x_2 - \frac{1}{n}) = \mathbb{P}(X_2 < x_2) = F(x_{2-})$. Il découle de (4.5.5) qu'on a aussi $\lim_{n\to+\infty} \mathbb{P}(E_n) = F(x_{1-})F(x_{2-}) = F(x_{1-}, x_{2-})$.

On prouve de la même façon que $F(x_{1-}, x_2) = F(x_{1-})F(x_2)$ et que $F(x_1, x_{2-}) = F(x_1)F(x_{2-})$.

Montrons maintenant que $\mathbb{P}(X_1 = x_1, X_2 = x_2) = \mathbb{P}(X_1 = x_1)\,\mathbb{P}(X_2 = x_2)$. Pour cela, partons de la décomposition suivante :

$$\begin{aligned}
&\{X_1 \leq x_1, X_2 \leq x_2\} \\
&= \{X_1 \leq x_1, X_2 < x_2\} \cup \{X_1 < x_1, X_2 = x_2\} \cup \{X_1 = x_1, X_2 = x_2\}.
\end{aligned}$$

On a alors

$$\begin{aligned}
\mathbb{P}(\{X_1 \leq x_1, X_2 \leq x_2\}) &= \mathbb{P}(\{X_1 \leq x_1, X_2 < x_2\}) + \mathbb{P}(\{X_1 < x_1, X_2 = x_2\}) \\
&\quad + \mathbb{P}(\{X_1 = x_1, X_2 = x_2\}).
\end{aligned}$$

Or, $\{X_1 < x_1, X_2 = x_2\} = \{X_1 < x_1, X_2 \leq x_2\} \setminus \{X_1 < x_1, X_2 < x_2\}$. Il suit que :

$$\begin{aligned}
\mathbb{P}(\{X_1 \leq x_1, X_2 \leq x_2\}) &= \mathbb{P}(\{X_1 \leq x_1, X_2 < x_2\}) + \mathbb{P}(\{X_1 < x_1, X_2 \leq x_2\}) \\
&\quad - \mathbb{P}(\{X_1 < x_1, X_2 < x_2\}) + \mathbb{P}(\{X_1 = x_1, X_2 = x_2\}).
\end{aligned}$$

On obtient finalement

$$\begin{aligned}
\mathbb{P}(X_1 = x_1, X_2 = x_2) &= \mathbb{P}(X_1 \leq x_1, X_2 \leq x_2) - \mathbb{P}(X_1 \leq x_1, X_2 < x_2) \\
&\quad - \mathbb{P}(X_1 < x_1, X_2 \leq x_2) + \mathbb{P}(X_1 < x_1, X_2 < x_2) \\
&= F(x_1, x_2) - F(x_1, x_2-) - F(x_1-, x_2) + F(x_1-, x_2-) \\
&= F_{X_1}(x_1)F_{X_2}(x_2) - F_{X_1}(x_1)F_{X_2}(x_2-) \\
&\quad - F_{X_1}(x_1-)F_{X_2}(x_2) + F_{X_1}(x_1-)F_{X_2}(x_2-) \\
&= \left(F_{X_1}(x_1) - F_{X_1}(x_1-)\right)\left(F_{X_2}(x_2) - F_{X_2}(x_2-)\right) \\
&= \mathbb{P}(X_1 = x_1)\,\mathbb{P}(X_2 = x_2).
\end{aligned}$$

Nous avons donc montré à ce stade que 1., 2., 3. et 4. sont équivalents. Prouvons maintenant que l'assertion 1. est équivalente à 5.

Supposons 5. vérifiée et posons, pour tout $(x_1, x_2) \in E_1 \times E_2$: $f_1 = 1_{\{x_1\}}$ et $f_2 = 1_{\{x_2\}}$. On obtient

$$\mathbb{P}(X_1 = x_1, X_2 = x_2) = \mathbb{P}(X_1 = x_1)\mathbb{P}(X_2 = x_2), \ \ \forall (x_1, x_2) \in E_1 \times E_2,$$

c'est-à-dire, l'assertion 1.

Si maintenant X_1 et X_2 sont indépendants et f_1, f_2 sont deux fonctions définies respectivement sur E_1 et E_2 et à valeurs dans $\mathbb{R}$ telles que $\mathbb{E}\,|f(X_1)f(X_2)|| < +\infty$, on a, en utilisant le théorème de transfert (Théorème 3.5.2)

$$\begin{aligned}
\mathbb{E}\left(f(X_1)f(X_2)\right) &= \sum_{x_1 \in E_1,\, x_2 \in E_2} f(x_1)f(x_2)\mathbb{P}(X_1 = x_1, X_2 = x_2) \\
&= \sum_{x_1 \in E_1} \sum_{x_2 \in E_2} f(x_1)f(x_2)\mathbb{P}(X_1 = x_1)\mathbb{P}(X_2 = x_2) \\
&= \sum_{x_1 \in E_1} f(x_1)\mathbb{P}(X_1 = x_1) \sum_{x_2 \in E_2} f(x_2)\mathbb{P}(X_2 = x_2) \\
&= \mathbb{E}\left(f(X_1)\right)\mathbb{E}\left(f(X_2)\right).
\end{aligned}$$

Ce qui termine la preuve. □

Remarque 4.5.1. On peut faire les remarques suivantes à partir de la Proposition 4.5.1.

◇ Les assertions 1. et 3. montrent la relation entre l'indépendance d'événements et celle de variables aléatoires.

◇ L'assertion 4. permet de calculer facilement l'espérance de fonctionnelles produits de variables aléatoires $X_1, \cdots, X_d$ indépendantes. On en déduit en particulier que si $X_1, \ldots, X_d$ sont indépendantes, avec

$$\mathbb{E}(|X_i|) < +\infty \quad \text{pour } i = 1, \cdots, d,$$

alors :

$$\mathbb{E}\Big(\prod_{i=1}^{d} X_i\Big) = \prod_{i=1}^{d} \mathbb{E}(X_i). \tag{4.5.6}$$

Nous donnons ci-après une conséquence de la Proposition 4.5.1 qui prouve que si les variables aléatoires $X_1, \ldots, X_d$ sont indépendantes alors toutes fonctions $f_1(X_1), \ldots, f_d(X_d)$ des X_i restent indépendantes.

Proposition 4.5.2. *Soit $X_1, \cdots, X_d$ des variables aléatoires indépendantes à valeurs dans $E_1, \cdots, E_d$ et soient f_i, $i = 1 \cdots, d$, des fonctions de E_i à valeurs dans des ensembles (dénombrables) F_i. Alors, les v.a. $f_1(X_1), \ldots, f_d(X_d)$ sont indépendantes.*

Démonstration. Posons $Y_i = f_i(X_i)$, pour $i = 1, \ldots, d$ et soit $\forall B_i \subset F_i$, $i = 1, \cdots, d$. Alors

$$\begin{aligned}
\mathbb{P}(Y_1 \in B_1, \cdots, Y_d \in B_d) &= \mathbb{P}(X_1 \in f_1^{-1}(B_1), \ldots, X_d \in f_d^{-1}(B_d)) \\
&= \prod_{i=1}^{d} \mathbb{P}(X_i \in f_i^{-1}(B_i)) \\
&= \prod_{i=1}^{d} \mathbb{P}(Y_i \in B_i).
\end{aligned}$$

où la seconde égalité découle de (4.5.2). □

Exemple 4.5.1. Reconsidérons l'exemple 4.2.1. Les variables aléatoires X_1 et X_2 sont-elles indépendantes ?
Réponse. Pour $i = 0, 1; j = 1, 2, \ldots, 6$, nous avons montré que $\mathbb{P}(X_1 = i; X_2 = j) = \frac{1}{12}$, et que $\mathbb{P}(X_1 = i) = \frac{1}{2}$ et $\mathbb{P}(X_2 = j) = \frac{1}{6}$. Par conséquent pour tout $i = 0, 1$, pour tout $j = 1, 2, \ldots, 6$,

$$\mathbb{P}(X_1 = i; X_2 = j) = \mathbb{P}(X_1 = i)\mathbb{P}(X_2 = j).$$

Donc X_1 et X_2 sont indépendantes comme on pouvait s'y attendre.

Exemple 4.5.2. Reconsidérons l'exemple 4.2.2. Les variables aléatoires X_1 et X_2 sont-elles indépendantes ?

Réponse. Avant même de répondre à la question on s'attend à ce que les variables aléatoires X_1 et X_2 ne soient pas indépendantes car le résultat du second tirage est influencé par le résultat du premier tirage. Pour prouver que X_1 et X_2 ne sont pas indépendantes, il suffit que montrer qu'il existe $(i_0, j_0) \in \{(0,0), (0,1), (1,0), (1,1)\}$ tel que $\mathbb{P}(X_1 = i_0; X_2 = j_0) \neq \mathbb{P}(X_1 = i_0)\mathbb{P}(X_2 = j_0)$. On peut constater que

$$\mathbb{P}(X_1 = 0; X_2 = 0) \neq \mathbb{P}(X_1 = 0)\mathbb{P}(X_2 = 0).$$

Exemple 4.5.3. (*Loi du maximum, loi du minimum*) Soit X et Y deux variables aléatoires indépendantes et soit $N = \min(X, Y)$ et $M = \max(X, Y)$.

1. Montrer que la fonction de répartition F_N de N vaut pour tout $z \in \mathbb{R}$,

$$F_N(z) = 1 - (1 - F_X(z))(1 - F_Y(z)).$$

2. Montrer que la fonction de répartition F_M de M vaut pour tout $z \in \mathbb{R}$, $F_M(z) = F_X(z)F_Y(z)$.
3. Ecrire les fonctions de répartition de N et de M lorsque X et Y ont la même loi de probabilité.

Réponse. 1. On a pour tout $z \in \mathbb{R}$,

$$\begin{aligned} F_N(z) = \mathbb{P}(N \leq z) &= \mathbb{P}(\min(X,Y) \leq z) \\ &= 1 - \mathbb{P}(\min(X,Y) \geq z) \\ &= 1 - \mathbb{P}(X \geq z; Y \geq z) \\ &= 1 - \mathbb{P}(X \geq z)\mathbb{P}(Y \geq z) \quad \text{(par indépendances entre } X \text{ et } Y) \\ &= 1 - (1 - F_X(z))(1 - F_Y(z)). \end{aligned}$$

2. On a pour tout $z \in \mathbb{R}$,

$$\begin{aligned} F_M(z) = \mathbb{P}(M \leq z) &= \mathbb{P}(\max(X,Y) \leq z) \\ &= \mathbb{P}(X \leq z; Y \leq z) \\ &= \mathbb{P}(X \leq z)\mathbb{P}(Y \leq z) \quad \text{(par indépendances entre } X \text{ et } Y) \\ &= F_X(z)F_Y(z). \end{aligned}$$

3. Si X et Y ont la même loi de probabilité alors, pour tout $z \in \mathbb{R}$, $F_X(z) = F_Y(z)$ et on a

$$F_N(z) = 1 - (1 - F_X(z))^2 \quad \text{et} \quad F_M(z) = \left(F_X(z)\right)^2.$$

4.6 Fonction génératrice des moments et indépendance

Dans cette section, on se limite aux variables aléatoires discrètes unidimensionnelles et précisément à valeurs dans $\mathbb{R}$. Nous définissons d'abord le moment d'une variable aléatoire.

Définition 4.6.1. *On appelle moment non centré (ou simplement moment) d'ordre k d'une variable aléatoire X telle que $\mathbb{E}(|X|^k) < +\infty$, la quantité*

$$m_k = \mathbb{E}(X^k). \tag{4.6.1}$$

Donnons à présent la définition d'une fonction génératrice des moments :

Définition 4.6.2. *Soit X une variable aléatoire réelle. La fonction génératrice de X, notée $M_X(\cdot)$, est définie par*

$$M_X(t) = \mathbb{E}(e^{tX}), \tag{4.6.2}$$

pour tout $t \in \mathbb{R}$ tel que $\mathbb{E}(e^{tX}) < +\infty$.

Propriétés 4.6.1. *Soit X une variable aléatoire réelle. Alors, on a :*

1. *Pour tous réels α, β et t tels que $\mathbb{E}\left(e^{\alpha tX}\right) < +\infty$, on a $M_{\alpha X+\beta}(t) = e^{\beta t}M_X(\alpha t)$.*
2. *Pour tout $t \in \mathbb{R}$ tel que $\max\left(\mathbb{E}(e^{tX}), \mathbb{E}(e^{-tX})\right) < +\infty$, on a $M_{-X}(t) = M_X(-t)$. En particulier, si X et $-X$ ont la même loi de probabilité, alors M_X est une fonction paire.*
3. *La fonction M_X est convexe sur tout intervalle I où elle est définie.*

Démonstration. 1. On a

$$M_{\alpha X+\beta}(t) = \mathbb{E}\Big(e^{(\alpha X+\beta)t}\Big) = e^{\beta t}\mathbb{E}\left(e^{X\alpha t}\right) = e^{\beta t}M_X(\alpha t).$$

2. Si $\max(\mathbb{E}(e^{tX}), \mathbb{E}(e^{-tX})) < +\infty$, on a clairement $M_{-X}(t) = \mathbb{E}\left(e^{-tX}\right) = M_X(-t)$. Le cas particulier s'obtient en observant que dans le cas où la v.a. X est symétrique, alors on a : $M_X(-t) = M_{-X}(t) = M_X(t)$.
3. Pour tout réel x fixé, l'application $t \to e^{tx}$ est deux fois dérivables et sa dérivée seconde qui est x^2e^{tx} est positive, On en déduit la convexité de cette dernière application. Soit alors $u \in]0,1[$, pour tout $\omega \in \Omega$, on a $e^{(ut_1+(1-u)t_2)X(\omega)} \leq ue^{t_1X(\omega)} + (1-u)e^{t_2X(\omega)}$. En passant à l'espérance, on obtient : $M_X(ut_1 + (1-u)t_2) \leq uM_X(t_1) + (1-u)M_X(t_2)$. □

Le théorème suivant que nous ne prouvons pas traite de l'unicité de la fonction génératrice.

Théorème 4.6.1. *Soit X et Y deux variables aléatoires réelles, alors X et Y ont la même loi si et seulement si $M_X = M_Y$.*

Observons qu'en dérivant $M_X(t)$ on obtient

$$(M_X)'(t) = \mathbb{E}(Xe^{tX})$$

de sorte que $\mathbb{E}(X) = (M_X)'(t)\big|_{t=0}$. De même, en dérivant une seconde fois la fonction génératrice on a $\mathbb{E}(X^2) = (M_X)''(t)\big|_{t=0}$. D'une façon générale, la fonction génératrice des moments permet de calculer les moments d'une variable aléatoire (d'òu son nom d'ailleurs) et nous avons le résultat suivant.

Proposition 4.6.1. *Soit X une variable aléatoire réelle admettant un moment d'ordre $k \geq 1$. Alors*

$$\mathbb{E}(X^k) = M_X^{(k)}(0), \tag{4.6.3}$$

où $M_X^{(k)}$ est la dérivée k-ième de la fonction génératrice .

Exemple 4.6.1. Soit X une variable aléatoire de loi binomiale de paramètres n et p.

1. Déterminer la fonction génératrice de X.

2. En déduire l'espérance de X.

Réponse. 1. Rappelons que pour tout $k \in \{0, 1, \ldots, n\}$,

$$\mathbb{P}(X = k) = C_n^k p^k (1-p)^{n-k}.$$

Par conséquent on a

$$M_X(t) = \mathbb{E}(e^{tX}) = \sum_{k=0}^{n} e^{kt}\mathbb{P}(X = k) = \sum_{k=0}^{n} C_n^k (pe^t)^k (1-p)^{n-k} = \left(pe^t + (1-p)\right)^n.$$

2. On a $(M_X)'(t) = npe^t\left(pe^t + (1-p)\right)^n$. Donc $\mathbb{E}(X) = (M_X)'(0) = np$.

Exercice 4.6.1. Soit X une variable aléatoire de loi de Poisson de paramètre $\lambda > 0$: $\mathbb{P}(X = k) = e^{-\lambda}\frac{\lambda^k}{k!}$, $k = 0, 1, \ldots$

1. Montrer que
$$M_X(t) = \exp\left(\lambda(e^t - 1)\right), \quad \forall t \in \mathbb{R}. \tag{4.6.4}$$
2. En déduire l'espérance et la variance de X.

Pour déterminer la loi de la somme de variables aléatoires, il est parfois plus pratique d'utiliser la fonction génératrice des moments. Si X et Y sont des variables aléatoires indépendantes, alors pour tout t tel que le moment $M_{X+Y}(t)$ de la somme $X + Y$ est bien définie, on a

$$M_{X+Y}(t) = \mathbb{E}(e^{t(X+Y)}) = \mathbb{E}(e^{tX}e^{tY}).$$

Comme X et Y sont indépendantes alors e^{tX} et e^{tY} le sont aussi et en utilisant l'égalité (4.5.4), on obtient :

$$M_{X+Y}(t) = \mathbb{E}(e^{t(X+Y)}) = \mathbb{E}(e^{tX})\mathbb{E}(e^{tY}) = M_X(t)M_Y(t).$$

D'où le résultat suivant.

Proposition 4.6.2. *Si X et Y sont indépendantes, alors :*

$$M_{X+Y}(t) = M_X(t)M_Y(t). \tag{4.6.5}$$

Exemple 4.6.2. Soit X et Y deux variables aléatoires indépendantes, de loi de Poisson de paramètres respectifs λ_1 et λ_2, avec $\lambda_1, \lambda_2 > 0$, et soit $Z = X + Y$.

1. Déterminer la fonction géneratrice de $Z = X + Y$.
2. En déduire la loi de la variable aléatoire Z.

Réponse. 1. Par indépendance entre X et Y et compte tenu de (4.6.4) on a

$$M_Z(t) = M_X(t)M_Y(t) = \exp\left((\lambda_1 + \lambda_2)(e^t - 1)\right).$$

2. Par unicité de la fonction génératrice on en déduit (en utilisant (4.6.4)) que Z suit la loi de Poisson de paramètre $\lambda_1 + \lambda_2$.

4.7 Fonctions génératrices des probabilités

4.7.1 Rappels sur les séries entières

Pour traiter la fonction génératrice il est nécessaire de définir la notion de série entière. Pour cela, considérons par exemple la suite $(S_n(x))_{n\geq 0}$ des n premiers termes associés à la suite de fonctions $(f_n(x))_{n\geq 0}$, où pour tout $n \geq 0$, $f_n(x)$ est une fonction à valeurs dans $\mathbb{C}$:

$$S_n(x) = \sum_{k=0}^{n} f_k(x).$$

Par exemple, on peut choisir, pour tout $n \geq 0$, $f_n(x) = x^n$, $x \in [0, 1]$. Notons qu'on se ramène aux suites numériques lorsque pour tout $x \in \mathbb{C}$, $f_n(x) = u_n$ et ne dépend pas de x.

L'étude de la série de fonctions de terme général $f_n(x)$ est une généralisation de l'étude de la somme partielle où on s'intéresse en particulier aux propriétés de la somme infinie

$$\sum_{n=0}^{+\infty} f_n(x) = \lim_{n\to+\infty} S_n(x).$$

Lorsque, par exemple, $f_n(x) = x^n$, pour tout $n \geq 0$, alors, on a :

$$\lim_{n\to+\infty} S_n\left(\frac{1}{2}\right) = 2 \qquad \text{et} \qquad \lim_{n\to+\infty} S_n(1) = +\infty. \tag{4.7.1}$$

La quantité

$$\lim_{n\to+\infty} S_n(x) = \sum_{n=0}^{+\infty} f_n(x)$$

est alors appelée somme de la *série de fonctions* $\sum f_n(x)$ de terme général $f_n(x)$.

Une série *entière* est une série de fonctions particulière où pour tout $n \geq 0$, $f_n(x) = a_n x^n$, avec $a_n, x \in \mathbb{C}$.

Définition 4.7.1. *Une série entière $\sum a_n x^n$ de variable complexe x est une série de terme général $a_n x^n$, où $n \in \mathbb{N}$, et $a_n, x \in \mathbb{C}$.*

Nous considérons pour la suite que (a_n) et x prennent uniquement leurs valeurs dans $\mathbb{R}$.

Le résultat (4.7.1) montre que somme $S(x) := \sum_{n\geq 0} a_n x^n$ d'une série entière $\sum a_n x^n$ n'est pas forcément finie. On peut déjà observer deux types de convergences :

- ◇ Lorsque $S(x)$ est finie, pour $x \in \mathbb{R}$, on dit que la série entière $\sum a_n x^n$ *converge (simplement)* en x vers $S(x)$. Lorsque la convergence a lieu pour tout $x \in I \subset \mathbb{R}$, on dit que la série entière $\sum a_n x^n$ converge simplement sur I.
- ◇ La série entière $\sum a_n x^n$ est dite *absolument convergente* sur I lorsque la série entière (des valeurs absolues) $\sum |a_n| |x^n|$ converge (simplement) sur I.

Exemple 4.7.1. La série entière $\sum x^n$ est absolument (et simplement) convergente sur l'intervalle $I =]-1, 1[$. Elle diverge (grossièrement) en $x = 1$, par exemple.

Exercice 4.7.1. Prouvez que la convergence absolue de la série $\sum a_n x^n$, $a_n, x \in \mathbb{R}$, sur l'intervalle I implique sa convergence simple sur I.

Lorsqu'on considère une série entière $\sum a_n x^n$, la question naturelle qu'on peut se poser est de terminer son domaine de convergence. Ceci nous mène à introduire la notion de rayon de convergence qui est un outil efficace pour déterminer le mode de convergence.

On appelle rayon de convergence, la quantité notée :

$$R := \sup\{|x|,\ x \in \mathbb{R},\ \sum_{n\geq 0} a_n x^n \text{ convergence}\}. \tag{4.7.2}$$

Il appartient à $\mathbb{R}_+ \cup \{+\infty\}$. C'est le plus grand nombre R positif (éventuellement infini) tel que

$$\sum_{n\in\mathbb{N}} a_n |x|^n < +\infty \quad \text{si } |x| < R.$$

Exemple 4.7.2. 1. La série $1 + \frac{x}{1!} + \frac{x}{2!} + \frac{x}{3!} + \cdots$ est absolument convergente pour tout $x \in \mathbb{R}$ et sa somme est $e^x = \sum_{n\geq 0} \frac{x^n}{n!}$, il suit que son rayon de convergence est $R = +\infty$.

2. Pour tout $a \in \mathbb{R}^\star$, la série géométrique $1 + ax + \cdots + a^n x^n + \cdots$ est absolument convergente si $|a||x| < 1$, c'est à dire $|x| < \frac{1}{|a|}$. On conclut dans ce cas que : $R = \frac{1}{|a|}$ et de plus,

$$\sum_{n\geq 0} a^n x^n = \frac{1}{1-ax}, \quad \forall x \in \left]-\frac{1}{|a|}, \frac{1}{|a|}\right[.$$

Il y'a d'autres types de convergence d'une série entière dont la convergence uniforme et la convergence normale que nous définissons ci-après.

Définition 4.7.2. *Soit $\sum a_n x^n$ une série entière de variables réelles et soit $(S_n(x)_{n\geq 0})$ la suite de ses sommes partielles. Soit $u_n = \sup_{x\in I} |a_n x^n|$, pour $I \subset \mathbb{R}$. La série $\sum a_n x^n$ est*

1. *normalement convergente sur I lorsque la série numérique $\sum u_n$ est convergente sur I,*
2. *uniformément convergence sur I vers $S(x)$ lorsque*

$$\lim_{n\to+\infty} \sup_{x\in I} |S_n(x) - S(x)| = 0.$$

Exemple 4.7.3. On considère la série entière $\sum \frac{1}{2^n} x^n$. Montrer qu'elle est

1. normalement convergente sur $I =]-1, 1[$,
2. uniformément convergente sur $I =]-1, 1[$ vers $S(x) = \frac{2}{2-x}$.

Réponse. 1. On a $u_n := \sup_{x\in I} |2^{-n} x^n| = \frac{1}{2^n}$ et

$$\sum_{n\geq 0} u_n = \frac{1}{1-\frac{1}{2}} = 2.$$

D'où la convergence normale de la série entière $\sum \frac{1}{2^n} x^n$ sur I.

2. Soit $S_n(x)$ la somme des n premiers termes de la suite de terme général $2^{-n}x^n$. On a

$$S_n(x) = \sum_{k=0}^{n} 2^{-k}x^k = \frac{1}{1-\frac{x}{2}}\Big(1 - 2^{-(n+1)}x^{n+1}\Big).$$

Donc

$$|S_n(x) - S(x)| = \left|\frac{1 - 2^{-(n+1)}x^{n+1}}{1-\frac{x}{2}} - \frac{1}{1-\frac{x}{2}}\right| = \frac{1}{\left|1-\frac{x}{2}\right|}\left|x/2\right|^{n+1},$$

de sorte que

$$\sup_{x\in I}|S_n(x) - S(x)| = \frac{1}{2^n} \longrightarrow 0 \text{ (quand } n \to +\infty).$$

On peut remarquer que la série $\sum x^n$ converge sur $I =]-1,1[$ vers $S(x) = 1/(1-x)$ mais ne converge pas uniformément sur I. En effet, la somme $S_n(x)$ des n premiers termes de la série s'écrit

$$S_n(x) = \sum_{k=0}^{n} x^k = \frac{1 - x^{n+1}}{1-x},$$

de sorte

$$\sup_{x\in I}|S_n(x) - S(x)| = \sup_{x\in I}\frac{|x|^{n+1}}{|1-x|} = +\infty.$$

La convergence uniforme est donc plus forte que la convergence simple. Aussi, la convergence normale implique tous les autres modes de convergence précités.

Les résultats suivants sont très importants (nous le verrons à travers les applications) mais leur démonstration sera omise puisque c'est au programme de la deuxième année de licence d'analyse.

Proposition 4.7.1. *Si une $\sum a_n x^n$ une série entière (de variables réelles) est normalement convergente sur I alors elle est uniformément et absolument convergente sur I.*

Théorème 4.7.1. *Soit S la somme de la série entière $\sum_{n\geq 0} a_n x^n$, de rayon de convergence $R > 0$. Alors S est indéfiniment dérivable sur l'intervalle $]-R,R[$ et on a :*

$$S'(x) = a_1 + 2a_2x + \cdots + na_nx^{n-1} + \ldots,$$
$$S''(x) = 2a_2 + 6a_3x + \cdots + n(n-1)a_nx^{n-2} + \ldots,$$

et par récurrence, on montre que la dérivée k-ième de S est donnée par

$$S^{(k)}(x) = \sum_{n=k}^{+\infty} \frac{n!}{(n-k)!}a_nx^{n-k} = \sum_{n=k}^{+\infty} A_n^k\, a_nx^{n-k}.$$

On en déduit le Corollaire suivant :

Corollaire 4.7.1. *Si S est la somme de la série entière $\sum_{n\geq 0} a_n x^n$, $\forall x \in]-R,R[$, alors la dérivé k-ième en 0 vaut :*

$$S^{(k)}(0) = k!a_k, \quad \forall\, k \in \mathbb{N} \quad \textit{(avec la convention } S^{(0)}(0) = S(0)).$$

4.7.2 Définition et propriétés d'une fonction génératrice des probabilités

Dans cette section, on se limitera aux variables aléatoires à valeurs dans $\mathbb{N}$ ou dans un sous-ensemble de $\mathbb{N}$ et on utilse la convention : $0^0 = 1$.

Si $s \in [0,1]$ et si X est une variable aléatoire, alors clairement $s^X \leq 1$. On déduit d'après la croissance de l'espérance que $\mathbb{E}(s^X) \leq \mathbb{E}(1) = 1 < +\infty$. D'où l'application $s \to \mathbb{E}(s^X)$ est bien définie sur $[0,1]$. De plus en utilisant le Théorème du Transfert (Théorème 3.5.2), on a :

Définition 4.7.3. *Soit X une variable aléatoire, on appelle fonction génératrice des probabilités de X, la fonction définie pour tout $s \in [0,1]$ par :*

$$g(s) := g_X(s) := \sum_{n\geq 0} \mathbb{P}(X = n)s^n = \mathbb{E}(s^X). \qquad (4.7.3)$$

Remarque 4.7.1. *On déduit de la définition de la fonctions génératrice des probabilités les quelques remarques suivantes :*

1. *La fonction g_X vérifie : $g_X(1) = \mathbb{E}(1^X) = 1$ et $g_X(0) = 0^0\mathbb{P}(X = 0) = \mathbb{P}(X = 0)$.*
2. *La fonction génératrice des probabilités est liée à la fonction génératrice des moments par la relation suivante : $M_X(t) = g_X(e^t)$.*
3. *On aurait pu définir la fonction génératrice des probabilités sur $[-1,1]$ au lieu de $[0,1]$.*

On vient de voir que pour tout $s \in [0,1]$, on a :

$$\mathbb{E}(s^X) = \sum_{n\geq 0} \mathbb{P}(X = n)s^n \leq \sum_{n\geq 0} \mathbb{P}(X = n) = 1 < +\infty.$$

Si on pose $a_n := \mathbb{P}(X = n)$, on en déduit que la série entière $\sum_{n\geq 0} a_n s^n$:

- a d'une part un rayon de convergence $R \geq 1$,
- et d'autre part, c'est une série normalement convergente donc uniformément convergente sur $[0,1]$.

La convergence uniforme sur $[0,1]$ entraine en particulier que pour tout $s_0 \in [0,1]$ fixé, on a

$$\begin{aligned}\lim_{s\to s_0} g(s) &= \lim_{s\to s_0} \sum_{n\geq 0} \mathbb{P}(X = n)s^n = \sum_{n\geq 0} \lim_{s\to s_0} \mathbb{P}(X = n)s^n \\ &= \sum_{n\geq 0} \mathbb{P}(X = n)s_0^n = g(s_0),\end{aligned}$$

où pour $s_0 = 0$ (resp. $s_0 = 1$), la limite est prise à droite (resp. à gauche). Il suit donc que la fonction g est continue sur $[0,1]$.
D'autre part, on déduit du Théorème 4.7.1 que la fonction génératrice g est indéfiniment dérivable sur $[0,1[$. On étudiera un peu plus loin la dérivabilité à gauche en 1.

A présent, remarquons que d'après la définition, deux variables aléatoires ayant la même loi, ont la même fonction génératrice des probabilités. La proposition suivante donne la réciproque et permet de déterminer la loi de probabilité d'une variable aléatoire à partir de sa fonction génératrice des probabilités (d'où son nom d'ailleurs).

Proposition 4.7.2. *Soit X une variable aléatoire à valeurs dans $\mathbb{N}$ et soit g, sa fonction génératrice. Alors on retrouve sa loi par la formule :*

$$\mathbb{P}(X = n) = \frac{g^{(n)}(0)}{n!}, \quad \forall n \in \mathbb{N}.$$

Démonstration. D'après le Corollaire 4.7.1, les coefficients de la série entière $\sum_{n\geq 0} \mathbb{P}(X = n)s^n$ (qui sont ici $a_n = \mathbb{P}(X = n), \ n \in \mathbb{N}$) sont liés avec les dérivées n-ième de la fonction g en 0 par la formule :

$$g^{(n)}(0) \ = \ n!\,\mathbb{P}(X = n), \quad \forall n \in \mathbb{N}.$$

Il suit donc que $\mathbb{P}(X = n) \ = \ \frac{g^{(n)}(0)}{n!}$ pour tout entier naturel n. □

On a vu ci-dessus que la fonction génératrice g d'une variable aléatoire X était indéfiniment dérivable sur $[0, 1[$. Pour le point 1, la dérivabilité (à gauche) n'est pas toujours garantie (voir Exercice 4.12.14). La Proposition suivante donne une condition nécessaire et suffisante pour que g soit dérivable en 1 :

Rappelons que pour toute variable aléatoire X à valeurs dans $\mathbb{N}$ et pour tout $p \geq 0$, $\mathbb{E}(X^p) < \infty$ implique $\mathbb{E}(X^q) < \infty$ pour tout réel q tel que $0 \leq q \leq p$.

Proposition 4.7.3. *Soit X une variable aléatoire à valeurs dans $\mathbb{N}$ et soit g sa fonction génératrice des probabilités. Alors,*

1. *la fonction g est dérivable à gauche en 1 si et seulement si $\mathbb{E}(X) < \infty$, et dans ce cas $g'(1) = \mathbb{E}(X)$,*
2. *la fonction g est deux fois dérivables à gauche en 1 si et seulement si $\mathbb{E}(X^2) < \infty$, et dans ce cas $g''(1) = \mathbb{E}(X(X-1))$.*

Démonstration. On pose $q_n = \mathbb{P}(X = n), \ \forall n \in \mathbb{N}$.

1. Remarquons que :

$$\frac{g(s) - g(1)}{s - 1} = \sum_{n\geq 0} q_n \frac{s^n - 1}{s - 1} = \sum_{n\geq 0} q_n(1 + \cdots + s^{n-1}).$$

(a) Si $\mathbb{E}(X) < +\infty$, alors pour tout $s \in [0, 1]$, on a

$$\sum_{n=1} q_n[1 + \cdots + s^{n-1}] \leq \sum_{n=0}^{+\infty} nq_n \ = \ \mathbb{E}(X) \ < \ +\infty.$$

D'où la série de terme général $\left([1 + \cdots + s^{n-1}]q_n\right)_{n\geq 1}$ converge normalement et donc uniformément sur $[0, 1]$. On peut ainsi intervertir limite et somme :

$$\begin{aligned}
\lim_{s\to 1,\, s<1} \frac{g(s) - g(1)}{s - 1} \ &= \ \lim_{s\to 1,\, s<1} \sum_{n\geq 1} \mathbb{P}(X = n)[1 + \cdots + s^{n-1}] \\
&= \ \sum_{n\geq 1} \mathbb{P}(X = n) \times \lim_{s\to 1,\, s<1} [1 + \cdots + s^{n-1}] \\
&= \ \sum_{n\geq 1} \mathbb{P}(X = n) \times n \ = \ \mathbb{E}(X) \ < \ +\infty.
\end{aligned}$$

Or cette limite existe et vaut $g'(1)$.

(*b*) Si maintenant g est dérivable à gauche en 1, alors

$$\lim_{s\to 1,\, s<1} \frac{g(s)-g(1)}{s-1} = \lim_{s\to 1,\, s<1} \sum_{n\geq 1} \mathbb{P}(X=n)[1+\cdots+s^{n-1}]$$

existe. Or la fonction $s \to \sum_{n\geq 1} \mathbb{P}(X=n)[1+\cdots+s^{n-1}]$ est clairement croissante sur $[0,1]$, donc sa limite est la borne supérieure (qui est sa valeur en 1). On a donc :

$$\begin{aligned}\mathbb{E}(X) &= \sum_{n\geq 0} \mathbb{P}(X=n)n = \lim_{s\uparrow 1} \sum_{n\geq 1} \mathbb{P}(X=n)[1+\cdots+s^{n-1}] \\ &= \lim_{s\to 1,\, s<1} \frac{g(s)-g(1)}{s-1}.\end{aligned}$$

D'où la limite existe et vaut $g'(1) = \mathbb{E}(X)$.

2. Commençons par remarquer que si $\mathbb{E}(X^2) < \infty$, alors $\mathbb{E}(X) < \infty$ et $g'(1) < \infty$ d'après ce qui précède. Et si $g''(1)$ existe, alors $g'(1)$ existe forcément, ce qui implique que $\mathbb{E}(X) < +\infty$. Rappelons que g est indéfiniment dérivable sur $[0,1[$ et, d'après le Théorème 4.7.1, on a

$$g'(s) = \sum_{n\geq 1} ns^{n-1}\mathbb{P}(X=n),\ \forall s \in [0,1[.$$

Il suit alors, pour $s \in]0,1[$ et, en utilisant le raisonnement précédent que :

$$\begin{aligned}\lim_{s\uparrow 1} \frac{g'(s)-g'(1)}{s-1} &= \lim_{s\uparrow 1} \sum_{n\geq 2} nq_n \frac{1-s^{n-1}}{1-s} = \lim_{s\uparrow 1} \sum_{n\geq 2} nq_n(1+\cdots+s^{n-2}) \\ &= \sum_{n\geq 0} n(n-1)q_n = \mathbb{E}(X(X-1)).\end{aligned}$$

On en déduit que si $\mathbb{E}(X) < +\infty$, alors $\mathbb{E}(X(X-1)) < +\infty$ si et seulement si $g''(1)$ existe. En d'autres termes si $g'(1) = \mathbb{E}(X)$ est fini, la quantité $g''(1)$ existe si et seulement si $\mathbb{E}(X^2) < +\infty$ et dans ce cas

$$g''(1) = \mathbb{E}(X(X-1)).$$

□

Remarque 4.7.2. (*a*). On peut aller plus loin par rapport à la Proposition 4.7.3 en généralisant comme suit : la fonction g admet une dérivée p ième (à gauche) en 1 si et seulement si $\mathbb{E}(X^p) < \infty$, $p \in \mathbb{N}^\star$ et dans ce cas on a

$$g^{(p)}(1) = \mathbb{E}\left(X(X-1)\cdots(X-p+1)\right).$$

(*b*). Soit X une variable aléatoire telle que $\mathbb{E}(X^2) < \infty$, alors

$$\begin{aligned}\text{Var}(X) = \mathbb{E}(X^2) - (\mathbb{E}(X))^2 &= \mathbb{E}(X(X-1)) + \mathbb{E}(X) - (\mathbb{E}(X))^2 \\ &= g''(1) + g'(1) - (g'(1))^2.\end{aligned}$$

Donc, l'espérance et la variance de X se déduisent facilement de la fonction génératrice des probabilités de X.

Exemple 4.7.4. Soit X une v.a. à valeurs dans $\mathbb{N}^\star$ telle que $\mathbb{P}(X = n) = a/n!$.

1. Calculer a.
2. Calculer la fonction génératrice de X. En déduire $\mathbb{E}(X)$ et Var(X).
3. Retrouver $\mathbb{E}(X)$ et Var(X) à l'aide des définitions.
4. Calculer $\mathbb{E}\left(\frac{1}{1+X}\right)$.

Réponse. 1. Comme $\sum_{n\in\mathbb{N}^\star} \mathbb{P}(X = n) = 1$, on en déduit que $\sum_{n\in\mathbb{N}^\star} \frac{a}{n!} = 1$. Il suit que

$$a\Big(\sum_{n\in\mathbb{N}} \frac{1}{n!} - 1\Big) = 1$$

et par conséquent, $a = \frac{1}{e-1}$.

2. Pour tout $s \in [0, 1]$, on a :

$$g_X(s) = \sum_{n\in\mathbb{N}^\star} \mathbb{P}(X = n)s^n = \frac{1}{e-1} \sum_{n\in\mathbb{N}^\star} \frac{s^n}{n!} = \frac{e^s - 1}{e-1}.$$

La fonction g_X est deux fois dérivable (à gauche) en 1. Il suit d'après la Proposition 4.7.3 et la Remarque 4.7.2 que l'espérance et la variance de X existent et de plus :

$$\mathbb{E}(X) = g'_X(1) = \frac{e}{e-1}, \quad \text{et Var}(X) = g''_X(1) + g'_X(1) - (g'_X(1))^2 = \frac{e(e-2)}{e-1}.$$

3. On a

$$\begin{aligned}
\mathbb{E}(X) &= \sum_{n\in\mathbb{N}^\star} \mathbb{P}(X = n)n \\
&= \frac{1}{e-1} \sum_{n\in\mathbb{N}^\star} \frac{n}{n!} = \frac{1}{e-1} \sum_{n\in\mathbb{N}^\star} \frac{1}{(n-1)!}.
\end{aligned}$$

Il s'en suit que

$$\mathbb{E}(X) = \frac{1}{e-1} \sum_{n\in\mathbb{N}} \frac{1}{n!} = \frac{e}{e-1}.$$

Par ailleurs, on a

$$\begin{aligned}
\mathbb{E}(X^2) &= \sum_{n\in\mathbb{N}^\star} \mathbb{P}(X = n)n^2 \\
&= \frac{1}{e-1} \sum_{n\in\mathbb{N}^\star} \frac{n^2}{n!} = \frac{1}{e-1} \sum_{n\in\mathbb{N}^\star} \frac{n-1+1}{(n-1)!} \\
&= \frac{1}{e-1} \left(\sum_{n=2}^{+\infty} \frac{1}{(n-2)!} + \sum_{n\in\mathbb{N}^\star} \frac{1}{(n-1)!} \right) \\
&= \frac{2}{e-1} \sum_{n=0}^{+\infty} \frac{1}{n!} \\
&= \frac{2e}{e-1}.
\end{aligned}$$

D'où

$$\operatorname{Var}(X) = \mathbb{E}(X^2) - (\mathbb{E}(X))^2 = \frac{2e}{e-1} - \frac{e^2}{(e-1)^2} = \frac{e(e-2)}{(e-1)^2}.$$

4. On a

$$\begin{aligned}
\mathbb{E}\left(\frac{1}{1+X}\right) &= \sum_{n\in\mathbb{N}^\star} \mathbb{P}(X=n)\frac{1}{n+1} \\
&= \frac{1}{e-1}\sum_{n\in\mathbb{N}^\star}\frac{1}{(n+1)!} \\
&= \frac{1}{e-1}\left(\sum_{n\in\mathbb{N}}\frac{1}{n!} - 2\right) \\
&= \frac{e-2}{e-1}.
\end{aligned}$$

D'où le résultat.

4.7.3 Fonctions génératrices de lois de probabilités usuelles

⇝ *Loi binomiale.* Soit X une variable aléatoire suivant une loi binomiale de paramètres n et p. Alors pour tout $s \in [0,1]$, la fonction génératrice g_X de X vaut :

$$g_X(s) = \sum_{k=0}^{n} s^k \mathbb{P}(X=k) = \sum_{k=0}^{n} s^k C_n^k p^k (1-p)^{n-k} = \sum_{k=0}^{n} C_n^k (sp)^k (1-p)^{n-k}.$$

En utilisant la formule du binôme de Newton il suit que

$$g_X(s) = (1-p+ps)^n, \ \forall s \in [0,1].$$

Si $n = 1$, alors X suit une loi de Bernoulli de paramètre p et $g_X(s) = 1-p+ps, \ \forall s \in [0,1]$.

⇝ *Loi de Poisson.* Soit Y une variable aléatoire suivant une loi de Poisson de paramètre λ, avec $\lambda > 0$. Alors pour tout $s \in [0,1]$, la fonction génératrice g_Y de Y vaut :

$$g_Y(s) = \sum_{k\geq 0} \mathbb{P}(Y=k)s^k = e^{-\lambda}\sum_{k\geq 0}\frac{\lambda^k s^k}{k!} = e^{-\lambda}\sum_{k\geq 0}\frac{(\lambda s)^k}{k!} = e^{\lambda(s-1)}.$$

Ainsi on a

$$g_Y(s) = e^{\lambda(s-1)}, \ \forall s \in [0,1].$$

⇝ *Loi géometrique.* Soit Z une variable suivant une loi géométrique de paramètre a, avec $a \in]0,1[$. Pour tout $s \in [0,1]$, la fonction génératrice g_Z de Z est donnée par :

$$g_Z(s) = \sum_{k} \mathbb{P}(Z=k)s^k = \sum_{k\geq 1}(1-a)^{k-1}as^k = as\sum_{k\geq 1}[s(1-a)]^{k-1}.$$

Il s'en suit que

$$g_Z(s) = \frac{as}{1-s(1-a)}, \ \forall s \in [0,1].$$

⇝ *Loi uniforme*. Soit W une variable aléatoire suivant une loi uniforme sur $E = \{1, \cdots, n\}$, avec $n \in \mathbb{N}^\star$ fixé. Alors, la fonction génératrice g_W de W égale $\forall s \in [0,1]$, à :

$$g_W(s) = \sum_{k=1}^{n} s^k \mathbb{P}(W = k) = \sum_{k=1}^{n} \frac{s^k}{n} = \frac{1}{n} \sum_{k=1}^{n} s^k,$$

d'où

$$g_W(s) = \frac{s(1-s^n)}{n(1-s)}, \quad \forall s \in [0,1].$$

⇝ *Loi binomiale négative*. Pour $p \in]0,1[$ et $n \in \mathbb{N}^\star$ fixé, on se donne une variable aléatoire N, suivant une loi binomiale négative de paramètres n et p, et on pose $q = 1 - p$. La fonction génératrice de N est donnée par :

$$\begin{aligned} g_N(s) &= \sum_{k=0}^{+\infty} s^k \mathbb{P}(N = k) \\ &= \sum_{k=0}^{+\infty} s^k C_{n+k-1}^k q^k p^n \\ &= \sum_{k=0}^{+\infty} C_{n+k-1}^k (sq)^k p^n \\ &= \frac{p^n}{(1-sq)^n} \sum_{k=0}^{+\infty} C_{n+k-1}^k (sq)^k (1-sq)^n. \end{aligned}$$

Vu que $sq \in]0,1[, \ \forall s \in [0,1]$, alors comme on l'a vu dans la sous-section 3.7.6 du chapitre précédent :

$$\sum_{k=0}^{+\infty} C_{n+k-1}^k (sq)^k (1-sq)^n = 1.$$

Il suit que :

$$g_N(s) = \frac{p^n}{(1-sq)^n}, \quad \forall\, s \in [0,1].$$

⇝ *Loi de Pascal*. Soit X une variable aléatoire suivant une loi de Pascal de paramètres n et p, où $p \in]0,1[$ et $n \in \mathbb{N}^\star$. Alors, $X = N + n$ où N suit loi binomiale négative de paramètres n et p. Il suit alors que :

$$\forall\, s \in [0,1], \ g_X(x) = \mathbb{E}(s^{N+n}) = s^n g_N(s) = \frac{(sp)^n}{(1-sq)^n},$$

où $q = 1 - p$.

La proposition suivante donne la fonction génératrice de la somme de deux variables aléatoires indépendantes :

Proposition 4.7.4. *Soit X et Y, deux variables aléatoires indépendantes et à valeurs dans $\mathbb{N}$. Alors $X + Y$ est une variable à valeurs dans $\mathbb{N}$ et pour tout $s \in [0,1]$, on a :*

$$g_{X+Y}(s) = g_X(s) g_Y(s).$$

Démonstration. Si X et Y sont indépendants, en utilisant la Proposition 4.6.2, on a :

$$g_{X+Y}(s) = \mathbb{E}(s^{X+Y}) = \mathbb{E}(s^X s^Y) = \mathbb{E}(s^X)\mathbb{E}(s^Y) = g_X(s)g_Y(s).$$

D'où le résultat. □

Exemple 4.7.5. Soit X et Y, deux variables aléatoires indépendantes et suivant des lois de Poisson de paramètres respectivement λ et μ. Il suit alors d'après la Proposition 4.7.4 que $\forall\, s \in [0,1]$, on a :

$$g_{X+Y}(s) \;=\; g_X(s)g_Y(s) \;=\; e^{\lambda(1-s)}e^{\mu(s-1)} \;=\; e^{(\lambda+\mu)(s-1)}.$$

Or, on remarque que cette dernière fonction est la fonction génératrice d'une loi de Poisson de paramètre $\lambda+\mu$ et on a vu plus haut que la fonction génératrice caractérise la loi. Il suit que la variable aléatoire $X + Y$ suit une loi de Poisson de paramètre $\lambda + \mu$. On retrouve ainsi le résultat de l'Exemple 4.6.2.

Remarque 4.7.3. La proposition précédente se généralise facilement par récurrence de la façon suivante : si m est un entier supérieur ou égal à 2 et $Y_1, \cdots, Y_m$ des variables aléatoires indépendantes et à valeurs dans $\mathbb{N}$, alors la fonction génératrice g de la variable $Y_1 + \cdots + Y_m$ est donnée par $g(s) = g_{Y_1}(s)\cdots g_{Y_m}(s)$, $\forall s \in [0,1]$.

4.8 Loi conditionnelle

4.8.1 Probabilité conditionnelle

Rappelons que si F est un événement tel que $\mathbb{P}(F) > 0$, alors on a par définition

$$\mathbb{P}(E|F) = \frac{\mathbb{P}(E \cap F)}{\mathbb{P}(F)}.$$

Lorsque X et Y sont des variables aléatoires discrètes et si j est tel que $\mathbb{P}(Y = j) > 0$, en posant $E = \{X = i\}$ et $F = \{Y = j\}$, on peut définir la probabité que X prenne la valeur i sachant que $Y = j$: $\mathbb{P}(X = i|Y = j)$, par la formule précédente. La loi conditionnelle de X sachant $Y = j$ est donc définie de la façon suivante :

Définition 4.8.1. *Soit X et Y deux variables aléatoires discrètes définies sur Ω et soit $j \in Y(\Omega)$ (de sorte que $\mathbb{P}(Y = j) > 0$). La loi conditionnelle de X sachant que $Y = j$ est donc la probabilité définie sur $\mathcal{P}(X(\Omega))$ et caractérisée par :*

$$p_{Y=j}(i) := \mathbb{P}(X = i|Y = j) = \frac{\mathbb{P}(X = i; Y = j)}{\mathbb{P}(Y = j)}, \quad i \in X(\Omega). \tag{4.8.1}$$

Remarque 4.8.1. 1. On montre assez facilement que pour $j \in Y(\Omega)$ fixé, l'application $A \to \mathbb{P}(X = A|Y = j)$, $A \in \mathcal{P}(X(\Omega))$, est une probabilité. En particulier, on a

$$\begin{aligned}\sum_{i\in X(\Omega)} \mathbb{P}(X = i|Y = j) &= \frac{1}{\mathbb{P}(Y = j)} \sum_{i\in X(\Omega)} \mathbb{P}(X = i, Y = j)\\ &= \frac{1}{\mathbb{P}(Y = j)} \mathbb{P}(Y = j) = 1.\end{aligned}$$

2. Deux variables aléatoires discrètes X et Y définies sur Ω sont indépendantes si et seulement si

$$\mathbb{P}(X = i|Y = j) = \mathbb{P}(X = i) \quad \forall(i, j) \in X(\Omega) \times Y(\Omega), \quad (4.8.2)$$

ou

$$\mathbb{P}(Y = i|X = j) = \mathbb{P}(Y = j) \quad \forall(i, j) \in X(\Omega) \times Y(\Omega). \quad (4.8.3)$$

Exemple 4.8.1. Reprenons l'Exemple 4.2.2 où on a considéré une urne qui contient 7 boules blanches et 4 boules rouges. On tire successivement et sans remise 2 boules de l'urne. On note X_i, $i = 1, 2$, la variable aléatoire qui vaut 1 si on tire une boule blanche au i-ième tirage et 0 si on tire une boule rouge au i-ième tirage.

1. Déterminer la loi de X_2 sachant que $X_1 = 1$, c'est-à-dire, la loi de X_2 sachant que la première boule tirée est blanche.
2. Déterminer la loi de X_1 sachant que $X_2 = 0$, c'est-à-dire, la loi de X_1 sachant que la boule tirée au second tirage est rouge.
3. X_1 et X_2 sont-elles indépendantes ?

Réponse. 1. On doit déterminer $\mathbb{P}(X_2 = 0|X_1 = 1)$ et $\mathbb{P}(X_2 = 1|X_1 = 1)$. On a d'après l'Exemple 4.2.2,

$$\mathbb{P}(X_2 = 0|X_1 = 1) = \frac{\mathbb{P}(X_1 = 1; X_2 = 0)}{\mathbb{P}(X_1 = 1)} = \frac{2}{5}.$$

et

$$\mathbb{P}(X_2 = 1|X_1 = 1) = \frac{\mathbb{P}(X_1 = 1; X_2 = 1)}{\mathbb{P}(X_1 = 1)} = \frac{3}{5}.$$

Ces résultats se lisent de la façon suivante. Si la première boule tirée est blanche, il restera 10 boules dans l'urne (4 boules rouges et 6 boules blanches). La probabilité de tirer une boule rouge au second tirage sachant qu'on a tiré une boule blanche au premier est donc égale à la nouvelle proportion de boules rouges, soit $4/10$, et la probabilité de tirer une boule blanche au second tirage est égale à la nouvelle proportion de boules blanches, soit $6/10$.

2. On veut calculer $\mathbb{P}(X_1 = 0|X_2 = 0)$ et $\mathbb{P}(X_1 = 1|X_2 = 0)$. En utilisant les résultats de l'Exemple 4.2.2, on a

$$\mathbb{P}(X_1 = 0|X_2 = 0) = \frac{\mathbb{P}(X_1 = 0; X_2 = 0)}{\mathbb{P}(X_2 = 0)} = \frac{3}{10}.$$

et

$$\mathbb{P}(X_1 = 1|X_2 = 0) = \frac{\mathbb{P}(X_1 = 1; X_2 = 0)}{\mathbb{P}(X_2 = 0)} = \frac{7}{10}.$$

3. On remarque par exemple que $\mathbb{P}(X_1 = 0|X_2 = 0) = \frac{3}{10} \neq \mathbb{P}(X_1 = 0) = \frac{4}{11}$, donc d'après le point 2 de la Remarque 4.8.1, les variables aléatoires X_1 et X_2 ne sont pas indépendantes.

Exemple 4.8.2. On lance trois fois une pièce de monnaie dont la probabilité d'avoir Pile est $p \in [0, 1]$ et on définit les variables aléatoires suivantes :

1. Y_1 (resp, Y_2 et Y_3) est la variable qui vaut 1 si Pile apparaît au premier lancer (resp au second lancer et au troisième lancer) et qui vaut 0 sinon. On suppose que les lancers sont indépendants, de sorte que les Y_i sont indépendantes.
2. X_1 (resp. X_2 et X_3) sont les variables aléatoires qui comptent le nombre de Pile apparu à l'issue du premier lancer (resp. des deux premiers lancers et des trois premiers lancers), de sorte que $X_1 = Y_1$, $X_2 = Y_1 + Y_2$ et $X_3 = Y_1 + Y_2 + Y_3$.

Calculer $\mathbb{P}(X_3 = 2|X_1 = 0)$.

Réponse. On a $\mathbb{P}(X_3 = 2|X_1 = 0) = \frac{\mathbb{P}(X_3=2,X_1=0)}{\mathbb{P}(X_1=0)} = \frac{\mathbb{P}(X_3=2,X_1=0)}{\mathbb{P}(X_1=0)}$. On rappelle que

$$(X_3 = 2, X_1 = 0) = \{X_3 = 2\} \cap \{X_1 = 0\},$$

de sorte que

$$\begin{aligned}(X_3 = 2, X_1 = 0) &= \{Y_1 + Y_2 + Y_3 = 2\} \cap \{X_1 = 0\} \\ &= \{Y_1 = 0\} \cap \{Y_2 = 1\} \cap \{Y_3 = 1\}.\end{aligned}$$

Comme les Y_i sont indépendantes, on en déduit que

$$\begin{aligned}\mathbb{P}(X_3 = 2|X_1 = 0) &= \frac{\mathbb{P}(\{Y_1 = 0\} \cap \{Y_2 = 1\} \cap \{Y_3 = 1\})}{\mathbb{P}(X_1 = 0)} \\ &= \mathbb{P}(Y_2 = 1) \times \mathbb{P}(\{Y_3 = 1\} = p^2.\end{aligned}$$

On pouvait évidemment s'y attendre puisque lorsque $X_1 = 0$, alors, pour avoir 2 Piles à l'issue des trois premiers lancers il est nécessaire d'avoir Pile au second lancer (ce qui arrive avec une probabilité p) et au troisième lancer (ce qui arrive aussi avec une probabilité p). Les lancers étant indépendants, la probabilité recherchée est donc p^2.

4.8.2 Espérance conditionnelle par rapport à une variable aléatoire

Soit X et Y deux variables aléatoires et $j \in Y(\Omega)$. On souhaite parfois déterminer l'espérance de $f(X)$ conditionnellement à l'observation $Y = j$, pour f une fonction à valeurs réelles. Lorsque la loi de $X|Y = j$ est connue et lorsque $\mathbb{E}(|f(X)|) < \infty$, on calcule cette dernière expression à travers le résultat suivant.

Définition 4.8.2. *Soient X et Y deux variables aléatoires discrètes définies sur Ω. Soit $j \in Y(\Omega)$ (de sorte que $\mathbb{P}(Y = j) > 0$) et soit f une fonction définie sur $X(\Omega)$ et à valeurs réelles telle que $\mathbb{E}(|f(X)|) < +\infty$.*

1. *Alors, on a*

$$\begin{aligned}\mathbb{E}(f(X)|Y = j) &= \sum_{i \in X(\Omega)} f(i)\mathbb{P}(X = i|Y = j) \\ &= \frac{1}{\mathbb{P}(Y = j)} \sum_{i \in X(\Omega)} f(i)\mathbb{P}(X = i, Y = j).\end{aligned}$$

2. *Si ψ est la fonction définie sur $Y(\Omega)$ par : $\psi(j) = \mathbb{E}(f(X)|Y = j)$, alors on appelle espérance conditionnelle de $f(X)$ sachant Y la variable aléatoire $\mathbb{E}(f(X)|Y) := \psi(Y)$.*

Nous en déduisons la définition de la variance conditionnelle par rapport à une variable aléatoire.

Définition 4.8.3. *Soit X et Y deux variables aléatoires telles que $\mathbb{E}(X^2)$ finie (de sorte que $\mathbb{E}(X^2|Y)$ est bien définie). On définit la variance conditionnelle de X sachant Y par la variable aléatoire :*

$$\begin{aligned} Var(X|Y) &= \mathbb{E}\left[\left(X - \mathbb{E}(X|Y)\right)^2|Y\right] && (4.8.4)\\ &= \mathbb{E}(X^2|Y) - \left(\mathbb{E}(X|Y)\right)^2. && (4.8.5)\end{aligned}$$

Remarque 4.8.2. Remarquons que (4.8.5) s'obtient en développant (4.8.4) et en utilisant le point 1. des Propriétés 4.8.1 à venir. En effet

$$\mathbb{E}\left[\left(X - \mathbb{E}(X|Y)\right)^2|Y\right] = \mathbb{E}(X^2|Y) - 2\mathbb{E}\left(X\mathbb{E}(X|Y)|Y\right) + \mathbb{E}\left[\left(\mathbb{E}(X|Y)\right)^2|Y\right].$$

Or, en posant $\psi(Y) = \mathbb{E}(X|Y)$, il découle du point 1. des Propriétés 4.8.1. que

$$\mathbb{E}\left(X\mathbb{E}(X|Y)|Y\right) = \mathbb{E}\left(X\psi(Y)|Y\right) = \psi(Y)\mathbb{E}(X|Y) = \left(\mathbb{E}(X|Y)\right)^2.$$

D'autre part, en utilisant toujours le cas particulier des Propriétés 4.8.1, 1. on a

$$\mathbb{E}\left[\left(\mathbb{E}(X|Y)\right)^2|Y\right] = \mathbb{E}\left[(\psi(Y))^2|Y\right] = (\psi(Y))^2.$$

D'où,

$$\begin{aligned}\mathbb{E}\left[\left(X - \mathbb{E}(X|Y)\right)^2|Y\right] &= \mathbb{E}(X^2|Y) - 2\left(\mathbb{E}(X|Y)\right)^2 + \left(\mathbb{E}(X|Y)\right)^2\\ &= \mathbb{E}(X^2|Y) - \left(\mathbb{E}(X|Y)\right)^2.\end{aligned}$$

Exemple 4.8.3. Reprenons l'Exemple 4.8.2 et calculons $\mathbb{E}(X_3|X_1 = 0)$.

Réponse. La variable aléatoire X_3 est à valeurs dans $\{0, 1, 2, 3\}$. On a

$$\mathbb{E}(X_3|X_1 = 0) = \sum_{k=0}^{3} k\,\mathbb{P}(X_3 = k|X_1 = 0) = \sum_{k=0}^{2} k\,\mathbb{P}(X_3 = k|X_1 = 0),$$

car X_3 ne peut pas prendre la valeur 3 lorsque $X_1 = 0$. Donc,

$$\mathbb{E}(X_3|X_1 = 0) = \mathbb{P}(X_3 = 1|X_1 = 0) + 2\,\mathbb{P}(X_3 = 2|X_1 = 0).$$

Or, nous avons déjà calculé ce dernier terme dans l'Exemple 4.8.2. Le premier terme se calcule de la même façon et vaut :

$$\mathbb{P}(X_3 = 1|X_1 = 0) = \mathbb{P}(Y_2 = 0)\times\mathbb{P}(Y_3 = 1)+\mathbb{P}(Y_2 = 1)\times\mathbb{P}(Y_3 = 0) = 2p(1-p).$$

Par conséquent, $\mathbb{E}(X_3|X_1 = 0) = 2p^2 + 2p(1 - p) = 2p$.

Notons que ce résultat est tout à fait attendu. En effet, lorsque $X_1 = 0$, alors X_3 est une variable aléatoire de loi binomiale de paramètres $n = 2$ et p, donc, $\mathbb{E}(X_3|X_1 = 0) = 2p$.

Exemple 4.8.4. Revenons à l'Exemple 4.2.2 où on a considéré une urne qui contient 7 boules blanches et 4 boules rouges. On tire successivement et sans remise 2 boules de l'urne. On note X_i, $i = 1, 2$, la variable aléatoire qui vaut 1 si on tire une boule blanche au i-ième tirage et 0 si on tire une boule rouge au i-ième tirage.

On considère un jeu où on gagne 1 point si une boule blanche apparaît au i-ième lancer et on perd 2 points sinon.

1. Déterminer l'espérance du gain au premier tirage sachant qu'on a tiré une boule rouge au second.
2. Déterminer l'espérance du gain cumulé au second tirage sachant qu'on a tiré une boule blanche au premier.
3. Calculer la variance conditionnelle du gain au premier tirage sachant qu'on a tiré une boule rouge au second.

Réponse. 1. On remarque que perdre 2 points c'est gagner -2 points. Ce qui fait qu'au premier lancer on gagnera 1 point si $X_1 = 1$ et on perdra 2 points si $X_1 = 0$. La variable aléatoire X qui détermine le gain au premier lancer vaut donc $X = \mathbb{1}_{\{X_1=1\}} - 2\times\mathbb{1}_{\{X_1=0\}}$ et on veut calculer $\mathbb{E}(X|X_2 = 0)$. On a

$$\begin{aligned}
\mathbb{E}(X|X_2=0) &= 1\times\mathbb{P}(X=1|X_2=0) - 2\times\mathbb{P}(X=-2|X_2=0) \\
&= 1\times\mathbb{P}(X_1=1|X_2=0) - 2\times\mathbb{P}(X_1=0|X_2=0) \\
&= \frac{7}{10} - 2\times\frac{3}{10} = \frac{1}{10}.
\end{aligned}$$

2. Si on tire une boule blanche au premier tirage alors la variable aléatoire Y représentant le gain cumulé au second tirage vaut

$$Y = 2\times\mathbb{1}_{\{X_2=1\}} - 1\times\mathbb{1}_{\{X_2=0\}}$$

et on veut déterminer $\mathbb{E}(Y|X_1 = 1)$. On a

$$\begin{aligned}
\mathbb{E}(Y|X_1=1) &= 2\times\mathbb{P}(Y=2|X_1=1) - 1\times\mathbb{P}(Y=-1|X_1=1) \\
&= 2\times\mathbb{P}(X_2=1|X_1=1) - 1\times\mathbb{P}(X_2=0|X_1=1) \\
&= 2\times\frac{3}{5} - \frac{2}{5} = \frac{4}{5}.
\end{aligned}$$

3. On veut calculer Var$(X|X_2 = 0)$. Comme on a déjà calculé $\mathbb{E}(X|X_2 = 0)$, il suffit de déterminer $\mathbb{E}(X^2|X_2 = 0)$. On a

$$\begin{aligned}
\mathbb{E}(X^2|X_2=0) &= 1\times\mathbb{P}(X=1|X_2=0) + (-2)^2\times\mathbb{P}(X=-2|X_2=0) \\
&= 1\times\mathbb{P}(X_1=1|X_2=0) + 4\times\mathbb{P}(X_1=0|X_2=0) \\
&= \frac{7}{10} + 4\times\frac{3}{10} = \frac{19}{10}.
\end{aligned}$$

Par conséquent, $\text{Var}(X|X_2 = 0) = \frac{19}{10} - \frac{1}{100} = 1.89$.

4.8.3 Propriétés de l'espérance conditionnelle

Propriétés 4.8.1. *Soit X une variable aléatoire discrète définie sur Ω et f une fonction définie sur $X(\Omega)$ et à valeurs dans $\mathbb{R}$ telle que $\mathbb{E}(|f(X)|) < +\infty$. Alors on a :*

1. *Pour toute variable aléatoire discrète Z telle que $\mathbb{E}(|Z|) < +\infty$, on a $\mathbb{E}(Zf(X)|X) = f(X)\mathbb{E}(Z|X)$. En particulier, on a $\mathbb{E}(f(X)|X) = f(X)$.*
2. *Si Y est une variable aléatoire discrète indépendante de X, et h une fonction définie sur $X(\Omega) \times Y(\Omega)$ et à valeurs dans $\mathbb{R}$, telle que $\mathbb{E}(|h(X,Y)|) < +\infty$, alors $\mathbb{E}(h(X,Y)|Y) = \phi(Y)$, où $\phi(y) = \mathbb{E}(h(X,y))$. En particulier, $\mathbb{E}(f(X)|Y) = \mathbb{E}(f(X))$.*
3. *Pour toute variable aléatoire discrète Y, on a $\mathbb{E}\big(\mathbb{E}(f(X)|Y)\big) = \mathbb{E}(f(X))$.*
4. *(Inégalité de Jensen conditionnelle) Si f est une fonction convexe, alors pour toute variable aléatoire discrète Y, on a $f\big(\mathbb{E}(X|Y)\big) \leq \mathbb{E}(f(X)|Y)$.*

Démonstration. 1. Par définition, la variable aléatoire $\psi(X) = \mathbb{E}(Zf(X)|X)$ est telle que $\psi(i) = \mathbb{E}(Zf(X)|X = i)$, pour tout $i \in X(\Omega)$ tel que $\mathbb{P}(X = i) > 0$. Or,

$$\begin{aligned}
\mathbb{E}(Zf(X)|X = i) &= \sum_{\ell \in Z(\Omega)} \sum_{k \in X(\Omega)} \ell f(k)\, \mathbb{P}(Z = \ell, X = k | X = i) \\
&= \sum_{\ell \in Z(\Omega)} \sum_{k \in X(\Omega)} \ell f(k) \frac{\mathbb{P}(Z = \ell, X = k, X = i)}{\mathbb{P}(X = i)}.
\end{aligned}$$

On remarque que $\mathbb{P}(Z = \ell, X = k, X = i) = \mathbb{P}(Z = \ell, X = i)$ si $k = i$ et $\mathbb{P}(Z = \ell, X = k, X = i) = 0$ si $k \neq i$. De telle sorte que :
$\mathbb{P}(Z = \ell, X = k, X = i) = \mathbb{P}(Z = \ell, X = i) \times \mathbb{1}_{\{i\}}(k)$ et

$$\begin{aligned}
\mathbb{E}(f(X)|X = i) &= \sum_{\ell \in Z(\Omega)} \sum_{k \in X(\Omega)} \ell f(k) \mathbb{P}(Z = \ell | X = i) \times \mathbb{1}_{\{i\}}(k) \\
&= f(i) \sum_{\ell \in Z(\Omega)} \ell\, \mathbb{P}(Z = \ell | X = i) \\
&= f(i)\, \mathbb{E}(Z|X = i).
\end{aligned}$$

Par conséquent, $\psi(X) = f(X)\mathbb{E}(Z|X)$. Le cas particulier s'obtient en posant $Z \equiv 1$.

2. Par définition, la v.a. $\psi(Y) = \mathbb{E}(h(X,Y)|Y)$ est telle que $\psi(j) = \mathbb{E}(h(X,Y)|Y = j)$ pour tout $j \in Y(\Omega)$. Donc,

$$\mathbb{E}(h(X,Y)|Y = j) = \sum_{i \in X(\Omega)} \sum_{k \in Y(\Omega)} h(i,k)\, \mathbb{P}(X = i, Y = k | Y = j).$$

On montre comme précédemment que $\mathbb{P}(X = i, Y = k | Y = j) = \mathbb{P}(X = i | Y = j) \times \mathbb{1}_{\{j\}}(k)$. Il s'en suit que

$$\begin{aligned}
\mathbb{E}(h(X,Y)|Y = j) &= \sum_{i \in X(\Omega)} \sum_{k \in Y(\Omega)} h(i,k)\, \mathbb{P}(X = i | Y = j) \times \mathbb{1}_{\{j\}}(k) \\
&= \sum_{i \in X(\Omega)} h(i,j)\, \mathbb{P}(X = i | Y = j)
\end{aligned}$$

Comme X et Y sont indépendantes alors, $\mathbb{P}(X = i|Y = j) = \mathbb{P}(X = i)$, de sorte que $\psi(j) = \mathbb{E}(h(X,Y)|Y = j) = \mathbb{E}(h(X,j))$. Donc, pour toute v.a. Y indépendante de X, $\psi(Y) = \phi(Y)$ où $\phi(y) = \mathbb{E}(h(X,y))$. Si en particulier $h(x,y) = f(x)$ on obtient $\mathbb{E}(f(X)|Y) = \mathbb{E}(f(X))$.

3. Par définition, la variable aléatoire $\psi(Y) = \mathbb{E}(f(X)|Y)$ est telle que $\psi(j) = \mathbb{E}(f(X)|Y=j)$ pour tout $j \in Y(\Omega)$. Par conséquent $\mathbb{E}\big(\mathbb{E}(f(X)|Y)\big) = \mathbb{E}(\psi(Y))$. Il s'en suit que

$$\begin{aligned}
\mathbb{E}\big(\mathbb{E}(f(X)|Y)\big) &= \sum_{j\in Y(\Omega)} \psi(j)\mathbb{P}(Y=j)\\
&= \sum_{j\in Y(\Omega)} \Big(\sum_{i\in X(\Omega)} f(i)\,\mathbb{P}(X=i|Y=j)\Big)\mathbb{P}(Y=j).
\end{aligned}$$

En intervertissant les deux sommes et en utilisant la définition de la probabilité conditionelle on obtient :

$$\mathbb{E}\big(\mathbb{E}(f(X)|Y)\big) = \sum_{i\in X(\Omega)} f(i) \sum_{j\in Y(\Omega)} \mathbb{P}(X=i, Y=j)$$

$$= \sum_{i\in X(\Omega)} f(i)\,\mathbb{P}(X=i) = \mathbb{E}(f(X)).$$

3. Pour tout $j \in Y(\Omega)$ on a : $f(\mathbb{E}(X|Y=j)) = f\big(\sum_{i\in X(\Omega)} i\,p_j(i)\big)$ où $p_j(i) = \mathbb{P}(X=i|Y=j)$. Or, d'après la Remarque 4.8.1, $\sum_{i\in X(\Omega)} p_j(i) = 1$. On déduit donc de l'inégalité de Jensen (Propriétés 3.5.1, 4.) que $f\big(\sum_{i\in X(\Omega)} i\,p_j(i)\big) \leq \sum_{i\in X(\Omega)} f(i)\,p_j(i)\big) = \mathbb{E}(f(X|Y=j)$. On a montré que pour tout $j \in Y(\Omega)$, $f(\mathbb{E}(X|Y=j) \leq \mathbb{E}(f(X|Y=j))$. C'est-à-dire, $f(\mathbb{E}(X|Y) \leq \mathbb{E}(f(X|Y))$. □

Exemple 4.8.5. Reprenons l'Exemple 4.8.2 et calculons $\mathbb{E}(X_3|X_1)$.

Réponse. On sait que $X_3 = X_1+Y_2+Y_3$. Donc, en utilisant la linéarité de l'espérance conditionnelle on a $\mathbb{E}(X_3|X_1) = \mathbb{E}(X_1|X_1) + \mathbb{E}(Y_2|X_1) + \mathbb{E}(Y_3|X_1)$. Comme Y_2 est indépendante de X_1 on a $\mathbb{E}(Y_2|X_1) = \mathbb{E}(Y_2)$ (voir Propriété 4.8.1, 2.). De même, $\mathbb{E}(Y_3|X_1) = \mathbb{E}(Y_3)$. D'autre part, on déduit de la Propriété 4.8.1, 1., que $\mathbb{E}(X_1|X_1) = X_1$. Au final, comme $\mathbb{E}(Y_2) = \mathbb{E}(Y_3) = p$, on a : $\mathbb{E}(X_3|X_1) = X_1 + 2p$. Cela se lit comme l'espérance d'une loi Binomiale de paramètres $n = 2$ et p (c'est la loi de $Y_2 + Y_3$), plus, la valeur de X_1. Ce qui est tout à fait attendu.

Exercice 4.8.1. Reprendre l'Exemple 4.8.2 et calculer $\mathbb{E}(X_1|X_3)$.

4.9 Fonction génératrice d'un vecteur aléatoire discret

Dans cette partie, nous allons étendre les résultats de la Section 4.7 sans démonstrations pour des vecteurs aléatoires. Dans toute cette partie d est un entier supérieur ou égal à 2.

Définition 4.9.1. *Soit $X = (X_1, \cdots, X_d)$ un vecteur aléatoire à valeurs dans $\mathbb{N}^d$. On appelle fonction génératrice des probabilités de X, la fonction notée g_X et définie par :*

$$g_X(s) = \mathbb{E}(s_1^{X_1} \cdots s_d^{X_d}), \;\; \forall s = (s_1, \cdots, s_d) \in [0,1]^d.$$

Remarque 4.9.1. La fonction g_X est bien définie, en effet, par la formule du transfert :

$$\begin{aligned} g_X(s) &= \mathbb{E}(s_1^{X_1}\cdots s_d^{X_d}) \\ &= \sum_{0\leq k_1,\cdots,k_d<+\infty} s_1^{k_1}\cdots s_1^{k_d}\mathbb{P}(X_1=k_1,\cdots,X_d=k_d) \\ &\leq \sum_{0\leq k_1,\cdots,k_d<+\infty} \mathbb{P}(X_1=k_1,\cdots,X_d=k_d) \\ &\leq 1, \end{aligned}$$

quelque soit $s=(s_1,\cdots,s_d)\in[0,1]^d$.

Exemple 4.9.1. On lance simultanément deux pièces équilibrées et on note par X_i, $i=1,2$, la variable aléatoire égale à 1 si le $i$ème lancer donne pile et 0 sinon. On pose $X=(X_1,X_2)$. Dans ce cas

$$\mathbb{P}(X_1=i,X_2=j) = \frac{1}{4}, \ \forall i,j\in\{0,1\},$$

et $\forall s_1,s_2\in[0,1]$, on a

$$\begin{aligned} g_X(s_1,s_2)=\mathbb{E}(s_1^{X_1}s_2^{X_2}) &= \sum_{0\leq i,j\leq 1} s_1^i s_2^j\mathbb{P}(X_1=i,X_2=j) \\ &= \frac{1}{4}\left(1+s_1+s_2+s_1s_2\right), \end{aligned}$$

pour tout $s_1,s_2\in[0,1]$.

On définit l'ensemble $E=E(d)$ comme :

$$E = \{s=(s_1,\cdots,s_d)\in[0,1]^d, \ \exists i,j\in\{1,\cdots,d\}, i\neq j, \ s_i<1, s_j=1\}.$$

Si par exemple $d=2$, les points $(1,\frac{1}{2})$, $(\frac{2}{3},1)$ appartiennent à E tandis que $(1,1)$ et $(\frac{1}{2},\frac{2}{3})$ n'appartiennent pas à E.

La proposition suivante parle de la continuité et de l'existence des dérivées partielles de g.

Proposition 4.9.1. *Soit X un vecteur aléatoire à valeurs dans $\mathbb{N}^d$, alors sa fonction génératrice g_X admet des dérivées partielles continues de tous les ordres et dans toutes les directions sur $[0,1[^d\cup E$ (on dit qu'elle est $\mathcal{C}^\infty$ sur $[0,1[^d\cup E$). De plus, $\forall k_1,\cdots,k_d\in\mathbb{N}$, on a :*

$$\mathbb{P}\left(X_1=k_1,\cdots,X_d=k_d\right) = \frac{1}{\left[\prod_{j=1}^d k_j!\right]}\cdot\frac{\partial^{k_1+\cdots+k_d}g_X}{\partial s_1^{k_1}\cdots\partial s_d^{k_d}}(0,\cdots,0),$$

et pour tout $j\in\{1,\cdots,d\}$, en posant $1(j)$ l'élément de E de composantes toutes égales à 1 sauf la j-ième qui est égale à 0, on a alors

$$\mathbb{P}\left(X_j = k\right) = \frac{1}{k!}\cdot\frac{\partial^k g_X(1(j))}{\partial s_j^k}, \ \forall k\in\mathbb{N},$$

avec $\frac{\partial^0 g_X}{\partial s_j^0} = g_X$.

Exemple 4.9.2. Revenons à l'Exemple 4.9.1, la fonction génératrice de $X = (X_1, X_2)$ est donnée par : $g_X(s_1, s_2) = \frac{1}{4}(1 + s_1 + s_2 + s_1 s_2)$, $\forall s_1, s_2 \in [0, 1]$. On retrouve la loi de X en dérivant, comme par exemple :

$$\frac{\partial^2 g}{\partial s_1 \partial s_2}(0,0) = \frac{1}{4} = \mathbb{P}(X_1 = 1, X_2 = 1).$$

On retrouve également la loi de X_1 par :

$$\mathbb{P}(X_1 = 0) = g_X(0,1) = \frac{1}{4} + \frac{1}{4} = \frac{1}{2},$$

et

$$\mathbb{P}(X_1 = 1) = \frac{\partial g}{\partial s_1}(0,1) = \frac{1}{4} + \frac{1}{4} = \frac{1}{2},$$

qui, comme on pouvait s'y attendre, est une loi de Bernoulli de paramètre $\frac{1}{2}$.

Remarque 4.9.2. *Dans le même ordre d'idée que la Proposition 4.9.1, si $j_1, j_2 \in \{1, \cdots, d\}$ et $j_1 \neq j_2$, la loi jointe (X_{j_1}, X_{j_2}) de ces composantes de X est donnée par :*

$$\mathbb{P}(X_{j_1} = k_1, X_{j_1} = k_2) = \frac{1}{k_1! k_2!} \cdot \frac{\partial^{k_1+k_2} g_X}{\partial s_{j_1}^{k_1} \partial s_{j_2}^{k_2}}(1(j_1, j_2)), \quad \forall k_1, k_2 \in \mathbb{N},$$

où $1(j_1, j_2)$ est l'élément de E de composantes toutes égales à 1 sauf la j_1-ième et la j_2-ième qui sont égales à 0.

Donnons à présent une généralisation partielle de la Proposition 4.7.3 :

Proposition 4.9.2. *Soit $X = (X_1, \cdots, X_d)$ un vecteur aléatoire à valeurs dans $\mathbb{N}^d$ et g_X sa fonction génératrice. Pour tous entiers $k_1, \cdots, k_d \in \mathbb{N}$ tels que $\mathbb{E}\left(X_1^{k_1} \cdots X_d^{k_d}\right) < +\infty$, on a : $\frac{\partial^{k_1+\cdots+k_d}}{\partial s_1^{k_1} \cdots \partial s_d^{k_d}} g_X(1, \cdots, 1)$*

$$= \mathbb{E}\big([X_1(X_1-1)\cdots(X_1-k_1+1)] \cdots [X_d(X_d-1)\cdots(X_d-k_d+1)] \big).$$

En particulier, pour tout $j \in \{1, \cdots, d\}$ et pour tout $k \in \mathbb{N}$, tels que $\mathbb{E}(X_j^k) < +\infty$, on a :

$$\frac{\partial^k g_X}{\partial s_j^k}(1, \cdots, 1) = \mathbb{E}\left[X_j(X_j-1)\cdots(X_j-k+1)\right].$$

Exemple 4.9.3. Revenant encore une fois à l'Exemple 4.9.1, on retrouve les valeurs suivantes :

$$\mathbb{E}(X_1 X_2) = \frac{\partial^2 g}{\partial s_1 \partial s_2}(1,1) = \frac{1}{4},$$

et

$$\mathbb{E}(X_1) = \frac{\partial g}{\partial s_1}(1,1) = \frac{1}{4} + \frac{1}{4} = \frac{1}{2}.$$

On a encore :

$$\frac{\partial^2 g}{\partial s_1^2}(1,1) = \mathbb{E}(X_1(X_1-1)) = 0, \text{ d'où } \mathbb{E}(X_1^2) = \mathbb{E}(X_1) = \frac{1}{2},$$

d'où on retrouve :

$$\mathrm{Var}(X_1) = \mathbb{E}(X_1^2) - (\mathbb{E}(X_1))^2 = \frac{1}{2} - \frac{1}{4} = \frac{1}{4}.$$

Remarque 4.9.3. *Si $k_1, k_2 \in \mathbb{N}$ et $j_1 < j_2$ avec $j_1, j_2 \in \{1, \cdots, d\}$, sont tels que $\mathbb{E}\left(X_{j_1}^{k_1} X_{j_2}^{k_2}\right) < +\infty$, alors, en posant $\partial_{g_X}^{k_1,k_2} = \frac{\partial^{k_1+k_2} g_X}{\partial x_{j_1}^{k_1} \partial x_{j_2}^{k_2}}(1, \cdots, 1)$, on a :*

$$\partial_{g_X}^{k_1,k_2} = \mathbb{E}\left[X_{j_1}(X_{j_1} - 1) \cdots (X_{j_1} - k_1 + 1) . X_{j_2}(X_{j_2} - 1) \cdots (X_{j_2} - k_2 + 1)\right].$$

Nous nous intéressons maintenant à la relation entre la fonction génératrice et indépendance à travers la proposition suivante :

Proposition 4.9.3. *Soit $X_1, \cdots, X_d$ une suite de variables aléatoires indépendantes et à valeurs dans $\mathbb{N}$. Alors ces variables aléatoires sont indépendantes si et seulement si la fonction génératrice g du vecteur $(X_1, \cdots, X_d)$ vérifie :*

$$g(s_1, \cdots, s_d) = g_{X_1}(s_1) \cdots g_{X_d}(s_d), \; \forall s_1, \cdots, s_d \in [0, 1], \tag{4.9.1}$$

où on désigne par g_{X_i} la fonction génératrice de X_i pour $i = 1, \cdots, d$.

Démonstration. Si $X_1, \cdots, X_d$ sont indépendantes, alors la fonction génératrice g du vecteur $(X_1, \cdots, X_d)$ vérifie :

$$g(s_1, \cdots, s_d) = \mathbb{E}\left(s_1^{X_1} \cdots s_d^{X_d}\right),$$

et en utilisant le point 5.) de la Proposition 4.5.1, on obtient :

$$g(s_1, \cdots, s_d) = \mathbb{E}\left(s_1^{X_1}\right) \cdots \mathbb{E}\left(s_d^{X_d}\right) = g_{X_1}(s_1) \cdots g_{X_d}(s_d),$$

$\forall s_1, \cdots, s_d \in [0, 1]$, d'où la première implication.
Si maintenant l'équation (4.9.1) est vérifiée, pour toute suite $k_1, \cdots, k_d \in \mathbb{N}$, en dérivant plusieurs fois cette égalité, on obtient :

$$\frac{\partial^{k_1+\cdots+k_d} g}{\partial s_1^{k_1} \cdots \partial s_d^{k_d}}(s_1, \cdots, s_d) = \frac{\partial^{k_1} g_{X_1}}{\partial x_1^{k_1}}(s_1) \cdots \frac{\partial^{k_d} g_{X_d}}{\partial x_d^{k_d}}(s_d),$$

pour $s_1, \cdots, s_d \in [0, 1[$.
En utilisant les propositions 4.9.1 et 4.7.2, on obtient :

$$\begin{aligned}
\mathbb{P}(X_1 = k_1, \cdots, X_d = k_d) &= \frac{1}{\left[\prod_{j=1}^{d} k_j!\right]} \cdot \frac{\partial^{k_1+\cdots+k_d} g_X}{\partial s_1^{k_1} \cdots \partial s_d^{k_d}}(0, \cdots, 0) \\
&= \frac{1}{\left[\prod_{j=1}^{d} k_j!\right]} \cdot \frac{\partial^{k_1} g_{X_1}}{\partial x_1^{k_1}}(0) \cdots \frac{\partial^{k_d} g_{X_d}}{\partial x_d^{k_d}}(0) \\
&= \frac{1}{k_1!} \frac{\partial^{k_1} g_{X_1}}{\partial x_1^{k_1}}(0) \cdots \frac{1}{k_d!} \frac{\partial^{k_d} g_{X_d}}{\partial x_d^{k_d}}(0) \\
\mathbb{P}(X_1 = k_1, \cdots, X_d = k_d) &= \mathbb{P}(X_1 = k_1) \cdots \mathbb{P}(X_d = k_d),
\end{aligned}$$

$\forall k_1, \cdots, k_d \in \mathbb{N}$. D'après la Définition 4.5.1, on déduit l'indépendance des variables $X_1, \cdots, X_d$. □

On déduit de la Proposition 4.9.3, le corollaire suivant :

Corollaire 4.9.1. *Les variables aléatoires à valeurs dans* $\mathbb{N}$, X *et* Y *sont indépendantes si et seulement si, pour tout* $u, v \in [0,1]$ *on a :*

$$g_{(X,Y)}(u,v) = g_X(u)g_Y(v). \tag{4.9.2}$$

Donnons à présent un exemple de calcul de la fonction génératrice :

Exemple 4.9.4. Soit $n \geq 2$ et $d \geq 1$ deux entiers naturels fixés et $p_1, \cdots, p_d$ des réels appartenant à l'ensemble $]0,1[$ tels que $\sum_{j=1}^{d} p_j = 1$. On considère alors un vecteur aléatoire $X = (X_1, \cdots, X_d)$ suivant une loi multinomiale de paramètres n et $p_1, \cdots, p_d$, c'est-à-dire,

$$\mathbb{P}(X_1 = i_1, \cdots, X_d = i_d) = \frac{n!}{i_1! \cdots i_d!} p_1^{i_1} \cdots p_d^{i_d},$$

où $i_1 + \cdots + i_d = n$. (on donnera plus de précisions sur cette loi dans la Section 4.11). Sa fonction génératrice g est donnée pour tout $s_1, \cdots, s_d \in [0,1]$ par :

$$\begin{aligned}
g(s_1, \cdots, s_d) &= \mathbb{E}\left(s_1^{X_1} \cdots s_d^{X_d}\right) \\
&= \sum_{0 \leq k_1, \cdots, k_d \leq n, \ \sum_{j=1}^{d} k_j = n} s_1^{k_1} . \cdots . s_d^{k_d} \mathbb{P}(X_1 = k_1, \cdots, X_d = k_d) \\
&= \sum_{0 \leq k_1, \cdots, k_d \leq n, \ \sum_{j=1}^{d} k_j = n} s_1^{k_1} . \cdots . s_d^{k_d} \frac{n!}{k_1! \cdots k_d!} p_1^{i_1} \cdots p_d^{i_d} \\
&= \sum_{0 \leq k_1, \cdots, k_d \leq n, \ \sum_{j=1}^{d} k_j = n} \frac{n!}{k_1! \cdots k_d!} (p_1 s_1)^{k_1} . \cdots . (p_d s_d)^{k_d}.
\end{aligned}$$

En utilisant la formule du multinôme (voir égalité (4.11.2)), on voit que :

$$\sum_{0 \leq k_1, \cdots, k_d \leq n, \ \sum_{j=1}^{d} k_j = n} \frac{n!}{k_1! \cdots k_d!} (p_1 s_1)^{k_1} . \cdots . (p_d s_d)^{k_d} = (p_1 s_1 + \cdots + p_d s_d)^n .$$

On en déduit que la fonction génératrice g du vecteur aléatoire $X = (X_1, \cdots, X_d)$, suivant une loi multinomiale, est donnée par :

$$g(s_1, \cdots, s_d) = (p_1 s_1 + \cdots + p_d s_d)^n, \ \forall s_1, \cdots, s_d \in [0,1].$$

4.10 Covariance et Coefficient de corrélation linéaire

La covariance entre deux variables aléatoires X et Y est une quantité qui généralise la notion de variance. Elle mesure la dispersion (simultanée) entre les valeurs de X et Y et leurs moyennes. La matrice de covariance généralise la notion de covariance à un vecteur aléatoire.

4.10.1 Covariance et ses propriétés

Définition 4.10.1. *1. Soit* X_1 *et* X_2 *deux variables discrètes de variances finies, la covariance entre* X_1 *et* X_2*, notée* $Cov(X_1, X_2)$ *est définie par*

$$Cov(X_1, X_2) = \mathbb{E}\left[(X_1 - \mathbb{E}(X_1))(X_2 - \mathbb{E}(X_2))\right]. \tag{4.10.1}$$

2. *Soit $X = (X_1, \ldots, X_d)$ un vecteur aléatoire pour lequel chaque composante est de variance finie. On appelle matrice de covariance de X, notée parfois Σ_X, la matrice carrée d'ordre d dont le terme (i, j) est donné par Cov(X_i, X_j).*

Remarquons que partant de (4.10.1) et en utilisant la linéarité de l'espérance et le fait que $\mathbb{E}(X)$ est une constante (pour toute variable aléatoire X), on obtient :

$$\begin{aligned}
\text{Cov}(X_1, X_2) &= \mathbb{E}\big[X_1X_2 - X_1\mathbb{E}(X_2) - X_2\mathbb{E}(X_1) + \mathbb{E}(X_1)\,\mathbb{E}(X_2)\big] \\
&= \mathbb{E}(X_1X_2) - \mathbb{E}\big(X_1\mathbb{E}(X_2)\big) - \mathbb{E}\big(X_2\mathbb{E}(X_1)\big) + \mathbb{E}(X_1)\,\mathbb{E}(X_2) \\
&= \mathbb{E}(X_1X_2) - \mathbb{E}(X_1)\mathbb{E}(X_2) - \mathbb{E}(X_2)\mathbb{E}(X_1) + \mathbb{E}(X_1)\,\mathbb{E}(X_2) \\
&= \mathbb{E}(X_1X_2) - \mathbb{E}(X_1)\,\mathbb{E}(X_2).
\end{aligned}$$

D'autre part, en définissant l'espérance du vecteur aléatoire $X = (X_1, \ldots, X_d)$ par $\mathbb{E}(X) = (\mathbb{E}(X_1), \ldots, \mathbb{E}(X_d))$ et l'espérance d'une matrice de variables aléatoires comme étant l'espérance de chacune des composantes de la matrice, on peut écrire la matrice de covariance Σ_X comme $\Sigma_X = \mathbb{E}\big[\big(X - \mathbb{E}(X)\big)^T \big(X - \mathbb{E}(X)\big)\big]$. D'où la remarque suivante.

Remarque 4.10.1. 1. La covariance entre X_1 et X_2 s'écrit de façon équivalente comme

$$\text{Cov}(X_1, X_2) = \mathbb{E}(X_1X_2) - \mathbb{E}(X_1)\,\mathbb{E}(X_2). \tag{4.10.2}$$

2. Si $X = (X_1, \ldots, X_d)$ est un vecteur aléatoire, alors, sa matrice de covariance peut s'écrire

$$\Sigma_X = \mathbb{E}\big[\big(X - \mathbb{E}(X)\big)^T \big(X - \mathbb{E}(X)\big)\big].$$

Exemple 4.10.1. Reprenons l'Exemple 4.8.2 et calculons la matrice de covariance du vecteur $X = (X_1, X_2)$.

Réponse. La matrice de covariance de X est donnée par

$$\Sigma_X = \begin{pmatrix} \text{Var}(X_1) & \text{Cov}(X_1, X_2) \\ \text{Cov}(X_1, X_2) & \text{Var}(X_2) \end{pmatrix}.$$

Calculons chaque composante de Σ_X. Notons que la variable aléatoire X_1 (resp. X_2) est à valeurs dans $\{0, 1\}$ (resp. $\{0, 1, 2\}$). On sait aussi que X_1 suit une loi de Bernoulli de paramètre p et que X_2 suit une loi binomiale de paramètres $n = 2$ et p. Par conséquent, on a $\mathbb{E}(X_1) = p$, $\mathbb{E}(X_2) = 2p$,

$$\text{Var}(X_1) = p(1-p) \qquad \text{et} \qquad \text{Var}(X_2) = 2p(1-p).$$

D'autre part,

$$\mathbb{E}(X_1X_2) = \mathbb{E}(X_1(X_1 + Y_2)) = \mathbb{E}(X_1^2) + \mathbb{E}(X_1Y_2).$$

Comme $\mathbb{E}(X_1) = p$, alors, $\mathbb{E}(X_1^2) = \text{Var}(X_1) + (\mathbb{E}(X_1))^2 = p(1-p) + p^2 = p$. Par ailleurs, puisque $X_1 = Y_1$ et Y_2 sont indépendantes, on a $\mathbb{E}(X_1Y_2) = \mathbb{E}(X_1)\mathbb{E}(Y_2) = p^2$. On en déduit que $\mathbb{E}(X_1X_2) = p(1+p)$ et finalement :

$$\text{Cov}(X_1, X_2) = \mathbb{E}(X_1X_2) - \mathbb{E}(X_1)\mathbb{E}(X_2) = p(1+p) - 2p^2 = p(1-p).$$

On a donc

$$\Sigma_X = \begin{pmatrix} p(1-p) & p(1-p) \\ p(1-p) & 2p(1-p) \end{pmatrix}.$$

Proposition 4.10.1. *Si deux variables aléatoires X_1 et X_2 sont indépendantes, alors*

$$Cov(X_1, X_2) = 0. \tag{4.10.3}$$

Démonstration. Il découle de (4.5.6) (en posant $d = 2$) que si X_1 et X_2 sont indépendantes alors $\mathbb{E}(X_1X_2) = \mathbb{E}(X_1)\mathbb{E}(X_2)$. D'où en utilisant (4.10.2), on a $\text{Cov}(X_1, X_2) = 0$. □

Remarque 4.10.2. La réciproque de la Proposition 4.10.1 n'est pas vraie. En effet, considérons une variable aléatoire symétrique X, c'est-à-dire, d'espérance nulle. On suppose par exemple que $\mathbb{P}(X = 0) = p > 0$, $\mathbb{P}(X = i) = \frac{1-p}{2}$, pour $i = -1, 1$. Par ailleurs, on pose $Y = \mathbb{1}_{\{X=0\}}$.

On a d'une part, $\mathbb{P}(X = 0, Y = 0) = 0$ et d'autre part, $\mathbb{P}(Y = 0) = \mathbb{P}(X \neq 0) = 1 - p$. Ce qui fait que

$$0 = \mathbb{P}(X = 0, Y = 0) \neq \mathbb{P}(X = 0)\mathbb{P}(Y = 0) = p(1 - p).$$

Par conséquent, X et Y ne sont pas indépendantes. Par ailleurs, $\mathbb{E}(XY) = \mathbb{E}(X\mathbb{1}_{\{X=0\}}) = 0$ tandis que $\mathbb{E}(X) = 0$ et $\mathbb{E}(Y) = \mathbb{P}(X = 0) = p$. Il s'en suit que $\text{Cov}(X, Y) = 0$.

Nous donnons ci-après quelques propriétés de la covariance.

Propriétés 4.10.1. *Soit X, Y, $X_1, \ldots, X_d$ et $Y_1, \ldots, Y_q$ des variables aléatoires réelles, de variances finies. Alors*

1. *$Cov(X, c) = 0$ pour tout $c \in \mathbb{R}$.*
2. *$Cov(X, Y) = Cov(Y, X)$.*
3. *$Cov(X, X) = Var(X)$.*
4. *$Cov(X + a, Y + b) = Cov(X, Y)$, pour tout $a, b \in \mathbb{R}$.*
5. *$Cov(aX, bY) = abCov(X, Y)$, pour tout $a, b \in \mathbb{R}$.*
6. *Si les a_i et les b_j sont des réels on a*

$$Cov\Big(\sum_{i=1}^{d} a_iX_i, \sum_{j=1}^{q} b_jY_j\Big) = \sum_{i=1}^{d}\sum_{j=1}^{q} a_i\, b_j\, Cov(X_i, Y_j). \tag{4.10.4}$$

En particulier

$$\begin{aligned} Var\Big(\sum_{i=1}^{d} X_i\Big) &= \sum_{i=1}^{d} Var(X_i) + \sum_{i \neq j} Cov(X_i, X_j) \\ &= \sum_{i=1}^{d} Var(X_i) + 2\sum_{i<j} Cov(X_i, X_j). \end{aligned} \tag{4.10.5}$$

Démonstration. 1., 2., 3. et 4. découlent directement de la définition de la covariance. 5. est un cas particulier de 6. que nous allons démontrer. En posant $X_a^i = a_iX_i$ et

$Y_b^j = b_j Y_j$ on a

$$\begin{aligned}
\text{Cov}\Big(\sum_{i=1}^{d} X_a^i, \sum_{j=1}^{q} Y_b^j\Big) &= \mathbb{E}\Big[\Big(\sum_{i=1}^{d} X_a^i - \sum_{i=1}^{d} \mathbb{E}(X_a^i)\Big)\Big(\sum_{j=1}^{q} Y_b^j - \sum_{j=1}^{q} \mathbb{E}(Y_b^j)\Big)\Big] \\
&= \mathbb{E}\Big[\Big(\sum_{i=1}^{d} a_i(X_i - \mathbb{E}(X_i))\Big)\Big(\sum_{j=1}^{q} b_j(Y_j - \mathbb{E}(Y_j))\Big)\Big] \\
&= \mathbb{E}\Big[\sum_{i=1}^{d}\sum_{j=1}^{q} a_i b_j (X_i - \mathbb{E}(X_i))(Y_j - \mathbb{E}(Y_j))\Big] \\
&= \sum_{i=1}^{d}\sum_{j=1}^{q} a_i b_j \mathbb{E}\Big[(X_i - \mathbb{E}(X_i))(Y_j - \mathbb{E}(Y_j))\Big].
\end{aligned}$$

Pour terminer, il suffit de remarquer que $\mathbb{E}\big[(X_i - \mathbb{E}(X_i))(Y_j - \mathbb{E}(Y_j))\big] = \text{Cov}(X_i, Y_j)$.

Pour le cas particulier on a

$$\begin{aligned}
\text{Var}\Big(\sum_{i=1}^{d} X_i\Big) &= \text{Cov}\Big(\sum_{i=1}^{d} X_i, \sum_{j=1}^{d} X_j\Big) \\
&= \sum_{i=1}^{d}\sum_{j=1}^{d} \text{Cov}(X_i, X_j) \\
&= \sum_{i=1}^{d} \text{Var}(X_i) + \sum_{i \neq j} \text{Cov}(X_i, X_j).
\end{aligned}$$

D'autre part, il découle de 2. que $\sum_{i \neq j} \text{Cov}(X_i, X_j) = 2\sum_{i<j} \text{Cov}(X_i, X_j)$. Ce qui met fin à la preuve. □

Remarque 4.10.3. *Les Propriétés 4.10.1, 2. et 6. précédentes nous montrent que la covariance est bilinéaire, symétrique sur $L_2 \times L_2$, où L_2 désigne ici l'ensemble des variables aléatoires discrètes et à valeurs réelles, munies d'un moment d'ordre deux.*

Corollaire 4.10.1. On déduit de (4.10.5) que si $X_1, \ldots, X_n$ sont indépendantes alors

$$\text{Var}\Big(\sum_{i=1}^{d} X_i\Big) = \sum_{i=1}^{d} \text{Var}(X_i). \tag{4.10.6}$$

Exemple 4.10.2. Soit X une variable aléatoire de variance $\sigma_X^2 > 0$ et soit Y une variable définie par $Y = aX + b, \quad a, b \in \mathbb{R}$. Calculer $\text{Cov}(X, Y)$ et en déduire la valeur de a.

Réponse. On a $\text{Cov}(X, Y) = \text{Cov}(X, aX + b) = a\text{Cov}(X, X) = a\text{Var}(X)$. On en déduit que

$$a = \frac{\text{Cov}(X, Y)}{\text{Var}(X)} = \frac{\text{Cov}(X, Y)}{\sigma_X^2}.$$

4.10.2 Coefficient de corrélation linéaire

Définition 4.10.2. *Soit X et Y deux variables aléatoires de variances finies et non nulles. Le coefficient de corrélation linéaire $\rho_{X,Y}$ entre X et Y est définie par*

$$\rho_{X,Y} = \frac{Cov(X,Y)}{\sigma_X \sigma_Y} \tag{4.10.7}$$

où $\sigma_X = \sqrt{Var(X)}$ et $\sigma_Y = \sqrt{Var(Y)}$ sont les écarts-types de X et Y.

Proposition 4.10.2. *Pour toutes variables aléatoires X et Y de variances finies et non nulles on a*

$$-1 \leq \rho_{X,Y} \leq 1. \tag{4.10.8}$$

Démonstration. Comme une variance est toujours positive, on a d'après (4.10.4) :

$$\begin{aligned} 0 \leq \mathrm{Var}\Big(\frac{X}{\sigma_X} - \frac{Y}{\sigma_Y}\Big) &= \frac{1}{\sigma_X^2}\mathrm{Var}(X) + \frac{1}{\sigma_Y^2}\mathrm{Var}(Y) - 2\,\frac{\mathrm{Cov}(X,Y)}{\sigma_X \sigma_Y} \\ &= 2(1-\rho_{X,Y}). \end{aligned}$$

On en déduit que $2(1-\rho_{X,Y}) \geq 0$. Autrement dit $\rho_{X,Y} \leq 1$. D'autre part, on a :

$$\begin{aligned} 0 \leq \mathrm{Var}\Big(\frac{X}{\sigma_X} + \frac{Y}{\sigma_Y}\Big) &= \frac{1}{\sigma_X^2}\mathrm{Var}(X) + \frac{1}{\sigma_Y^2}\mathrm{Var}(Y) + 2\,\frac{\mathrm{Cov}(X,Y)}{\sigma_X \sigma_Y} \\ &= 2(1+\rho_{X,Y}). \end{aligned}$$

On en déduit comme précédemment que $1 + \rho_{X,Y} \geq 0$. □

Exemple 4.10.3. Soit X une variable aléatoire de variance $\sigma_X^2 > 0$ et soit Y une variable définie par $Y = aX + b$, $b \in \mathbb{R}$ et $a \in \mathbb{R}\backslash\{0\}$. Calculer $\rho_{X,Y}$.

Réponse. On a vu que $\mathrm{Cov}(X,Y) = a\mathrm{Var}(X)$. D'autre part, $\sigma_Y = \sqrt{\mathrm{Var}(aX+b)}$ $= \sqrt{a^2\mathrm{Var}(X)} = |a|\sigma_X$. On en déduit que $\rho_{X,Y} = 1$ si $a > 0$ et $\rho_{X,Y} = -1$ si $a < 0$.

4.11 Exemples de vecteurs aléatoires

4.11.1 Loi multinomiale

Soit $d \in \mathbb{N}\backslash\{0,1\}$ et $n \in \mathbb{N}^\star$ des entiers fixés, soit également des réels $p_1, \cdots, p_d \in]0,1[$, vérifiant :

$$\sum_{k=1}^{d} p_k = 1.$$

Définition 4.11.1. *On dit qu'une variable aléatoire $X = (X_1, \cdots, X_d)$ suit une loi multinomiale de paramètres n et $p_1, \cdots, p_d$, si :*

$$\mathbb{P}(X_1 = i_1, \cdots, X_d = i_d) = \frac{n!}{i_1! \cdots i_d!} p_1^{i_1} \cdots p_d^{i_d}, \tag{4.11.1}$$

$\forall i_1, \cdots, i_d \in \mathbb{N}$ où $i_1 + \cdots + i_d = n$.

Cette loi qui généralise la loi binomiale, modélise l'expérience aléatoire suivante : On lance n fois un dé à six faces non truqué et on note par X_i le nombre de fois que la face i apparaît au bout des n lancers, avec $i = 1, \cdots, 6$.

Pour justifier la définition de la loi multinomiale on va utiliser la Proposition suivante, connue sous le nom de *Formule du multinôme de Newton* :

Proposition 4.11.1. *Soit $k, \ell \in \mathbb{N}^\star$ et $a_1, \cdots, a_k$ des réels quelconques. Alors, on a :*

$$(a_1 + \cdots + a_k)^\ell = \sum_{0 \le i_1, \cdots, i_k \le \ell,\ \sum_{j=1}^k i_j = \ell} \frac{\ell!}{i_1! \cdots i_k!} a_1^{i_1} \cdots a_k^{i_k}. \tag{4.11.2}$$

Démonstration. On va faire une récurrence sur k. Tout d'abord, par la formule du binôme de Newton, pour tous réels a, b et pour tout entier ℓ, on a : $(a+b)^\ell = \sum_{k=0}^\ell C_\ell^k a^k b^{\ell-k}$. On en déduit que (4.11.1) est vraie pour $k = 2$.

Pour la suite, nous posons pour tout $k \ge 2$, $\varpi_k = a_1^{i_1} \cdots a_k^{i_k}$ et $\vartheta_k = b_1^{i_1} \cdots b_k^{i_k}$. Supposons donc que :

$$\forall a_1, \cdots, a_k \in \mathbb{R}, \text{ on a} : (a_1 + \cdots + a_k)^\ell = \sum_{0 \le i_1, \cdots, i_k \le \ell,\ \sum_{j=1}^k i_j = \ell} \frac{\ell!}{i_1! \cdots i_k!} \varpi_k. \tag{4.11.3}$$

Soit $b_1, \cdots, b_k, b_{k+1}$ des réels quelconques. Evaluons la quantité : $(b_1 + \cdots + b_{k+1})^\ell$. En posant $a_1 = b_1, \cdots, a_{k-1} = b_{k-1}$ et $a_k = b_k + b_{k+1}$, on a :

$$(b_1 + \cdots + b_{k+1})^\ell = (a_1 + \cdots + a_k)^\ell.$$

En appliquant l'égalité (4.11.3) :

$$\begin{aligned}
(b_1 + \cdots + b_{k+1})^\ell &= \sum_{0 \le i_1, \cdots, i_k \le \ell,\ \sum_{j=1}^k i_j = l} \frac{\ell!}{i_1! \cdots i_k!} a_1^{i_1} \cdots a_k^{i_k} \\
&= \sum_{0 \le i_1, \cdots, i_k \le \ell,\ \sum_{j=1}^k i_j = \ell} \frac{\ell!}{i_1! \cdots i_k!} \vartheta_{k-1} (b_k + b_{k+1})^{i_k} \\
&= \sum_{0 \le i_1, \cdots, i_k \le \ell,\ \sum_{j=1}^k i_j = \ell} \frac{\ell!}{i_1! \cdots i_k!} \vartheta_{k-1} \Big(\sum_{j=0}^{i_k} C_{i_k}^j b_k^{i_k - j} b_{k+1}^j \Big).
\end{aligned}$$

Faisons le changement de variable : $i_k = i_k - j$ et $i_{k+1} = j$. On obtient :

$$(b_1 + \cdots + b_{k+1})^\ell = \sum_{0 \le i_1, \cdots, i_k, i_{k+1} \le \ell,\ \sum_{j=1}^{k+1} i_j = \ell} \frac{\ell!}{i_1! \cdots i_k! i_{k+1}!} b_1^{i_1} \cdots b_{k-1}^{i_{k-1}} b_k^{i_k} b_{k+1}^{i_{k+1}}.$$

Ce résultat étant vrai quelque soient les réels $b_1, \cdots, b_{k+1}$, on déduit que l'hypothèse de récurrence est vraie à l'ordre $k+1$. □

Revenons à la Définition 4.11.1, à la lumière de la Proposition précédente. Pour simplifier les notations posons

$$\mathcal{A}_n(d) = \Big\{ (i_1, \ldots, i_d) : 0 \le i_1, \ldots, i_d \le n \text{ tel que } \sum_{j=1}^d i_j = n \Big\},$$

et, pour $j_0 \in \{1, \cdots, d\}$ et $i_{j_0} \in \{0, \cdots, n\}$, des entiers fixés, on pose

$$\mathcal{A}_n^{i_{j_0}}(d) = \Big\{(i_1, \ldots, i_d) : 0 \leq i_1, \cdots, i_{j_0-1}, i_{j_0+1}, \cdots, i_d \leq n, \text{ t.q. } \sum_{j \neq j_0} i_j = n - i_{j_0}\Big\}.$$

On a

$$\begin{aligned} \sum_{\{(i_1,\cdots,i_d) \in \mathcal{A}_n(d)\}} \mathbb{P}(X_1 = i_1, \cdots, X_d = i_d) &= \sum_{\{(i_1,\cdots,i_d) \in \mathcal{A}_n(d)\}} \frac{n!}{i_1! \cdots i_d!} p_1^{i_1} \cdots p_d^{i_d} \\ &= (p_1 + \cdots + p_d)^n \\ &= 1^n \\ &= 1. \end{aligned}$$

Donc la variable aléatoire $X = (X_1, \cdots, X_d)$ est bien définie.

On va maintenant s'atteler à calculer les lois marginales de X.

Proposition 4.11.2. *Soit $X = (X_1, \cdots, X_d)$ un vecteur aléatoire de loi multinomiale de paramètres n et $p_1, \cdots, p_d$. Alors, pour tout entier i_{j_0} fixé, vérifiant $0 \leq i_{j_0} \leq n$, la variable aléatoire X_{j_0} suit une loi binomiale de paramètres n et p_{j_0}. En particulier, pour tout pour $j \in \{1, \cdots, d\}$,*

$$\mathbb{E}(X_j) = np_j \quad \textit{et} \quad Var(X_j) = np_j(1 - p_j).$$

Démonstration. Soit $j_0 \in \{1, \cdots, d\}$ un entier fixé quelconque. Pour tout entier i_{j_0} fixé, vérifiant $0 \leq i_{j_0} \leq n$, on a :

$$\begin{aligned} \mathbb{P}(X_{j_0} = i_{j_0}) &= \sum_{\{(i_1,\cdots,i_d) \in \mathcal{A}_n^{i_{j_0}}(d)\}} \mathbb{P}(X_1 = i_1, \cdots, X_{j_0} = i_{j_0}, \cdots, X_d = i_d) \\ &= \sum_{\{(i_1,\cdots,i_d) \in \mathcal{A}_n^{i_{j_0}}(d)\}} \frac{n!}{i_1! \cdots i_{j_0}! \cdots i_m!} p_1^{i_1} \cdots p_{j_0}^{i_{j_0}} \cdots p_d^{i_d} \\ &= \frac{n! p_{j_0}^{i_{j_0}}}{i_{j_0}!} \sum_{\{(i_1,\cdots,i_d) \in \mathcal{A}_n^{i_{j_0}}(d)\}} \frac{p_1^{i_1} \cdots p_{j_0-1}^{i_{j_0-1}} p_{j_0+1}^{i_{j_0+1}} \cdots p_d^{i_d}}{i_1! \cdots i_{j_0-1}! i_{j_0+1}! \cdots i_d!} \end{aligned}$$

$$= \frac{n! p_{j_0}^{i_{j_0}}}{i_{j_0}!(n - i_{j_0})!} \sum_{\{(i_1,\cdots,i_d) \in \mathcal{A}_n^{i_{j_0}}(d)\}} \frac{(n - i_{j_0})!}{i_1! \cdots i_{j_0-1}! i_{j_0+1}! \cdots i_d!} p_1^{i_1} \cdots p_{j_0-1}^{i_{j_0-1}} p_{j_0+1}^{i_{j_0+1}} \cdots p_d^{i_d}.$$

En utilisant la Proposition 4.11.1, on voit que :

$$\sum_{\{(i_1,\cdots,i_d) \in \mathcal{A}_n^{i_{j_0}}(d)\}} \frac{(n - i_{j_0})!}{i_1! \cdots i_{j_0-1}! i_{j_0+1}! \cdots i_d!} p_1^{i_1} \cdots p_{j_0-1}^{i_{j_0-1}} p_{j_0+1}^{i_{j_0+1}} \cdots p_d^{i_d} = \Big(\sum_{j \neq j_0} p_j\Big)^{n - i_{j_0}}.$$

Par ailleurs, on sait que $\sum_{j \neq j_0} p_j = 1 - p_{j_0}$. Par conséquent nous avons

$$\sum_{\{(i_1,\cdots,i_d) \in \mathcal{A}_n^{i_{j_0}}(d)\}} \frac{(n - i_{j_0})!}{i_1! \cdots i_{j_0-1}! i_{j_0+1}! \cdots i_m!} p_1^{i_1} \cdots p_{j_0-1}^{i_{j_0-1}} p_{j_0+1}^{i_{j_0+1}} \cdots p_d^{i_d} = (1 - p_{j_0})^{n - i_{j_0}}.$$

On en déduit finalement que

$$\mathbb{P}(X_{j_0} = i_{j_0}) = \frac{n!}{i_{j_0}!(n-i_{j_0})!} p_{j_0}^{i_{j_0}} (1-p_{j_0})^{n-i_{j_0}}.$$

Donc, X_{j_0} suit une loi binomiale de paramètres n et p_{j_0}. Comme j_0 est un entier quelconque pris dans $\{1, \ldots, d\}$, on en déduit que les lois marginales des X_j pour $j \in \{1, \ldots, d\}$ sont des lois binomiales de paramètres n et p_j. □

La prochaine étape consiste à calculer la covariance de deux composantes de X.

Proposition 4.11.3. *Soit $X = (X_1, \ldots, X_d)$ un vecteur aléatoire de loi multinomiale de paramètres n et $p_1, \ldots, p_d$. Alors, pour tous entiers j_0, j_1 tels que $1 \leq j_0 \neq j_1 \leq d$, on a*

$$Cov(X_{j_0}, X_{j_1}) = -np_{j_0}p_{j_1}.$$

Avant de prouver ce résultat nous avons besoin de calculer d'abord $\mathbb{P}(X_{j_0} = i_{j_0}, X_{j_1} = i_{j_1})$, pour tous j_0, j_1 tels que $1 \leq j_0 \neq j_1 \leq d$ et où $0 \leq i_{j_0} + i_{j_1} \leq n$.

Lemme 4.11.1. *Soit $X = (X_1, \cdots, X_d)$ un vecteur aléatoire de loi multinomiale de paramètres n et $p_1, \cdots, p_d$. Alors, pour tous entiers j_0, j_1 tels que $1 \leq j_0 \neq j_1 \leq d$, on a :*

$$\mathbb{P}(X_{j_0} = i_{j_0}, X_{j_1} = i_{j_1}) = \frac{n!\, p_{j_0}^{i_{j_0}} p_{j_1}^{i_{j_1}}}{i_{j_0}! i_{j_1}! (n - i_{j_0} - i_{j_1})!} (1 - p_{j_0} - p_{j_1})^{n-i_{j_0}-i_{j_1}}. \tag{4.11.4}$$

Démonstration. Posons $q_{i_{j_0}, i_{j_1}} = \mathbb{P}(X_{j_0} = i_{j_0}, X_{j_1} = i_{j_1})$ et

$$\mathcal{A}_n^{i_{j_0}, i_{j_1}}(d) = \{(i_1, \ldots, i_d) : 0 \leq i_1, \cdots, i_{j_0-1}, i_{j_0+1}, \cdots, i_{j_1-1}, i_{j_1+1}, \cdots, i_d \leq n, \sum_{j \neq j_0, j_1} i_j = n - i_{j_0} - i_{j_1}\}.$$

Alors, pour tout couple d'entiers fixés (i_{j_0}, i_{j_1}) tels que $0 \leq i_{j_0}, i_{j_1} \leq n$ et $0 \leq i_{j_0} + i_{j_1} \leq n$, en supposant sans perte de généralité que $j_0 < j_1$ et en posant $\mathcal{X}_{j_0, j_1} = \{X_1 = i_1, \cdots, X_{j_0} = i_{j_0}, \cdots, X_{j_1} = i_{j_1}, \cdots, X_d = i_d\}$, on a :

$$q_{i_{j_0}, i_{j_1}} = \sum_{\{(i_1, \cdots, i_d) \in \mathcal{A}_n^{i_{j_0}, i_{j_1}}(d)\}} \mathbb{P}(\mathcal{X}_{j_0, j_1}).$$

D'où

$$q_{i_{j_0}, i_{j_1}} = \sum_{\{(i_1, \cdots, i_d) \in \mathcal{A}_n^{i_{j_0}, i_{j_1}}(d)\}} \frac{n!}{i_1! \cdots i_{j_0} \cdots i_{j_1} \cdots i_d!} p_1^{i_1} \cdots p_{j_0}^{i_{j_0}} \cdots p_{j_1}^{i_{j_1}} \cdots p_d^{i_d}.$$

Pour simplifier les expressions posons

$$\pi_{i_{j_0}, i_{j_1}} = p_1^{i_1} \cdots p_{j_0-1}^{i_{j_0-1}} p_{j_0+1}^{i_{j_0+1}} \cdots p_{j_1-1}^{i_{j_1-1}} p_{j_1+1}^{i_{j_1+1}} \cdots p_d^{i_d}, \qquad \gamma_{i_{j_0}, i_{j_1}} = \frac{n! p_{j_0}^{i_{j_0}} p_{j_1}^{i_{j_1}}}{i_{j_0}! i_{j_1}!},$$

$$\text{et} \quad \vartheta_{i_{j_0}, i_{j_1}} = i_1! \cdots i_{j_0-1}! i_{j_0+1}! \cdots i_{j_1-1}! i_{j_1+1}! \cdots i_d!.$$

En utilisant les mêmes techniques que précédemment, on obtient :

$$q_{i_{j_0},i_{j_1}} = \gamma_{i_{j_0},i_{j_1}} \sum_{\{(i_1,\cdots,i_d)\in\mathcal{A}_n^{i_{j_0},i_{j_1}}(d)\}} \frac{\pi_{i_{j_0},i_{j_1}}}{\vartheta_{i_{j_0},i_{j_1}}}.$$

Il suit que,

$$q_{i_{j_0},i_{j_1}} = \frac{\gamma_{i_{j_0},i_{j_1}}}{(n-i_{j_0}-i_{j_1})!} \sum_{\{(i_1,\cdots,i_d)\in\mathcal{A}_n^{i_{j_0},i_{j_1}}(d)\}} \frac{\pi_{i_{j_0},i_{j_1}}}{\vartheta_{i_{j_0},i_{j_1}}}(n-i_{j_0}-i_{j_1})!.$$

En utilisant une nouvelle fois la Proposition 4.11.1, on voit que :

$$\sum_{\{(i_1,\cdots,i_d)\in\mathcal{A}_n^{i_{j_0},i_{j_1}}(d)\}} \frac{\pi_{i_{j_0},i_{j_1}}}{\vartheta_{i_{j_0},i_{j_1}}}(n-i_{j_0}-i_{j_1})! = \Big(\sum_{j,\,1\le j\ne j_0,j_1\le d} p_j\Big)^{n-i_{j_0}-i_{j_1}}.$$

On conclut que :

$$\begin{aligned}
\mathbb{P}(X_{j_0}=i_{j_0},X_{j_1}=i_{j_1}) &= \frac{n!p_{j_0}^{i_{j_0}}p_{j_1}^{i_{j_1}}}{i_{j_0}!i_{j_1}!(n-i_{j_0}-i_{j_1})!}\Big(\sum_{j,\,1\le j\ne j_0,j_1\le d} p_j\Big)^{n-i_{j_0}-i_{j_1}} \\
&= \frac{n!p_{j_0}^{i_{j_0}}p_{j_1}^{i_{j_1}}}{i_{j_0}!i_{j_1}!(n-i_{j_0}-i_{j_1})!}\Big(1-p_{j_0}-p_{j_1}\Big)^{n-i_{j_0}-i_{j_1}}.
\end{aligned}$$

Cette égalité étant vraie quelque soient les entiers j_0, j_1 tels que $1\le j_0\ne j_1\le d$ et les entiers i_{j_0}, i_{j_1} tels que $0\le i_{j_0}, i_{j_1}\le n$ et $i_{j_0}+i_{j_1}\le n$, on en déduit le résultat. □

Prouvons maintenant la Proposition 4.11.3.

Démonstration. (de la Proposition 4.11.3). On a :

$$\mathbb{E}(X_{j_0}X_{j_1}) = \sum_{0\le k,\ell\le n;\ k+\ell\le n} k\,\ell\,\mathbb{P}(X_{j_0}=k, X_{j_1}=\ell).$$

On en déduit que

$$\begin{aligned}
\mathbb{E}(X_{j_0}X_{j_1}) &= \sum_{1\le k,\ell\le n;\,k+\ell\le n} \frac{k\,\ell\,n!p_{j_0}^k p_{j_1}^\ell}{k!\ell!(n-k-\ell)!}\,(1-p_{j_0}-p_{j_1})^{n-k-\ell} \\
&= \sum_{r=2}^{n}\ \sum_{1\le k,\ell\le n;\,k+\ell=r} \frac{n!p_{j_0}^k p_{j_1}^\ell}{(k-1)!(\ell-1)!(n-r)!}\,(1-p_{j_0}-p_{j_1})^{n-r} \\
&= \sum_{r=2}^{n}\sum_{k=1}^{r-1} \frac{n!p_{j_0}^k p_{j_1}^{r-k}}{(k-1)!(r-k-1)!(n-r)!}\,(1-p_{j_0}-p_{j_1})^{n-r}.
\end{aligned}$$

Nous avons donc

$$\begin{aligned}
\mathbb{E}(X_{j_0}X_{j_1}) &= \sum_{r=2}^{n}\sum_{k=1}^{r-1} \frac{n!p_{j_0}^k p_{j_1}^{r-k}}{(k-1)!(r-k-1)!(n-r)!}\,(1-p_{j_0}-p_{j_1})^{n-r} \\
&= \sum_{r=2}^{n}\sum_{k=0}^{r-2} \frac{n!p_{j_0}^{k+1} p_{j_1}^{r-1-k}}{k!(r-k-2)!(n-r)!}\,(1-p_{j_0}-p_{j_1})^{n-r} \\
&= \sum_{r=2}^{n} \frac{n!p_{j_0}p_{j_1}\,(1-p_{j_0}-p_{j_1})^{n-r}}{(n-r)!}\sum_{k=0}^{r-2}\frac{p_{j_0}^k p_{j_1}^{r-2-k}}{k!(r-2-k)!}.
\end{aligned}$$

Finalement, on a

$$\begin{aligned}\mathbb{E}(X_{j_0}X_{j_1}) &= \sum_{r=2}^{n} \frac{n!p_{j_0}p_{j_1}\left(1-p_{j_0}-p_{j_1}\right)^{n-r}}{(n-r)!(r-2)!} \sum_{k=0}^{r-2} \frac{(r-2)!p_{j_0}^k p_{j_1}^{r-2-k}}{k!(r-2-k)!} \\ &= \sum_{r=2}^{n} \frac{n!p_{j_0}p_{j_1}\left(1-p_{j_0}-p_{j_1}\right)^{n-r}}{(n-r)!(r-2)!} \left(p_{j_0}+p_{j_1}\right)^{r-2}.\end{aligned}$$

Il suit que

$$\begin{aligned}\mathbb{E}(X_{j_0}X_{j_1}) &= n(n-1)p_{j_0}p_{j_1} \sum_{r=0}^{n-2} \frac{(n-2)!}{(n-2-r)!r!} \left(p_{j_0}+p_{j_1}\right)^r \left(1-p_{j_0}-p_{j_1}\right)^{n-2-r} \\ &= n(n-1)p_{j_0}p_{j_1}\left(1-p_{j_0}-p_{j_1}+p_{j_0}+p_{j_1}\right)^{n-2} \\ &= n(n-1)p_{j_0}p_{j_1}.\end{aligned}$$

On en déduit que pour tout couple d'entiers (j_0, j_1) tels que $1 \leq j_0 \neq j_1 \leq d$, on a

$$\text{Cov}(X_{j_0}, X_{j_1}) = n(n-1)p_{j_0}p_{j_1} - n^2 p_{j_0}p_{j_1}.$$

On a donc bien $\text{Cov}(X_{j_0}, X_{j_1}) = -np_{j_0}p_{j_1}$. □

Définition 4.11.2. *Si X est une loi multinomiale, avec les mêmes paramètres que dans la Définition 4.11.1 sauf que $n = 1$, on dit dans ce cas qu'elle suit une loi de Bernoulli multivariée.*

Dans le cas où $X = (X_1, \cdots, X_d)$ suit une loi de Bernoulli multivariée alors, pour tout $j \in \{1, \cdots, d\}$, X_j suit une loi de Bernoulli de paramètre p_j, de sorte que $\mathbb{E}(X_j) = p_j$ et $\text{Var}(X_j) = p_j(1-p_j)$. De plus, si $k \in \{1, \cdots, m\}$ et $k \neq j$, alors $\mathbb{E}(X_jX_k) = 0$ et $\text{Cov}(X_j, X_k) = -p_jp_k$.

4.11.2 Loi polyhypergéométrique

Comme son nom l'indique et on va le voir, la loi polyhypergéométrique généralise la loi hypergéométrique. En effet, soient n et N deux entiers tels que $0 \leq n \leq N$ et soient $N_1, \cdots, N_d$ des entiers tous non nuls et vérifiant $\sum_{i=1}^d N_i = N$. Ces entiers seront fixés tout au long de cette sous-section.

Définition 4.11.3. *On dit qu'une variable aléatoire X à valeurs dans $\mathbb{N}^d$, suit une loi polyhypergéométrique, si pour toutes suites d'entiers $i_1, \cdots, i_d$ tels que $0 \leq i_1 \leq N_1, \cdots, 0 \leq i_d \leq N_d$ et $\sum_{j=1}^d i_j = n$, on a :*

$$\mathbb{P}(X = (i_1, \cdots, i_d)) = \frac{C_{N_1}^{i_1} \times \cdots \times C_{N_d}^{i_d}}{C_N^n}. \tag{4.11.5}$$

Cette loi modélise par exemple la situation suivante : On a une urne qui contient N boules avec d couleurs différentes. On suppose que chaque couleur comporte respectivement $N_1, \cdots, N_d$ boules, de sorte que $N_1 + \cdots + N_d = N$. On tire n boules de l'urne et on note par $X_1, \cdots, X_d$ le nombre de boules prises de chaque couleur. On a alors $X_1 + \cdots + X_d = n$ et la variable $X := (X_1, \cdots, X_d)$ suit alors une loi polyhypergéométrique.

Pour prouver que (4.11.5) est bien définie, on utilise une version plus générale de l'égalité (3.7.17) de Vandermonde.

Lemme 4.11.2. *Pour tout entier non nul d et tous entiers naturels $n, N, N_1, \cdots, N_d$, tels que $0 \leq n \leq N$ et $\sum_{i=1}^{d} N_i = N$, on a*

$$C_N^n = \sum_{0 \leq i_1 \leq N_1, \cdots, 0 \leq i_d \leq N_d, \sum_{j=1}^{d} i_j = n} C_{N_1}^{i_1} \times \cdots \times C_{N_d}^{i_d}. \quad (4.11.6)$$

Démonstration. Pour montrer cette égalité on va, comme pour l'égalité (3.7.17), utiliser l'égalité des polynômes suivants :

$$(1+x)^N = \prod_{j=1}^{d} \left[(1+x)^{N_j}\right], \quad \forall x \in \mathbb{R}.$$

On en déduit que

$$\sum_{n=0}^{N} C_N^n x^n = \prod_{j=1}^{d} \Big(\sum_{i=0}^{N_j} C_{N_j}^i x^i \Big).$$

En développant la partie de droite et par identification des monômes de même degré, on obtient :

$$C_N^n = \sum_{0 \leq i_1 \leq N_1, \cdots, 0 \leq i_d \leq N_d, \sum_{j=1}^{d} i_j = n} C_{N_1}^{i_1} \times \cdots \times C_{N_d}^{i_d}, \quad \forall n \text{ tel que } 0 \leq n \leq N.$$

Ce qui prouve l'égalité (4.11.6). □

Revenons maintenant à la Définition 4.11.3 et à l'égalité (4.11.5) et posons pour $N_1, \cdots, N_d$ des entiers non nuls fixés et $N = N_1 + \cdots + N_d$, on note :

$$\mathcal{A}_{n,N}(d) = \Big\{(i_1, \ldots, i_d) : 0 \leq i_1 \leq N_1, \cdots, 0 \leq i_d \leq N_d \text{ tel que } \sum_{j=1}^{d} i_j = n\Big\}.$$

Et pour $j_0 \in \{1, \cdots, d\}$ et $0 \leq i_{j_0} \leq \min(n, N_{j_0})$, on pose :

$$\mathcal{A}_{n,N}^{i_{j_0}}(d) = \Big\{(i_1, \ldots, i_d) : 0 \leq i_1 \leq N_1, \cdots, 0 \leq i_{j_0-1} \leq N_{j_0-1}, \\ 0 \leq i_{j_0+1} \leq N_{j_0+1}, \cdots, 0 \leq i_d \leq N_d \text{ tel que } \sum_{j \neq j_0} i_j = n - i_{j_0}\Big\}.$$

On a d'après l'égalité (4.11.6) :

$$\sum_{\{(i_1,\ldots,i_d) \in \mathcal{A}_{n,N}(d)\}} \mathbb{P}\left(X = (i_1, \cdots, i_d)\right) = \sum_{\{(i_1,\ldots,i_d) \in \mathcal{A}_{n,N}(d)\}} \frac{C_{N_1}^{i_1} \times \cdots \times C_{N_d}^{i_d}}{C_N^n} = 1.$$

Ce qui prouve (4.11.5) est bien une loi de probabilité.

Notre but est maintenant de prouver que la loi marginale d'une loi polyhypergéométrique est une loi hypergéométrique.

Proposition 4.11.4. *Si $(X_1, \ldots, X_d)$ suit une loi polyhypergéométrique alors, pour tout $j \in \{1, \ldots, d\}$, X_j suit une loi hypergéométrique de paramètres N, n et $p_j := \frac{N_j}{N}$. En particulier, on a pour tout $j \in \{1, \cdots, d\}$,*

$$\mathbb{E}(X_j) = \frac{nN_j}{N} \quad \text{et} \quad Var(X_j) = np_j(1-p_j)\frac{N-n}{N-1}. \quad (4.11.7)$$

Démonstration. Considérons un entier j_0 fixé et compris entre $\{1, \cdots, d\}$. Pour tout entier i_{j_0} tel que $0 \leq i_{j_0} \leq \min(N_{j_0}, n)$, on a :

$$\mathbb{P}(X_{j_0} = i_{j_0}) = \sum_{\{(i_1,\ldots,i_d) \in \mathcal{A}^{j_0}_{n,N}(d)\}} \mathbb{P}(X_1 = i_1, \cdots, X_{j_0} = i_{j_0}, \cdots, X_d = i_d).$$

Il suit (en posant $q_{j_0} = \mathbb{P}(X_{j_0} = i_{j_0})$ et $\mathcal{C}_{i_{j_0}} = C^{i_1}_{N_1} \times \cdots \times C^{i_{j_0}-1}_{N_{j_0-1}} \times C^{i_{j_0}+1}_{N_{j_0}+1} \times \cdots \times C^{i_d}_{N_d}$) que :

$$\begin{aligned} q_{j_0} &= \sum_{\{(i_1,\ldots,i_d) \in \mathcal{A}^{j_0}_{n,N}(d)\}} \frac{C^{i_1}_{N_1} \times \cdots \times C^{i_{j_0}}_{N_{j_0}} \times \cdots \times C^{i_d}_{N_d}}{C^n_N} \\ &= \frac{C^{i_{j_0}}_{N_{j_0}} C^{n-i_{j_0}}_{N-N_{j_0}}}{C^n_N} \sum_{\{(i_1,\ldots,i_d) \in \mathcal{A}^{j_0}_{n,N}(d)\}} \frac{\mathcal{C}_{i_{j_0}}}{C^{n-i_{j_0}}_{N-N_{j_0}}}. \end{aligned}$$

D'après la formule de Vandermonde généralisée (voir égalité 4.11.6), on voit que :

$$\sum_{\{(i_1,\ldots,i_d) \in \mathcal{A}^{j_0}_{n,N}(d)\}} \frac{C^{i_1}_{N_1} \times \cdots \times C^{i_{j_0}-1}_{N_{j_0-1}} \times C^{i_{j_0}+1}_{N_{j_0}+1} \times \cdots \times C^{i_d}_{N_d}}{C^{n-i_{j_0}}_{N-N_{j_0}}} = 1.$$

D'où $\mathbb{P}(X_{j_0} = i_{j_0}) = C^{i_{j_0}}_{N_{j_0}} C^{n-i_{j_0}}_{N-N_{j_0}} / C^n_N$. Ce résultat étant vrai pour tous $i_{j_0} \in \{0, \cdots, \min(n, N_{j_0})\}$ tels que $n - i_{j_0} \in \{0, \cdots, N - N_{j_0}\}$, et pour tout $j_0 \in \{1, \cdots, d\}$. On déduit que X_j suit une loi hypergéométrique de paramètres N, n et $p_j := \frac{N_j}{N}$, pour tout $j \in \{1, \cdots, d\}$. □

Nous allons maintenant calculer la covariance de deux composantes de X. Pour cela, on fixe les entiers j_0, j_1, tels que $1 \leq j_0 < j_1 \leq d$ et les entiers i_{j_0} et i_{j_1} tels que $0 \leq i_{j_0} \leq \min(n, N_{j_0})$ et $0 \leq i_{j_1} \leq \min(N_{j_1}, n)$. Ensuite, on définit le sous-ensemble :

$$\begin{aligned} \mathcal{A}^{i_{j_0}, i_{j_1}}_{n,N}(d) = \{&(i_1, \ldots, i_d) : 0 \leq i_1 \leq N_1, \\ &\cdots, 0 \leq i_{j_0-1} \leq N_{j_0-1}, 0 \leq i_{j_0+1} \leq N_{j_0+1}, \\ &\cdots, 0 \leq i_{j_1-1} \leq N_{j_1-1}, 0 \leq i_{j_1+1} \leq N_{j_1+1}, \\ &\cdots, 0 \leq i_d \leq N_d, \ i_1, \cdots, i_d \leq n, \sum_{j \neq j_0, j_1} i_j = n - i_{j_0} - i_{j_1}\}. \end{aligned}$$

Proposition 4.11.5. *Soit $X = (X_1, \cdots, X_d)$ un vecteur aléatoire de loi polyhypergéométrique. Alors, pour tous entiers j_0, j_1 tels que $1 \leq j_0 \neq j_1 \leq d$, on a*

$$Cov(X_{j_0}, X_{j_1}) = -n \times p_{j_0} \times p_{j_1} \times \frac{N-n}{N-1},$$

où, pour rappel, $p_j = \frac{N_j}{N}$, pour tout $j \in \{1, \cdots, d\}$.

Avant de prouver ce dernier résultat, il est nécessaire de calculer d'abord la quantité $\mathbb{P}(X_{j_0} = i_{j_0}, X_{j_1} = i_{j_1})$, pour tous j_0, j_1 tels que $1 \leq j_0 < j_1 \leq d$.

Lemme 4.11.3. *Soit $X = (X_1, \cdots, X_d)$ un vecteur aléatoire de loi polyhypergéométrique avec les paramètres ci-dessus. Alors, pour tous entiers j_0, j_1 tels que $1 \leq j_0 < j_1 \leq d$, on a :*

$$\mathbb{P}(X_{j_0} = i_{j_0}, X_{j_1} = i_{j_1}) = \frac{C_{N_{j_0}}^{i_{j_0}} C_{N_{j_1}}^{i_{j_1}} C_{N-N_{j_0}-N_{j_1}}^{n-i_{j_0}-i_{j_1}}}{C_N^n}. \tag{4.11.8}$$

Démonstration. Posons $q_{j_0,j_1} = \mathbb{P}(X_{j_0} = i_{j_0}, X_{j_1} = i_{j_1})$.

$$q_{j_0,j_1} = \sum_{\{(i_1,\ldots,i_d)\in\mathcal{A}_{n,N}^{j_0,j_1}(d)\}} \mathbb{P}\left(X_1 = i_1, \cdots, X_{j_0} = i_{j_0}, \cdots, X_{j_1} = i_{j_1}, \cdots, X_d = i_d\right)$$

$$= \sum_{\{(i_1,\ldots,i_d)\in\mathcal{A}_{n,N}^{j_0,j_1}(d)\}} \frac{C_{N_1}^{i_1} \times \cdots \times C_{N_{j_0}}^{i_{j_0}} \times \cdots \times C_{N_{j_1}}^{i_{j_1}} \times \cdots \times C_{N_d}^{i_d}}{C_N^n}.$$

On en déduit, en posant $\gamma_{j_0,j_1} = C_{N_{j_0}}^{i_{j_0}} C_{N_{j_1}}^{i_{j_1}} / C_N^n$ et $\mathcal{C}_{i_{j_0},i_{j_1}} = C_{N_1}^{i_1} \times \cdots \times C_{N_{j_0-1}}^{i_{j_0-1}} \times C_{N_{j_0+1}}^{i_{j_0+1}} \times C_{N_{j_1-1}}^{i_{j_1-1}} \times C_{N_{j_1+1}}^{i_{j_1+1}} \times \cdots \times C_{N_d}^{i_d}$, que

$$q_{j_0,j_1} = \gamma_{j_0,j_1} \sum_{\{(i_1,\ldots,i_d)\in\mathcal{A}_{n,N}^{j_0,j_1}(d)\}} \mathcal{C}_{i_{j_0},i_{j_1}}.$$

Or, en utilisant une nouvelle fois la formule (4.11.6) de Vandermonde, on peut voir que :

$$\sum_{\{(i_1,\ldots,i_d)\in\mathcal{A}_{n,N}^{j_0,j_1}(d)\}} \mathcal{C}_{i_{j_0},i_{j_1}} = C_{N-N_{j_0}-N_{j_1}}^{n-i_{j_0}-i_{j_1}}.$$

Il suit donc que

$$\mathbb{P}(X_{j_0} = i_{j_0}, X_{j_1} = i_{j_1}) = C_{N_{j_0}}^{i_{j_0}} C_{N_{j_1}}^{i_{j_1}} C_{N-N_{j_0}-N_{j_1}}^{n-i_{j_0}-i_{j_1}} / C_N^n,$$

pour tout $1 \leq j_0 < j_1 \leq d$, pour tout $0 \leq i_{j_0} \leq \min(n, N_{j_0})$ et pour tout $0 \leq i_{j_1} \leq \min(n, N_{j_1})$. □

Nous allons à présent prouver la Proposition 4.11.5.

Démonstration. (de la Proposition 4.11.5) Calculons d'abord la quantité $\mathbb{E}(X_{j_0} X_{j_1})$. On a :

$$\begin{aligned}
\mathbb{E}(X_{j_0}X_{j_1}) &= \sum_{0<k<N_k, 0<\ell<N_\ell;\, k+\ell<n} k\ell\, \mathbb{P}\left(X_{j_0} = k, X_{j_1} = \ell\right) \\
&= \sum_{0\leq k\leq N_k, 0\leq \ell\leq N_l;\, k+\ell\leq n} k\ell \frac{C_{N_{j_0}}^k C_{N_{j_1}}^\ell C_{N-N_{j_0}-N_{j_1}}^{n-k-\ell}}{C_N^n} \\
&= \sum_{1\leq k\leq N_k, 1\leq \ell\leq N_\ell;\, k+\ell\leq n} k\ell \frac{C_{N_{j_0}}^k C_{N_{j_1}}^\ell C_{N-N_{j_0}-N_{j_1}}^{n-k-\ell}}{C_N^n} \\
&= \sum_{1\leq k\leq N_k, 1\leq \ell\leq N_l;\, k+\ell\leq n} \frac{N_{j_0}! N_{j_1}! C_{N-N_{j_0}-N_{j_1}}^{n-k-\ell}}{(k-1)!(N_{j_0}-k)!(\ell-1)!(N_{j_1}-\ell)! C_N^n}.
\end{aligned}$$

Il suit donc que

$$\begin{aligned}
&\mathbb{E}(X_{j_0}X_{j_1})\\
&= \sum_{0\leq k'\leq N_{k'}-1, 0\leq \ell'\leq N_{\ell'}-1;\, k'+\ell'\leq n-2} \frac{N_{j_0}!N_{j_1}!C_{N-N_{j_0}-N_{j_1}}^{n-2-k'-\ell'}}{k'!(N_{j_0}-1-k')!\ell'!(N_{j_1}-1-\ell')!C_N^n}\\
&= \frac{N_{j_0}N_{j_1}}{C_N^n} \sum_{0\leq k\leq N_k-1, 0\leq \ell\leq N_\ell-1;\, k+\ell\leq n-2} \frac{(N_{j_0}-1)!(N_{j_1}-1)!C_{N-N_{j_0}-N_{j_1}}^{n-2-k-\ell}}{k!(N_{j_0}-1-k)!\ell!(N_{j_1}-1-\ell)!}\\
&= \frac{N_{j_0}N_{j_1}}{C_N^n} \sum_{0\leq k\leq N_k-1, 0\leq \ell\leq N_l-1;\, k+\ell\leq n-2} C_{N_{j_0}-1}^{k} C_{N_{j_1}-1}^{\ell} C_{N-N_{j_0}-N_{j_1}}^{n-2-k-\ell}.
\end{aligned}$$

Or, toujours d'après la formule de Vandermonde, on a

$$\sum_{0\leq k\leq N_k-1, 0\leq \ell\leq N_\ell-1;\, k+\ell\leq n-2} C_{N_{j_0}-1}^{k} C_{N_{j_1}-1}^{\ell} C_{N-N_{j_0}-N_{j_1}}^{n-2-k-\ell} = C_{N-2}^{n-2}.$$

On en déduit que

$$\mathbb{E}(X_{j_0}X_{j_1}) = \frac{N_{j_0}N_{j_1}C_{N-2}^{n-2}}{C_N^n} = N_{j_0}N_{j_1}\frac{n(n-1)}{N(N-1)},$$

$\forall\, j_0, j_1$ tels que $1 \leq j_0 < j_1 \leq m$.

Il suit, en utilisant en particulier l'égalité (4.11.7), que

$$\begin{aligned}
\text{Cov}(X_{j_0}, X_{j_1}) &= \mathbb{E}(X_{j_0}X_{j_1}) - \mathbb{E}(X_{j_0})\mathbb{E}(X_{j_1})\\
&= N_{j_0}N_{j_1}\frac{n(n-1)}{N(N-1)} - \frac{nN_{j_0}}{N}\times\frac{nN_{j_1}}{N}\\
&= \frac{nN_{j_0}N_{j_1}}{N^2(N-1)}\left[N(n-1)-n(N-1)\right]\\
&= -\frac{nN_{j_0}N_{j_1}(N-n)}{N^2(N-1)}\\
&= -np_{j_0}p_{j_1}\frac{N-n}{N-1},
\end{aligned}$$

pour tous j_0, j_1 tels que $1 \leq j_0 < j_1 \leq d$ et $i_{j_0} + i_{j_1} \leq n$. D'où le résultat. □

4.12 Exercices supplémentaires

Exercice 4.12.1. On suit de façon conjointe deux structures de santé dont le nombre de naissances par jour est un couple (X_1, X_2) (dont X_1 représente la structure que nous nommons I et X_2 représente celle nommée II) de variables aléatoires de loi

$$\mathbb{P}(X_1 = i; X_2 = j) = e^{-\lambda_1-\lambda_2}\frac{(\lambda_1)^i}{i!}\frac{(\lambda_2)^j}{j!}, \quad \lambda_1, \lambda_2 > 0,\ i, j = 0, 1, \ldots$$

1. Déterminer la probabilité que le nombre de naissances dans les deux structures soit supérieur ou égal à k, pour $k \in \{1, 2, \ldots\}$, soit $\mathbb{P}(X_1 + X_2 \geq k)$.
2. Calculer la probabilité pour que le nombre de naissances dans la structure I soit supérieur au nombre de naissances dans la structure II, soit $\mathbb{P}(X_2 < X_1)$,

(a) en utilisant la fonction de répartition F_{X_2} de X_2.

(b) en utilisant la fonction de répartition F_{X_1} de X_1.

3. Déterminer les lois marginales de X_1 et de X_2.
4. Les variables aléatoires X_1 et X_2 sont-elles indépendantes ?

Exercice 4.12.2. On considère deux variables aléatoires X et Y à valeurs dans $\mathbb{N}$, indépendantes et ayant la même loi. On pose $U = \inf(X, Y)$ et $V = X - Y$.

1. On suppose ici que $\mathbb{P}(X = n) = p(1-p)^n$, $\forall n \in \mathbb{N}$ pour $p \in]0, 1[$ fixé. Montrer que U et V sont indépendantes.
2. Inversement, on suppose que les variables U et V sont indépendantes et que pour tout $n \in \mathbb{N}$, on a $\mathbb{P}(X = n) \neq 0$. Montrer que $\mathbb{P}(V = 0) \neq 0$ et determiner les lois de X et Y en fonction de $r = \frac{\mathbb{P}(V=1)}{\mathbb{P}(V=0)}$ (On pourra considérer les quantités $\frac{\mathbb{P}(\{X=n+1\}\cap\{Y=n\})}{\mathbb{P}(\{X=n\}\cap\{Y=n\})}$ ...)

Exercice 4.12.3. Soit X et Y deux variables aléatoires à valeurs dans $\mathbb{N}$. On suppose que la loi conjointe de X et Y vérifie :

$$\mathbb{P}(X = j, Y = k) = \frac{a}{j!k!}, \quad \text{avec } a \in \mathbb{R}.$$

1. Trouver la valeur de a.
2. Trouver les lois marginales de X et Y.
3. Les variables X et Y sont elles indépendantes ?

Exercice 4.12.4. Soit X et Y deux variables aléatoires à valeurs dans $\mathbb{N}$. On suppose que la loi conjointe de X et Y vérifie :

$$\mathbb{P}(X = j, Y = k) = a\frac{j+k}{2^{j+k}}, \quad \text{avec } a \in \mathbb{R}.$$

1. Trouver la valeur de a.
2. Déterminer les lois marginales de X et Y.
3. Les variables X et Y sont elles indépendantes ?
4. Calculer $\mathbb{P}(X = Y)$.

Exercice 4.12.5. Soit X et Y deux variables aléatoires indépendantes sur l'espace $(\Omega, \mathbb{P})$. On suppose que X suit une loi de Bernoulli de paramètre p et Y une loi de Poisson de paramètre λ. Soit Z, la variable aléatoire définie pour tout $\omega \in \Omega$ par :

$$Z(\omega) := \begin{cases} 0 & \text{si} \quad X(\omega) = 0 \\ Y(\omega) & \text{si} \quad X(\omega) = 1 \end{cases}$$

1. Déterminer la loi de Z.
2. Déterminer la fonction génératrice de Z.
3. Calculer l'espérance et la variance de Z.
4. Calculer $\mathbb{P}(X = 1 | Z = 0)$.

Exercice 4.12.6. Un sac contient $n-2$ boules noires et 2 boules blanches ($n \geq 2$). On tire les boules une par une et sans remise. Soit X_i la variable aléatoire égale au rang de la i ième boule blanche tirée, avec $i = 1, 2$.

1. Calculer la loi du couple (X_1, X_2).
2. En déduire la loi, l'espérance et la variance de X_i, avec $i = 1, 2$.
3. Calculer le coefficient de corrélation ρ_{X_1, X_2}

Exercice 4.12.7. On considère n urnes numérotées de 1 à n. L'urne numéro k contient k boules numérotées de 1 à k. On choisit au hasard une urne puis une boule dans l'urne. Soit X le numéro de l'urne et Y le numéro de la boule choisie.

1. Déterminer la loi du couple (X, Y).
2. Calculer $\mathbb{P}(X = Y)$.
3. Déterminer la loi et l'espérance de Y.

Exercice 4.12.8. On lance trois fois une pièce de monnaie dont la probabilité d'avoir Pile est $p \in [0, 1]$ et on définit les variables aléatoires suivantes :

- Y_1 (resp, Y_2 et Y_3) est la variable qui vaut 1 si Pile apparaît au premier lancer (resp au second lancer et au troisième lancer) et qui vaut 0 sinon. On suppose que les lancers sont indépendants, de sorte que les Y_i sont indépendantes.
- X_1 (resp. X_2 et X_3) sont les variables aléatoires qui comptent le nombre de Pile apparu à l'issue du premier lancer (resp. des deux premiers lancers et des trois premiers lancers), de sorte que $X_1 = Y_1$, $X_2 = Y_1 + Y_2$ et $X_3 = Y_1 + Y_2 + Y_3$.

1. Calculer $\mathbb{P}(X_1 = 1|X_2 = 0)$, $\mathbb{P}(X_1 = 1|X_2 = 2)$, $\mathbb{P}(X_1 = 1|X_3 = 0)$ et $\mathbb{P}(X_1 = 1|X_3 = 3)$.
2. Calculer $\mathbb{E}(X_1|X_2 = 0)$, $\mathbb{E}(X_1|X_2 = 1)$ et $\mathbb{E}(X_1|X_2 = 2)$.
3. Calculer $\mathbb{E}(X_1|X_3 = 0)$, $\mathbb{E}(X_1|X_3 = 1)$, $\mathbb{E}(X_1|X_3 = 2)$ et $\mathbb{E}(X_1|X_3 = 3)$.
4. Déterminez la matrice de covariance du vecteur $X = (X_1, X_2, X_3)$.

Exercice 4.12.9. Soit $n \in \mathbb{N}^\star$, on choisit X au hasard dans $\{1, \cdots, 2n\}$ et Y au hasard dans $\{1, \cdots, X\}$. On pose $p_n = \mathbb{P}(Y \leq n,\ X \geq n,\ X - Y \leq n)$. Calculer $\lim_{n\to+\infty} p_n$.

Exercice 4.12.10. Soit N, $X_1, X_2, \cdots, X_n, \cdots$ des v.a. indépendantes à valeurs dans $\mathbb{N}$, les X_i ayant toutes la même loi. On note $S_n = X_1 + \cdots + X_n$ et on considère la v.a. $T = S_N$, définie par $T(\omega) = 0$ si $N(\omega) = 0$, $T(\omega) = S_n(\omega)$ si $N(\omega) = n$.

1. Exprimer la fonction génératrice des probabilités de S_n en fonction de celle de X_1.
2. Exprimer la fonction génératrice de T en fonction de celles de X_1 et de N.
3. On suppose que X_1 suit une loi de Bernoulli. Déterminer la loi de T lorsque N suit une loi géométrique définie sur N (respectivement, une loi de Poisson).
4. On se place de nouveau dans le cas général et on suppose que X_1 et N ont une espérance et une variance finie. Montrer que $\mathbb{E}(T) = \mathbb{E}(N)\mathbb{E}(X_1)$ et $\text{Var}(T) = \mathbb{E}(N)\text{Var}(X_1) + \text{Var}(N)(\mathbb{E}(X))^2$.

Exercice 4.12.11. Une urne contient une boule blanche et deux boules rouges. On répète une infinité de fois l'opération qui consiste à tirer une boule, la remettre dans l'urne si elle est blanche, l'éliminer si elle est rouge. On note X_n la v.a. égale à 0 si la n ième boule tirée est rouge, et égale à 1 si la n ième boule tirée est blanche.

1. Soit T_1 le plus petit entier m tel que $X_m = 0$. Déterminer la loi de T_1 et calculer sa fonction génératrice des probabilités. En déduire $\mathbb{E}(T_1)$ et $\text{Var}(T_1)$.
2. Soit T_2 le plus petit entier $m > T_1$ tel que $X_m = 0$. Calculer $\mathbb{P}(T_1 = m, T_2 = n)$ pour $m < n$.
3. En déduire la loi de T_2 et déterminer sa fonction génératrice. Calculer $\mathbb{E}(T_2)$ et $\text{Var}(T_2)$.
4. Calculer $\mathbb{P}(X_n = 0)$ à l'aide des lois de T_1 et T_2. En déduire la loi de X_n.

Exercice 4.12.12. Soit X et Y deux v.a. indépendantes , X suivant une loi de Bernoulli de paramètre p, et Y suivant une loi de Poisson de paramètre $l > 0$. Soit Z la v.a. égale à 0 si $X = 0$, et égale à Y si $X = 1$.

1. Déterminer la loi de Z.
2. Déterminer la fonction génératrice des probabilités de Z, son espérance et sa variance.
3. Que vaut la probabilité conditionnelle : $X = 0$ (respectivement , $X = 1$) sachant que $Z = 0$?

Exercice 4.12.13. Partant de la Définition 4.8.3, prouver l'équation suivante :

$$\text{Var}(X) = \mathbb{E}(\text{Var}(X|Y)) + \text{Var}(\mathbb{E}(X|Y)). \tag{4.12.1}$$

Exercice 4.12.14. Soit X, la variable aléatoire dont la loi est donnée par :

$$\mathbb{P}(X = n) = \frac{C}{n(n-1)}, \quad \forall n \geq 2.$$

1. Trouver la valeur de C.
2. Calculer $\mathbb{E}(X)$.
3. Calculer la fonction génératrice de X sur $[0, 1]$.
4. Cette fonction est-elle dérivable en 1 ? Pouvait-on s'y attendre ?

Exercice 4.12.15. Soit $d \geq 2$ un entier donné et soient les entiers $n_1, \cdots, n_d$ tels que $n_i \geq 2$ pour $i = 1, \cdots, d$. On pose $E = E_1 \times \cdots \times E_d$, avec $E_i = \{1, \cdots, n_i\}$ pour $i = 1, \cdots, d$. On dit qu'une variable aléatoire $X := (X_1, \cdots, X_d)$ à valeurs dans E, suit une loi uniforme si

$$\mathbb{P}(X = (k_1, \cdots, k_d)) = \frac{1}{\text{card}(E)}, \quad \text{pour tout } (k_1, \cdots, k_d) \in E.$$

1. Trouver les lois marginales de X.
2. En déduire que les composantes de X sont indépendantes.
3. Donner la matrice de covariance de X.

Exercice 4.12.16. Soit X et Y deux variables aléatoires suivant toutes les deux une loi géométrique de paramètres respectivement a et b.

1. Determiner la loi de $Z = X - Y$
2. Soit T, la variable aléatoire définie par $T(\omega) := \begin{cases} 1 & \text{si} \quad X(\omega) \leq Y(\omega) \\ 0 & \text{sinon.} \end{cases}$

   Calculer la loi de T.

3. Calculer la covariance $\text{Cov}(Z, T)$.

Exercice 4.12.17. Soit X un vecteur aléatoire de dimension d, suivant une loi multinomiale avec les mêmes paramètres que dans l'Exemple 4.9.4. En utilisant la fonction génératrice trouvée dans cet exemple et les résultats de la sous-section 4.9, retrouver directement pour $j \in \{1, \cdots, d\}$ et $j_1, j_2 \in \{1, \cdots, d\}$, $j_1 < j_2$:

1. la loi marginale de X_j, la loi jointe de (X_{j_1}, X_{j_2}),
2. l'espérance et la variance de X_j,
3. la quantité $\mathbb{E}(X_{j_1} X_{j_2})$ et en déduire la matrice de covariance de X.

Chapitre 5

Statistique descriptive : concepts et définitions de base

5.1 Terminologie

La statistique est une science qui permet de traiter et d'analyser les résultats des mesures effectuées sur les individus d'une population relativement à un certain nombre de caractères. Ces résultats sont généralement appelés observations et constituent donc la source principale de l'information statistique. De ses origines historiques, la statistique a conservé en partie la terminologie de la démographie. On parle, par exemple, de population pour désigner un ensemble, et d'individu pour nommer un élément de cet ensemble.

5.1.1 Population - Individu

Définition 5.1.1. (a) *On appelle population, tout ensemble d'entités concrètes ou abstraites qui représentent des personnes, des animaux ou des objets. Elle désigne l'ensemble des unités statistiques ou individus étudiés par le statisticien.*

(b) *On désigne par unité statistique ou individu, tout élément d'une population. Les unités statistiques d'une même population sont identifiables sans ambiguïté par une propriété commune qui leur est exclusive. Lorsqu'une population est composée d'un nombre fini N d'entités, on dit qu'elle est de taille finie N.*

*** *On emploiera donc les termes de population et d'individu aussi bien pour un ensemble d'êtres humains que pour un ensemble d'objets inanimés ou abstraits.*

Exemple 5.1.1. D'une manière générale, on peut associer le terme population à tout sujet d'intérêt. Comme exemple de population, on peut considérer :

- L'ensemble des personnes de sexe masculin agées de 18 ans et plus qui résident en 2020 sur un territoire donné.
  ▷ *Individu ou unité statistique : Chaque personne de sexe masculin agée de 18 ans et plus qui réside dans une ville donnée du dit territoire.*
- L'ensemble des accidents de la route survenus au cours d'un mois de l'année.
  ▷ *Unité statistique : Un accident qui s'est produit au cours du mois.*

- L'ensemble des établissements scolaires d'une ville donnée.
  ▷ *Unité statistique : Chaque établissement scolaire.*
- L'ensemble des mariages constatés entre 2000 et 2017.
  ▷ *Unité statistique : Chaque mariage constaté.*

5.1.2 Caractère ou variable statistique

Définition 5.1.2. *Un individu donné d'une population peut être étudié selon une ou plusieurs propriétés. Ces propriétés sont appelées caractères ou variables statistiques.*

Un caractère est un aspect particulier de l'individu auquel le statisticien s'intéresse. Il constitue donc l'objet de l'étude sur une population donnée.

Par exemple, une étude sur les étudiants d'une université peut porter sur les différents caractères : âge, sexe, nationalité, moyenne à l'examen de fin d'année.

5.1.3 Échantillon

Lorsque la population est trop importante ou inaccessible en partie, on étudie un échantillon, c'est-à-dire, un sous-ensemble beaucoup plus petit issu de cette population. Un échantillon est une partie finie d'une population constituée d'unités statistiques sélectionnées à l'aide d'une méthode appropriée permettant de formuler des conclusions pertinentes sur cette population.

Il doit être bien choisi pour qu'il reproduise le plus fidèlement possible les caractéristiques de la population. La taille d'un échantillon, souvent noté n, est le nombre d'unités statistiques qui le composent. Il existe plusieurs méthodes de choix d'un échantillon(aléatoire, stratifié,...)

5.2 Différents types de Caractère

Dans une étude statistique, les résultats de l'observation d'un caractère peuvent s'exprimer d'une manière *quantitative* ou *qualitative* selon qu'ils soient mesurables ou pas.

5.2.1 Caractère qualitatif

Un caractère statistique est dit de nature qualitative si les résultats de l'observation ne sont pas mesurables. C'est un caractère qui ne prend pas de valeur numérique. *Il ne répond pas à une question combien mais à des questions de types : Est-ce que, Comment, Pourquoi ?*
Par exemple, le sexe, la nationalité et la profession sont des caractères qualitatifs.
Un caractère qualitatif peut être de deux types :

- il est dit qualitatif ordinal, si les résultats de l'observation du caractère peuvent être présentés dans un certain ordre.
- il est dit qualitatif nominal, si l'ordre de présentation des résultats de l'observation du caractère n'a aucune importance.

Exemple 5.2.1. 1. Le caractère *Mention* obtenue par un candidat admis à un examen est une variable qualitative ordinale. Les résultats de l'observation ne sont pas mesurables et peuvent être ordonnés comme suit : *Passable* < *Assez bien* < *Bien* < *Très bien.*

2. Le caractère *Situation de famille* peut être considéré comme qualitatif nominal car les résultats de l'observation (célibataire, divorcé(e), marié(e), veu(ve)f) peuvent être présentés dans n'importe quel ordre.

5.2.2 Caractère quantitatif

Un caractère est dit **quantitatif** lorsque la caractéristique observée sur l'individu statistique peut s'exprimer sous forme numérique (mesurable). Selon les valeurs susceptibles d'être prises par les résultats de l'observation, on peut distinguer les variables quantitatives discrètes et les variables quantitatives continues.

Définition 5.2.1. *Une variable (ou caractère) statistique quantitative est dite discrète si elle peut prendre seulement certaines valeurs. En général, il résulte d'un comptage ou d'un dénombrement.*

Exemple 5.2.2. "nombre d'enfants", "nombre de mariages", "nombre de pauvres", "nombre d'accidents sur une période donnée", "nombre de cellules dans une culture", etc, sont des variables quantitatives discrètes.

Définition 5.2.2. *Une variable statistique est dite continue si elle est susceptible de prendre toutes les valeurs d'un intervalle fini ou infini. En général, il résulte d'une mesure.*

Exemple 5.2.3. "Revenu", "chiffre d'affaires", "âge", "taille", "poids", "distance", "rendement", etc, sont des variables quantitatives continues.

5.3 Terminologie des variables

5.3.1 Notion de Modalité

*** *Pour décrire une population, on classe les individus qui la composent en un certain nombre de sous-ensembles. Le classement peut se faire relativement à un ou plusieurs caractères. Par exemple, pour décrire la population sénégalaise on pourra retenir les caractères : sexe, âge, état matrimonial, catégorie socioprofessionnelle, etc. Le choix d'un caractère détermine le critère qui servira à classer les individus de la population en deux ou plusieurs sous-ensembles.*

Un caractère prend le plus souvent un certain nombre de valeurs ou d'états différents. Ces différents états ou situations (*valeurs*) possibles du caractère sont appelées *modalités*. Ainsi, par exemple, le caractère "sexe" a deux modalités : masculin et féminin.

Remarque 5.3.1. Pour que le classement d'un individu soit toujours possible sans ambiguïté, les différentes modalités du caractère doivent être à la fois exhaustives et incompatibles ; c'est-à-dire qu'un individu ne doit appartenir qu'à un et un seul

des sous-ensembles. Ainsi, par exemple, le caractère "sexe" a deux modalités qui déterminent dans une population le sous-ensemble des individus masculins et le sous-ensemble des individus féminins.
Il est cependant important de noter que le nombre de modalités selon lesquelles on considère un caractère peut être souvent fixé conventionnellement.

Exemple 5.3.1. On effectue une étude sur la consommation de cigarette par les jeunes. Pour cela, on a interrogé 150 jeunes fumeurs sur le nombre de cigarettes consommées par jour. Les réponses sont données dans la Table 5.1.

Nombre de cigarettes	1	2	3	4	5	6	7	>7
Nombre de jeunes	10	20	32	26	12	15	21	14

TABLE 5.1 – Nombre de cigarettes consommées par jour, sur 150 jeunes interrogés.

Ici, la population considérée est composée par l'ensemble des jeunes fumeurs, l'individu est donc un jeune fumeur quelconque. L'échantillon observé est de taille $n = 150$. Le caractère étudié est "*Nombre de cigarettes consommées par jour*". C'est un caractère quantitatif discret présentant 8 modalités qui sont : $1,\ 2,\ 3,\ 4,\ 5,\ 6,\ 7$ et > 7.

Lorsqu'un caractère présente peu de modalités, on peut l'étudier en considérant toutes ses modalités. Par contre, lorsqu'il présente un nombre important de modalités (c'est le cas des variables quantitatives continues et des variables discrètes prenant un nombre infini de valeurs), il est nécessaire de regrouper les modalités en classes pour faciliter l'étude de la variable.

5.3.2 Notion de classe

Pour étudier une variable statistique continue(ou une variable discrète prenant un nombre infini de valeurs), il est parfois nécessaire de diviser son ensemble de variation en intervalles de valeurs ayant une amplitude constante ou variable. Ces intervalles sont appelés *classes*. Une classe est définie par ses extrémités et est notée par $[x_i; x_{i+1}[$.

L'amplitude d'une classe est la différence entre la borne supérieure et la borne inférieure de l'intervalle défini. Soit $[x_i; x_{i+1}[$ une classe déterminée pour une variable quantitative continue, l'amplitude est alors le nombre $x_{i+1} - x_i$.

*** *Les extrémités sont logiquement définies en fonction du champ de variation du caractère et le nombre de classes que l'on souhaite.*

Exemple 5.3.2. la variable "age" est souvent découpée en classes quinquennales (d'amplitude 5) : *0 à moins de 5 ans, 5 ans à moins de 10 ans, 10 ans à moins de 15 ans*, etc. On obtient alors les classes suivantes : $[0; 5[$, $[5; 10[$, $[10; 15[$, ...

Remarque 5.3.2. Le choix du nombre de classes et de leurs amplitudes se fait en fonction de la taille de la population et de la précision des mesures.
Le nombre de classes doit être suffisant et leurs amplitudes pas trop grandes pour ne pas masquer certaines particularités pertinentes de la distribution statistique. Toute

diminution inconsidérée du nombre de classes ou toute augmentation exagérée des amplitudes de celles-ci, peut induire une perte d'information.
Diverses formules empiriques permettent d'établir le nombre de classes pour un échantillon de taille n. Les plus fréquemment utilisées sont :

- La règle de Sturge : Nombre de classes $= 1 + \dfrac{10}{3} \log n$, où log est le logarithme en base 10.
- La règle de Yule : Nombre de classes $= 2.5\, n^{\frac{1}{4}}$.

Pour chacune des formules, le résultat ne sera pas, en général, entier. Il donne une appréciation de ce qui ferait un bon découpage. L'amplitude des classes, notée a, est obtenue de la manière suivante :

$$a = \frac{x_{\max} - x_{\min}}{\text{Nombre de classes}},$$

où $x_{\max}$ et $x_{\min}$ désignent respectivement la plus grande et la plus petite valeur prise par le caractère dans la série statistique. Les modalités du caractère sont maintenant représentées par les différrentes classes obtenues.

5.3.3 Tableau statistique

Lorsque l'on récolte des données statistiques sur une population, il est souvent commode de les organiser dans un tableau. S'il s'agit de l'étude d'un seul caractère, les informations (ou données) recueillies sont résumées dans un *tableau statistique* à une seule dimension ou à une simple entrée, dont chaque case correspond à l'une des modalités du caractère. Dans chacune de ces dernières, on y inscrit le nombre d'individus présentant cette modalité.

Exemple 5.3.3. On recueille, dans la Table 5.2, les informations sur le nombre de romans dans une bibliothèque :

Bibliothèque	Policiers	Aventure	Science-fiction	Total
Nombre de romans	35	212	185	432

TABLE 5.2 – Nombre de romans dans une bibliothèque.

Remarque 5.3.3. Une population peut aussi être étudiée simultanément suivant deux ou plusieurs caractères. Le nombre de cases ou de sous-ensembles incompatibles et exhaustifs, est alors égal au produit du nombre de modalités des différents caractères.

Exemple 5.3.4. Dans une population de 160 habitants, le croisement du caractère sexe avec le caractère état matrimonial nous donne les résultats de la Table 5.3.

**** Il est aussi important de noter que l'on peut croiser trois caractères ou plus. On obtient ainsi des tableaux statistiques à trois dimensions ou plus. Mais, en pratique, le croisement d'un trop grand nombre de caractères entraine une augmentation rapide du nombre de cases du tableau et son utilisation devient fastidieuse.*

Etat Matrimonial/Sexe	Homme	Femme
Veuf	8	15
Marié	17	19
Non Marié	45	56

TABLE 5.3 – Croisement des caractères sexe et état matrimonial de 160 personnes.

5.3.4 Effectifs - Fréquences

On appelle effectif n_i d'une modalité x_i (ou d'une classe $[x_i; x_{i+1}[$) d'un caractère, le nombre d'individus pour lesquels le caractère considéré prend la valeur x_i (ou appartient à la classe $[x_i; x_{i+1}[$) en question.
L'effectif total n est la somme de tous les effectifs : $n = n_1 + n_2 + \cdots + n_k$, où k désigne le nombre de modalités ou le nombre de classes.
La valeur de n_i représente exactement le nombre d'apparitions de la modalité x_i pour cette variable dans la population ou dans l'échantillon considéré. Cet effectif est aussi appelé fréquence absolue.

La fréquence f_i associée à une valeur x_i (ou à une classe $[x_i; x_{i+1}[$) de la variable statistique X est le rapport de l'effectif correspondant n_i à l'effectif total n; c'est le nombre :

$$f_i = \frac{n_i}{n}$$

qui est aussi appelée une fréquence relative. Le nombre f_i indique exactement la proportion (ou le pourcentage) d'individus pour lesquels le caractère considéré prend la modalité x_i. La somme de toutes les fréquences relatives des modalités est égale à 1 : $f_1 + f_2 + \cdots + f_k = 1$.

5.3.4.1 Cas des caractères qualitatifs et quantitatifs discrets

Dans le cas des variables qualitatives ordinales ou quantitatives discrètes, on appelle :

◇ *Effectif cumulé croissant* $n_i^{\uparrow}$ associé à une modalité x_i d'une variable, le nombre d'individus dont la mesure est inférieure ou égale à x_i :

$$n_i^{\uparrow} = n_1 + n_2 + \cdots + n_i = \sum_{j=1}^{i} n_j.$$

◇ *Fréquence cumulée croissante* $f_i^{\uparrow}$ associée à une modalité x_i, la proportion d'individus dont la mesure est inférieure ou égale à x_i :

$$f_i^{\uparrow} = f_1 + f_2 + \cdots + f_i = \sum_{j=1}^{i} f_j.$$

◇ *Effectif cumulé décroissant* $n_i^{\downarrow}$ associé à une modalité x_i de la variable, le nombre d'individus dont la mesure est supérieure ou égale à x_i :

$$n_i^{\downarrow} = n_k + n_{k-1} + n_{k-2} + \cdots n_i = \sum_{j=i}^{k} n_j.$$

◇ *Fréquence cumulée décroissante* $f_i^{\downarrow}$ associée à une modalité x_i de la variable, la proportion d'individus dont la mesure est supérieure ou égale à x_i :

$$f_i^{\downarrow} = f_k + f_{k-1} + f_{k-2} + \cdots + f_i = \sum_{j=i}^{k} f_j.$$

Exemple 5.3.5. 1. Reprenons les résultats de l'enquête sur le nombre de cigarettes consommées par jour avec un échantillon de 200 jeunes fumeurs.

Nombre de cigarettes x_i	1	2	3	4	5	6	7	>7
Nombre de jeunes n_i	16	26	40	32	18	21	27	20

TABLE 5.4 – Nombre de cigarettes consomées par jour, sur 200 jeunes interrogés.

Par exemple, dans le tableau, on peut voir que sur les 200 fumeurs interrogés, $n_3 = 40$ consomment $x_3 = 3$ cigarettes par jour ; $n_5 = 18$ consomment $x_5 = 5$ cigarettes par jour, ...

Complétons maintenant le tableau statistique 5.4 par les effectifs cumulés croissants et les fréquences (relatives et cumulées) (voir Table 5.5) :

x_i	1	2	3	4	5	6	7	>7	Total
n_i	16	26	40	32	18	21	27	20	200
$n_i^{\uparrow}$	16	42	82	114	132	153	180	200	||
f_i	0.080	0.130	0.200	0.160	0.090	0.105	0.135	0.100	**1**
FCC $f_i^{\uparrow}$	0.080	0.210	0.410	0.570	0.66	0.765	0.900	**1**	||
FCD $f_i^{\downarrow}$	**1**	0.92	0.790	0.590	0.430	0.340	0.235	0.100	||

TABLE 5.5 – Effectifs et fréquences pour le nombre de cigarettes consommées par jour, sur 200 jeunes interrogés.

A partir du tableau précédent, on peut tirer les informations suivantes :

- L'effectif cumulé croissant correspondant à la modalité $x_2 = 2$ est $n_2^{\uparrow} = 42$. Ce qui implique que 42 jeunes fumeurs sur les 200 interrogés, consomment un nombre de cigarettes inférieur ou égal à 2 (ou *moins de 3*) par jour.
- L'effectif cumulé croissant correspondant à la modalité 3 est $n_3^{\uparrow} = 82$ impliquant que 82 jeunes fumeurs sur les 200 interrogés, consomment un nombre de cigarettes inférieur ou égal à 3 (ou *moins de 4*) par jour.
- La fréquence relative correspondant à la modalité $x_1 = 1$ est $f_1 = 0.080$. Ainsi, 8% des fumeurs interrogés consomment une seule cigarette par jour.

- La fréquence relative correspondant à la modalité $x_2 = 2$ est $f_2 = 0.130$. Donc, 13% des fumeurs interrogés consomment exactement 2 cigarettes par jour.
- La fréquence cumulée croissante correspondant à la modalité $x_2 = 2$ est $f_2^{\uparrow} = 0.210$. On peut donc dire que 21% des fumeurs interrogés consomment un nombre de cigarettes inférieur ou égal à 2 par jour.
- La fréquence cumulée croissante correspondant à la modelaité $x_3 = 3$ est $f_3^{\uparrow} = 0.410$. On peut donc dire que 41% des fumeurs interrogés consomment un nombre de cigarettes inférieur ou égal à 3 par jour.
- La fréquence cumulée décroissante correspondant à la modalité $x_2 = 2$ est $f_2^{\downarrow} = 0.920$, soit, 92% des fumeurs interrogés consomment au moins 2 cigarettes par jour.
- La fréquence cumulée décroissante correspondant à la modalité $x_3 = 3$ est $f_3^{\downarrow} = 0.790$, soit, 79% consomment au moins 3 cigarettes par jour.

5.3.4.2 Cas des caractères quantitatifs continus

Dans le cas des variables quantitatives continues, les données sont en général regroupées en classes. Les effectifs et les fréquences cumulées sont donc définis par rapport aux classes et non par rapport à des valeurs fixes de la variable. On appelle :

◇ *Effectif cumulé croissant* $n_i^{\uparrow}$ associé à la classe $[x_i, x_{i+1}[$ d'une variable, le nombre d'individus dont la mesure est strictement inférieure à x_{i+1}.

◇ *Fréquence cumulée croissante* $f_i^{\uparrow}$ associée à la classe $[x_i, x_{i+1}[$, la proportion d'individus dont la mesure est strictement inférieure à x_{i+1}.

◇ *Effectif cumulé décroissant* $n_i^{\downarrow}$ associé à la classe $[x_i, x_{i+1}[$ de la variable, le nombre d'individus dont la mesure est supérieure ou égale à x_i.

◇ *Fréquence cumulée décroissante* $f_i^{\downarrow}$ associée à la classe $[x_i, x_{i+1}[$, la proportion d'individus dont la mesure est supérieure ou égale à x_i.

Exemple 5.3.6. 1. Une enquête effectuée sur le chiffre d'affaires mensuel (exprimé en 10^5 FCFA) de 150 PME a fourni les informations contenues dans la Table 5.6.

Classes	[6 ;12[	[12 ;18[	[18 ;24[	[24 ;30[
Effectifs : n_i	30	15	60	45

TABLE 5.6 – Effectifs sur le chiffre d'affaires mensuel de 150 PME.

2. Complétons le Tableau 5.6 par les effectifs cumulés croissants et les fréquences (relatives et cumulées) :

Dans ce tableau, nous pouvons voir que :

- L'effectif cumulé croissant correspondant à la classe $[12; 18[$ est $n_2^{\uparrow} = 45$, soit, 45 PME sur les 150 observées réalisent un chiffre d'affaires mensuel strictement inférieur à $18.10^5 = 1.800.000$ FCFA.

Classes	[6;12[	[12;18[	[18;24[	[24;30[	Total
Effectifs : n_i	30	15	60	45	**150**
ECC : $n_i^{\uparrow}$	30	45	105	150	||
Fréquences : f_i	0.20	0.10	0.40	0.30	**1**
FCC : $f_i^{\uparrow}$	0.20	0.30	0.70	**1**	||
FCD : $f_i^{\downarrow}$	**1**	0.80	0.70	0.30	||

TABLE 5.7 – Effectifs et fréquences sur le chiffre d'affaires mensuel de 150 PME.

- L'effectif cumulé croissant correspondant à la classe $[18; 24[$ est $n_3^{\uparrow} = 105$, impliquant que 105 PME sur les 150 réalisent un chiffre d'affaires mensuel strictement inférieur à 2.400.000 FCFA.
- La fréquence relative correspondant à $[6; 12[$ est $f_1 = 0.20$, impliquant que 20% des PME ont un chiffre d'affaire compris entre 600.000 et 1.200.000.
- La fréquence relative correspondant à la classe $[12; 18[$ est $f_2 = 0.10$. Ce qui implique que 10% des PME réalisent un chiffre d'affaires compris entre 1.200.000 FCFA et 1.800.000 FCFA.
- La fréquence cumulée croissante correspondant à la classe $[12; 18[$ est $f_2^{\uparrow} = 0.30$, soit, 30% des PME réalisent un chiffre d'affaires mensuel strictement inférieur à 1.800.000 FCFA.
- La fréquence cumulée croissante correspondant à $[18; 24[$ est $f_3^{\uparrow} = 0.70$. Donc, 70% des PME réalisent un chiffre d'affaires mensuel strictement inférieur à 2.400.000.
- La fréquence cumulée décroissante correspondant à la classe $[12; 18[$ est $f_2^{\downarrow} = 0.80$. Donc, 80% des PME réalisent un chiffre d'affaires supérieur ou égale à 1.200.000 FCFA.
- La fréquence cumulée décroissante correspondant à la classe $[18; 24[$ est $f_3^{\downarrow} = 0.70$. Par conséquent, 70% des PME réalisent un chiffre d'affaires supérieur ou égale à 1.800.000 FCFA.

5.4 Exercices

Exercice 5.4.1. Une petite coopérative de produits agro-alimentaires, installée à Dakar, souhaite mettre en production un nouveau produit alimentaire destiné à la population locale. Il se trouve que le processus de mise en production demande un investissement conséquent. *Pour écarter ou diminuer le risque de perte d'argent*, la coopérative décide de faire un sondage sur la *qualité* du produit et son *prix* en faisant goûter le nouveau produit à une partie de la population et en demandant à chaque personne qui le goûte de donner un prix auquel il est prêt à l'acheter. Elle a sondé $n = 100$ individus choisis au hasard dans les rues de Dakar. On représente ci-après les résultats du sondage. La partie gauche du tableau 5.8, avec les correspondances suivantes : $0 \equiv$ "la personne n'aime pas le produit", $1 \equiv$ "la personne aime moyennement le produit", $2 \equiv$ "la personne aime très bien le produit", représente les résultats sur le degré d'appréciation du nouveau produit. La partie droite du tableau 5.8 repésente les résultats du sondage sur le prix du paquet du nouveau produit.

1	2	2	1	2	2	2	2	1	1
1	0	1	2	2	0	0	1	1	1
2	0	2	2	2	2	1	2	1	2
1	1	2	2	0	0	2	1	2	2
2	0	0	2	2	1	2	1	2	1
2	2	1	2	1	2	2	0	2	0
0	2	1	1	2	2	2	2	2	2
2	2	1	2	2	1	2	2	2	2
1	2	2	1	2	2	0	2	2	2
1	0	2	2	2	2	1	2	2	2

125	100	150	100	75	200	175	225	150	75
150	75	100	250	175	75	100	100	125	125
200	75	225	175	100	75	100	175	150	175
110	150	200	75	75	250	225	200	150	200
125	75	75	200	175	100	200	200	200	175
150	150	200	225	75	250	200	75	175	75
75	175	125	250	200	250	200	200	150	200
150	250	150	200	150	250	200	200	150	220
175	175	200	150	200	250	100	200	150	250
150	75	225	200	225	120	170	250	175	200

TABLE 5.8 – Résultats du sondage sur le nouveau produit. Tableau de gauche : $0 \equiv$ "la personne n'aime pas le produit", $1 \equiv$ "la personne aime moyennement le produit", $2 \equiv$ "la personne aime beaucoup le produit". Tableau de droite : résultats du sondage sur le prix du paquet du nouveau produit.

1. Dresser le tableau des effectifs, des effectifs cumulés, des fréquences et des fréquences cumulées pour chaque variable.
2. Le prix est choisi pour satisfaire au moins 75% des clients potentiels. Quel prix doit-on proposer ?
3. Le produit est jugé vendable si au moins 75% des clients potentiels l'aiment, au moins moyennement. Le produit est-il vendable ?

Exercice 5.4.2. La FIFA veut mettre en place un système pour détecter des dopeurs sans être amené à faire passer un test à tous les joueurs (ce qui reviendra trop cher), à la suite d'un match de foot. La FIFA retient comme critère pertinent, le nombre de kilomètres parcourus sur une seconde période d'un match. Les distances parcourues sont données dans la Table 5.9. Elle fait passer un test pour dopage à 100 joueurs choisis au hasard à la suite d'un match et constate que sur les 100 joueurs, le test s'est révélé positif pour 1 joueur.

2.14	1.98	5.56	4.42	5.04	2.25	3.95	4.14	4.29	4.02
4.34	3.63	3.67	3.53	5.98	3.98	1.88	6.19	4.17	5.03
3.81	3.07	4.63	2.83	7.28	4.35	5.42	4.33	4.50	4.06
6.11	4.51	5.74	2.79	7.49	5.41	5.47	6.21	1.40	7.03
4.24	2.78	4.68	2.48	4.92	4.42	3.97	5.34	6.86	6.42
1.85	5.81	3.90	7.49	7.86	4.55	4.69	6.76	4.90	4.21
3.30	2.60	3.42	6.67	5.03	4.09	5.80	5.87	5.26	4.06
4.24	5.55	3.33	4.76	5.11	4.55	2.13	5.87	2.86	3.30
5.09	4.07	6.75	3.26	5.05	3.29	6.69	2.87	3.22	3.67
3.86	3.80	4.86	6.31	6.03	2.82	3.92	3.00	5.05	7.20

TABLE 5.9 – Distances parcourues par les 100 joueurs.

La FIFA considère cet échantillon comme échantillon de référence (sur une période donnée dans le futur) et décide de faire passer un "test pour dopage" à tout joueur dont le nombre de kilomètres parcouru x lors de la seconde partie d'un match est tel que la fréquence cumulée croissante (de l'échantillon test) correspondant à la modalité x, que l'on notera $f^{\uparrow}(x)$, vérifie : $f^{\uparrow}(x) \geq 0.99$.

1. Découpez les données en 10 classes de longueur égale et dressez le tableau des effectifs, des effectifs cumulés, des fréquences et des fréquences cumulées.
2. Un joueur a parcouru 6.7 km lors de la seconde partie d'un match. Doit-on lui faire passer un "test pour dopage" ?

Chapitre 6

Représentations graphiques

Les tableaux statistiques sont importants car ils permettent d'organiser des données. Mais, pour effectuer une première synthèse des informations qu'ils contiennent, on les traduit par des représentations sous forme de graphique. Une représentation graphique permet de visualiser des données et de fournir des renseignements rapides sur leur allure en indiquant leurs contenus majeurs. Il existe une variété de représentations graphiques, elles sont relatives à la nature de la série étudiée. Sans être exhaustif, nous en traiterons les plus usuelles et les plus pertinentes.

Nous considérons un échantillon composé de n individus issus d'une population P d'effectif n. Sur chacun de ces individus, on effectue une observation concernant un caractère X. Nous obtenons donc une liste de nombres ou de mesures. On suppose que le caractère X admet k modalités.
Nous allons présenter les principaux types de graphiques utilisés dans la description des caractères qualitatifs et quantitatifs. La présentation des graphiques sera faite selon la nature de la variable étudiée.

6.1 Variable qualitative

Pour une variable qualitative, les principales représentations qui sont souvent utilisées sont : les diagrammes à secteurs (circulaires ou semi-circulaires) et les tuyaux d'orgue, appelés aussi diagrammes en barres ou à bandes.

6.1.1 Diagrammes à secteurs circulaires

Ce type de diagramme appelé aussi "*camembert*" (ou "*piechart*" en anglais), est réalisé à partir d'un cercle de rayon donné et consiste à représenter chaque modalité x_i par un secteur angulaire au centre dont l'angle θ_i est proportionnel à l'effectif n_i de la modalité ou à sa fréquence f_i. Pour toute modalité x_i, l'angle correspondant est calculé en utilisant la relation de proportionnalité suivante :

$$\frac{\theta_i}{n_i} = \frac{360}{n} \text{ pour } i = 1, 2, \cdots, k.$$

Ce qui permet d'établir que

$$\theta_i = \frac{n_i}{n} \times 360^\circ = f_i \times 360^\circ, \text{ pour } i = 1, 2, \cdots, k.$$

Cette représentation permet de visualiser la part relative de chaque modalité dans la population totale et de révéler les différences.

Exemple 6.1.1. Dans un échantillon de 50 personnes, une enquête sur la situation matrimoniale a donné les résultats de la Table 6.1.

Sit. Matr.	Célibataire	Divorcé(e)	Marié(e)	Veuf(ve)	Total
Effectif n_i	21	6	13	10	50
Fréquence f_i	42%	12%	26%	20%	100%

TABLE 6.1 – Situation matrimoniale de 50 personnes.

La variable étudiée ici est la "*Situation matrimoniale*". Pour effectuer la représentation en secteurs circulaires, on considère un cercle de rayon donné, puis on calcule pour chaque modalité, l'angle au centre correspondant. Ainsi, nous aurons le Tableau 6.2.

Sit. Matr.	Célibataire	Divorcé(e)	Marié(e)	Veuf(ve)	Total
Effectif n_i	21	6	13	10	50
Fréquence f_i	42%	12%	26%	20%	100%
Angle θ_i	151.2°	43.2°	93.6°	72°	360°

TABLE 6.2 – Situation matrimoniale de 50 personnes, avec les angles au centre correspondant.

La représentation laisse apparaître une part très importante de célibataires dans la population par rapport aux autres modalités.

Remarque 6.1.1. On représente de manière analogue le diagramme semi-circulaire en utilisant un demi-cercle à la place d'un cercle. Pour chaque secteur angulaire, l'angle correspondant θ_i est déterminé par :

$$\theta_i = \frac{n_i}{n} \times 180^\circ = f_i \times 180^\circ, \text{ pour } i = 1, 2, \cdots, k.$$

6.1.2 Diagramme en barres ou en tuyaux d'orgue

Dans ce diagramme, les différentes modalités du caractère sont représentées par des rectangles de même base, équidistants et d'aires proportionnelles aux effectifs (ou aux fréquences). Comme les rectangles ont la même base, alors leurs hauteurs sont proportionnelles aux effectifs (ou aux fréquences). Pour la représentation du diagramme, on considère alors les hauteurs.

Exemple 6.1.2. Nous reprenons les résultats de la Table 6.1, de l'enquête sur le caractère "*Situation matrimoniale*" et représentons, à la Figure 6.2, le diagramme en barres pour le caractère "*Situation matrimoniale*".

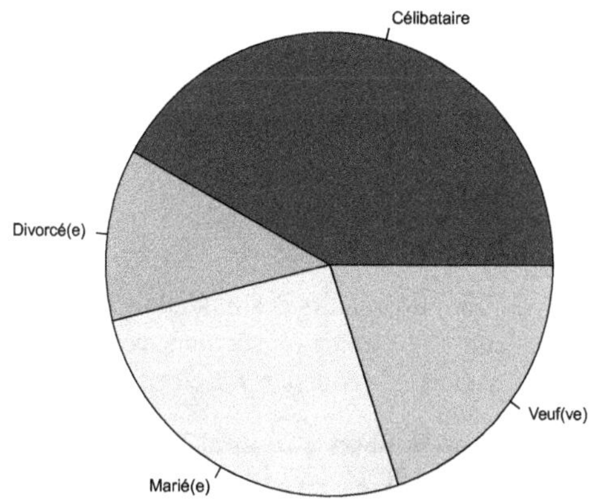

FIGURE 6.1 – Diagramme circulaire pour le caractère "*Situation matrimoniale*".

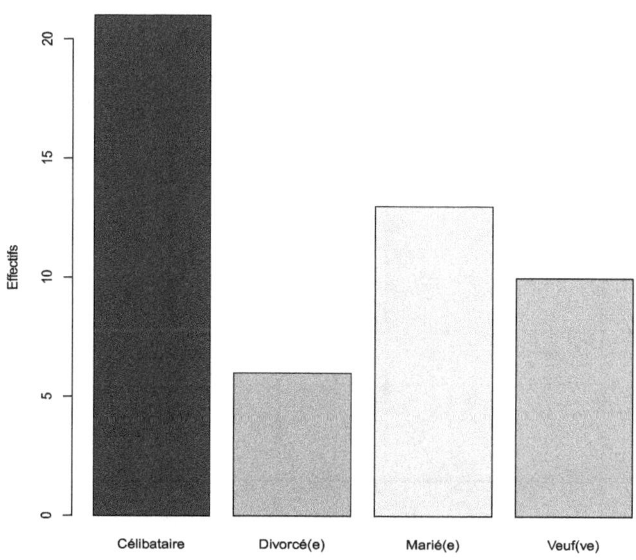

FIGURE 6.2 – Diagramme en barres pour le caractère "*Situation matrimoniale*".

6.2 Variable quantitative discrète

Dans le cas des variables discrètes, on utilise généralement deux types de représentations graphiques : le diagramme à bâtons et la courbe cumulative. Nous considérons X, une variable discrète définie sur une population d'effectif n, ayant k modalités x_i d'effectif n_i et de fréquence f_i, pour tout $i = 1, 2, \ldots\ldots, k$.

Toutes les représentations seront effectuées dans un repère plan à axes perpendiculaires.

6.2.1 Diagramme à bâtons

Pour le réaliser, on porte d'abord les valeurs des modalités de la variable sur l'axe des abscisses. Pour chaque valeur x_i, on trace un segment vertical (*bâton*) de longueur proportionnelle à l'effectif n_i ou à la fréquence f_i de cette valeur.

Exemple 6.2.1. Nous disposons d'une série d'observations sur 400 ménages portant sur le nombre d'enfants de moins de 15 ans. Le Tableau 6.3 présente la distribution obtenue.

Modalités (Nombres d'enfants) x_i	0	1	2	3	4	5	Total
Effectifs (Nombres de ménages) : n_i	60	20	100	120	80	20	400
Fréquences : f_i	0.15	0.05	0.25	0.30	0.20	0.05	1

TABLE 6.3 – Distribution du nombre d'enfants de moins de 15 ans observés sur 400 ménages.

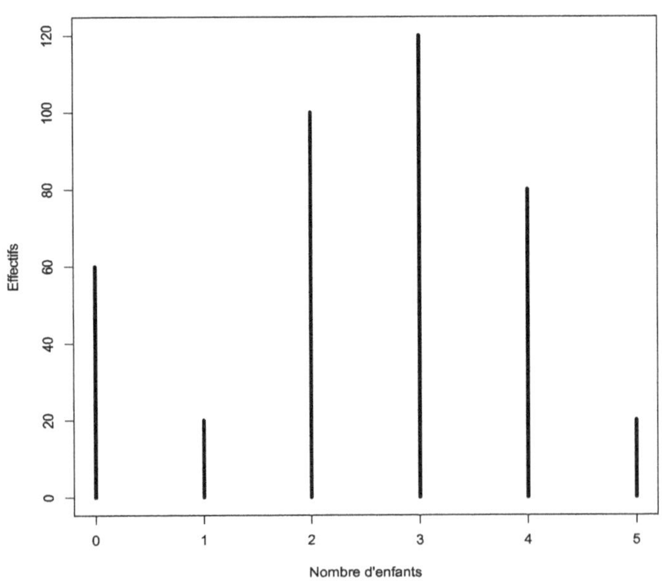

FIGURE 6.3 – Diagramme en bâtons pour le caractère "*Nombre d'enfants par ménage*".

Remarque 6.2.1. On peut représenter par le même procédé le diagramme en bâtons des effectifs cumulés croissants (ou décroissants).

6.2.2 Courbe cumulative

La courbe cumulative des effectifs est la courbe des effectifs cumulés croissants $n_i \uparrow$. C'est la représentation graphique de la fonction cumulative des effectifs F, qui est définie par :

$$F(x) = \begin{cases} n_i^{\uparrow} & \text{pour } x_i \leq x < x_{i+1}, \quad i = 1, 2, \ldots, k-1 \\ 0 & \text{pour tout } x < x_1 \\ n & \text{pour tout } x \geq x_k. \end{cases}$$

On obtient alors une courbe en escaliers dont les marches correspondent aux modalités x_i et sont à des hauteurs proportionnelles aux effectifs cumulés croissants $n_i \uparrow$. En remplaçant les effectifs par les fréquences, on obtient de même la courbe cumulative des fréquences. La fonction cumulative des fréquences, F, appelée fonction de répartition de X, est définie de manière analogue par :

$$F(x) = \begin{cases} f_i^{\uparrow} & \text{pour } x_i \leq x < x_{i+1}, \quad i = 1, 2, \ldots, k-1 \\ 0 & \text{pour tout } x < x_1 \\ 1 & \text{pour tout } x \geq x_k. \end{cases}$$

Exemple 6.2.2. Reprenons le Tableau 6.3 de la série d'observations portant sur le nombre d'enfants par ménage et complétons-le par les effectifs et fréquences cumulés croissants. Les résultats sont représentés dans la Table 6.4. Aussi, nous représentons graphiquement, à la Figure 6.4, la courbe des fréquences cumulées croissantes.

Modalités x_i	0	1	2	3	4	5	Total
Effectifs : n_i	60	20	100	120	80	20	400
$n_i^{\uparrow}$	60	80	180	300	380	400	
Fréquences : f_i	0.15	0.05	0.25	0.30	0.20	0.05	1
$F(x_i) = f_i^{\uparrow}$	0.15	0.20	0.45	0.75	0.95	1	

TABLE 6.4 – Fréquences cumulées croissantes du nombre d'enfants observés sur 400 ménages.

Remarque 6.2.2. On peut aussi réaliser les courbes cumulatives décroissantes des effectifs ou des fréquences.

- La courbe cumulative décroissante des effectifs est la représentation graphique des effectifs cumulés décroissants. C'est aussi un graphique en escalier, mais les paliers horizontaux ont pour ordonnées respectives $n_i^{\downarrow}$ et de hauteurs proportionnelles aux effectifs cumulés décroissants.
- La courbe cumulative décroissante des fréquences est la représentation graphique des fréquences cumulées décroissantes $f_i^{\downarrow}$.

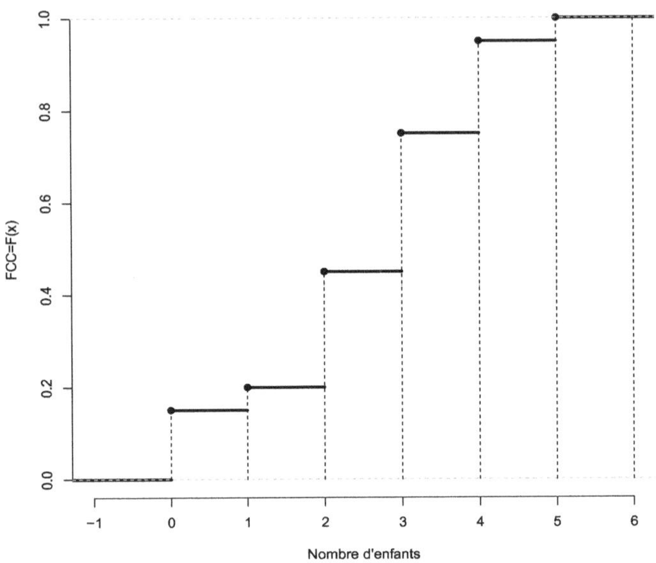

FIGURE 6.4 – Courbe cumulative croissante des fréquences pour la variable "*Nombre d'enfants par ménage*".

Exemple 6.2.3. Reprenons cette fois-ci le Tableau 6.3 de la série d'observations portant sur le nombre d'enfants par ménage et complétons-le par les fréquences cumulées décroissantes. Les résultats sont représentés dans la Table 6.5. Aussi, nous représentons graphiquement, à la Figure 6.5, la courbe des fréquences cumulées décroissantes.

Modalités x_i	0	1	2	3	4	5	Total
Effectifs : n_i	60	20	100	120	80	20	400
Fréquences : f_i	0.15	0.05	0.25	0.30	0.20	0.05	1
FCD $f_i^{\downarrow}$	1.00	0.85	0.80	0.55	0.55	0.05	$\|\|$

TABLE 6.5 – Fréquences cumulées décroissantes du nombre d'enfants observés sur 400 ménages.

6.3 Variable quantitative continue

Pour une variable continue, on utilise généralement deux types de représentations graphiques : l'histogramme et la courbe cumulative ou polygone cumulatif. On considère une variable continue dont les classes $[x_i; x_{i+1}[$, sont d'effectif n_i, et de fréquence f_i, $i = 1, 2, \ldots, k$.

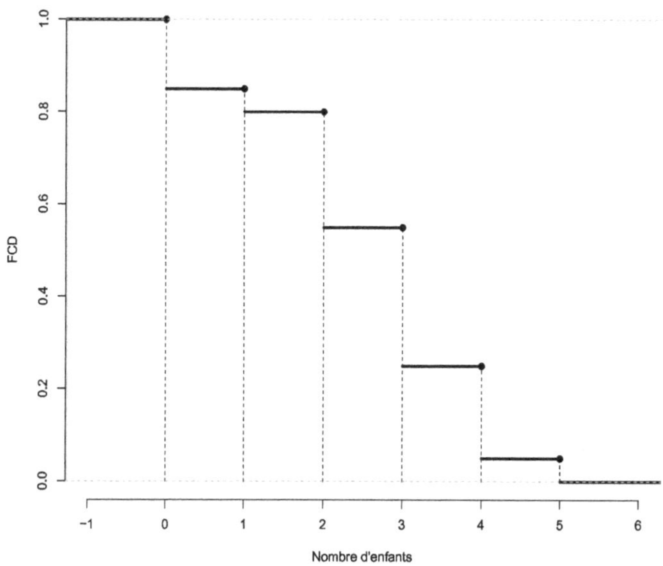

FIGURE 6.5 – Courbe cumulative décroissante des fréquences pour le caractère "*Nombre d'enfants par ménage*".

Toutes les représentations seront effectuées dans un repère plan à axes perpendiculaires.

6.3.1 Histogramme

C'est la représentation graphique de la distribution des effectifs ou des fréquences d'une variable statistique continue. Pour réaliser cette représentation, on porte les bornes des classes en abscisses. A chaque classe $[x_i; x_{i+1}[$ portée en abscisse, on fait correspondre un rectangle dont :

- la base est proportionnelle à l'amplitude,
- la hauteur est telle que l'aire du rectangle est proportionnelle à l'effectif ou à la fréquence de la classe.

On obtient un graphique formé de rectangles adjacents appelé histogramme. Nous distinguerons deux cas pour le représenter.

◇ *Les classes ont la même amplitude*. Les classes sont représentées par des rectangles de même base et pour chaque classe, la hauteur du rectangle correspondant est égale à son effectif ou sa fréquence.

◇ *Les classes n'ont pas la même amplitude*. On choisit une unité d'amplitude de classe U. Dans cette nouvelle unité, la classe $[x_i; x_{i+1}[$ a pour amplitude $d_i = \frac{x_{i+1}-x_i}{U}$. La hauteur du rectangle correspondant à la classe $[x_i; x_{i+1}[$ est égale à $\frac{n_i}{d_i}$ ou $\frac{f_i}{d_i}$.

Remarque 6.3.1. Si on choisit une unité d'amplitude égale à 1, alors la hauteur h_i de chaque classe correspond à la densité de la classe. La densité d'une classe est déterminée par l'effectif de la classe divisé par l'amplitude de la classe.

Exemple 6.3.1. (*Avec des classes d'égale amplitude*) On mesure la taille en centimètres de 50 élèves d'une classe de seconde. Les observations sont données dans le Tableau 6.6.

Classes	$[151; 155[$	$[155; 159[$	$[159; 163[$	$[163; 167[$	$[167; 171[$	Total
Effectif n_i	10	12	11	7	10	50

TABLE 6.6 – Taille en cm de 50 élèves d'une classe.

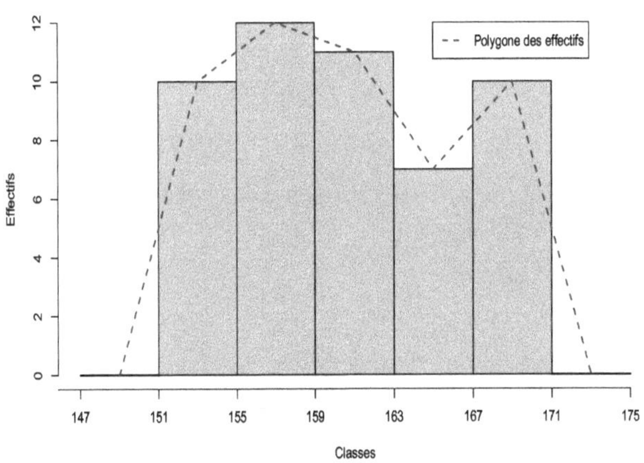

FIGURE 6.6 – Histogramme des effectifs pour la taille des élèves.

Exemple 6.3.2. (*Avec des classes d'amplitudes différentes*) Considérons le Table 6.7 qui donne la répartition de 150 ouvriers d'une entreprise, suivant leur salaire mensuel net, exprimé en une monnaie quelconque.

Classes	$[12; 14[$	$[14; 16[$	$[16; 20[$	$[20; 24[$	$[24; 30[$	Total
Effectif n_i	20	30	64	20	16	150

TABLE 6.7 – Répartition de 150 ouvriers d'une entreprise suivant leur salaire net mensuel.

Choisissons une unité d'amplitude U égale à 1. Nous calculons la hauteur de chaque classe que nous présentons dans le Tableau 6.8, de même que l'histogramme des effectifs représenté dans la Figure 6.7.

Classes	[12; 14[	[14; 16[	[16; 20[	[20; 24[	[24; 30[	Total
Effectif n_i	20	30	64	20	16	150
Hauteurs h_i	10	15	16	5	4	1

TABLE 6.8 – Effectifs et hauteurs de 150 ouvriers d'une entreprise suivant leur salaire net mensuel.

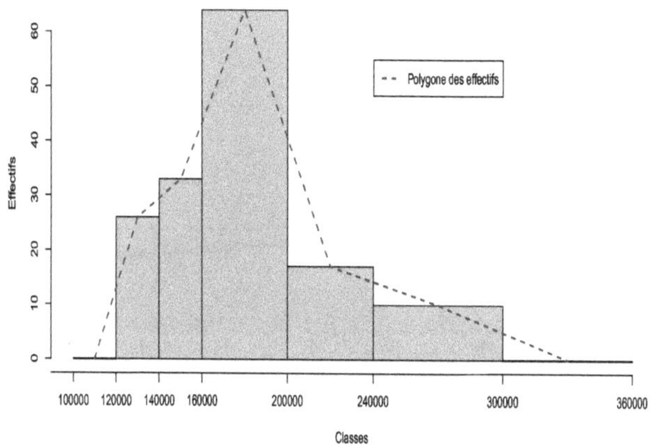

FIGURE 6.7 – Histogramme des effectifs pour les salaires mensuels.

Remarque 6.3.2. L'histogramme étant construit, on peut définir le polygone des effectifs dont l'objet et de préciser l'évolution des effectifs dans les différentes classes.

Définition 6.3.1. *Le polygone des effectifs est la ligne brisée obtenue en joignant les milieux des sommets des rectangles de l'histogramme ainsi que deux autres points, centres de deux classes fictives d'effectifs zéro, et adjacentes à la première et à la dernière classe.*

Lorsque les classes ont la même amplitude, l'aire délimitée par le polygone et l'axe des abscisses est égale à la somme des aires des rectangles (*le polygone est matérialisé en pointillé dans les figures 6.6 et 6.7*).

6.3.2 Courbes cumulatives

La courbe cumulative des effectifs est la représentation de la fonction cumulative F. Les observations étant groupées en classes, on ne connait de cette fonction que les valeurs qui correspondent aux bornes supérieures des classes. La courbe cumulative des effectifs est la ligne brisée joignant respectivement les points de couples de coordonnées $(x_1, 0), (x_2, n_1^{\uparrow}), \ldots, (x_{i+1}, n_i^{\uparrow}), \ldots, (x_{k+1}, n)$, avec n, l'effectif total de la population.

On réalise de façon analogue la courbe cumulative des fréquences.

Remarque 6.3.3. *On peut aussi représenter la courbe de la fonction cumulative inverse ou polygone des effectifs cumulés décroissants. C'est la ligne brisée joignant respectivement les points de couples de coordonnées*
$(x_1, n); (x_2, n_1^{\downarrow}); \ldots; (x_i; n_i^{\downarrow}); \ldots (x_{k+1}; 0)$.

On réalise de façon analogue la courbe de la fonction cumulative inverse des fréquences.

Exemple 6.3.3. Nous représentons dans le tableau statistique 6.9 la répartition de la taille en centimètres de 50 élèves. La Figure 6.8 représente les polygones cumulatifs des fréquences.

Classes	$[151; 155[$	$[155; 159[$	$[159; 163[$	$[163; 167[$	$[167; 171[$	Total
Effectif n_i	10	12	11	7	10	50
Fréquences f_i	20%	24%	22%	14%	20%	100%
FCC $f_i^{\uparrow}$	20%	44%	66%	80%	100%	||
FCD $f_i^{\downarrow}$	100%	80%	56%	34%	20%	||

TABLE 6.9 – Répartition de la taille en centimètres de 50 élèves.

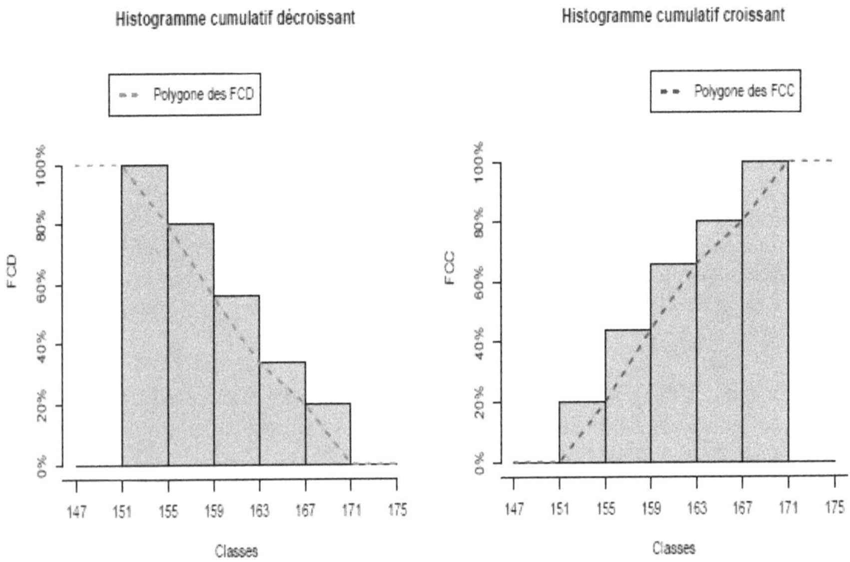

FIGURE 6.8 – Polygones cumulatifs des fréquences pour la taille des élèves.

Exemple 6.3.4. On désire déterminer le pourcentage des élèves ayant une taille au plus égale à 162 cm. Le tableau statistique ne permet pas de répondre à une telle question. Il existe deux méthodes de détermination.

- *Méthode graphique*. Sur la courbe cumulative croissante, on détermine l'ordonnée du point d'abscisse 162 cm. C'est une simple lecture graphique.
- *Méthode d'interpolation affine*. La valeur 162 se trouve dans la classe $[159; 163[$. Les ordonnées des points de la courbe cumulative d'abscisses 159 et 163 sont respectivement 44% et 66%. On utilise alors la formule d'interpolation affine. Si y représente l'ordonnée du point d'abscisse 162, alors :

$$\frac{y - 44\%}{162 - 159} = \frac{66\% - 44\%}{163 - 159}.$$

Ce qui donne $y = 60,5\%$. On peut affirmer que $60,5\%$ des élèves ont une taille au plus égale à 162 cm.

Chapitre 7

Résumé des données

Les représentations graphiques sont essentielles, car elles permettent de faire une première synthèse de l'information contenue dans les tableaux statistiques et d'effectuer une comparaison entre les différentes séries en présence. Mais elles ne suffisent pas, et souvent, ne se prêtent pas facilement à l'analyse, surtout lorsqu'il y a un nombre important de distributions statistiques à traiter. Par exemple, si on veut classer 2000 candidats à un concours de grandes écoles à travers une représentation graphique de 2000 séries de 15 notes obtenues aux diverses épreuves par chaque candidat, la tâche risque d'être très ardue. C'est pourquoi, on associe souvent aux représentations graphiques certaines caractéristiques ou paramètres, qui ont pour objet non seulement de résumer numériquement les informations recueillies, mais aussi d'en effectuer une analyse plus approfondie. Ces caractéristiques sont classées en trois catégories : les caractéristiques de position, les caractéristiques de dispersion et les caractéristiques de forme.

7.1 Caractéristiques de position

Les paramètres de position sont des outils d'analyse qui permettent de réduire les données. Ils sont souvent à tendance centrale, c'est-à-dire des valeurs autour desquelles peuvent se décliner les autres valeurs de la série étudiée. Il existe plusieurs paramètres de position, et nous présenterons les plus usuels.

7.1.1 Maximum et minimum

Le maximum et le minimum représentent respectivement la plus grande et la plus petite valeur observée d'une série de données numériques, donc d'une variable quantitative. La connaissance du minimum ou du maximum permet de situer les autres valeurs de la série.

7.1.2 Le mode

7.1.2.1 Définitions

Définition 7.1.1. *Le mode d'une distribution statistique est la modalité de la variable dont l'effectif est le plus grand. Il représente la valeur la plus fréquente dans la série, c'est-à-dire celle qui revient le plus souvent.*

Exemple 7.1.1. Considérons le tableau statistique 7.1 représentant les résultats d'une enquête sur une population selon la "*Situation matrimoniale*" :

Etat Matr	Marié(e)	Célibataire	Divorcé(e)	Veuf(ve)	Total
Effectif n_i	13	21	6	10	50
Fréquence f_i	26%	42%	12%	20%	100%

TABLE 7.1 – Résultats d'une enquête sur une population selon la situation matrimoniale.

Le mode est : Célibataire. Cela veut dire que dans cette population les célibataires représentent le groupe majoritaire.

Remarque 7.1.1. Bien que facile à déterminer et simple à analyser, le mode présente quelques inconvénients. En effet : Le mode n'est pas souvent unique, c'est-à -dire qu'une série peut avoir plusieurs modes. Et dans ce cas, le mode ne se prête pas trop comme paramètre d'analyse. Une série bimodale (avec deux modes) est une série dans laquelle il y a un mélange de deux populations.

Remarque 7.1.2. Lorsqu'une variable est continue, on parle de classe modale.

Définition 7.1.2. *La classe modale d'une variable continue, est la classe qui a la hauteur la plus élevée dans l'histogramme. C'est la classe dont la densité est la plus forte. En particulier, si toutes les classes ont la même amplitude, alors la classe modale est celle qui a l'effectif le plus grand (ou la fréquence la plus grande).*

7.1.2.2 Détermination du mode dans le cas continu

Lorsque la variable est continue, le mode appartient à la classe modale. On détermine sa valeur par approximation. Il existe plusieurs méthodes d'approximation du mode.

- ◇ On peut déterminer le mode comme le centre de la classe modale, en considérant que dans un intervalle, toute l'information est contenue au centre.
- ◇ On peut déterminer le mode par interpolation. Pour cela, on considère la classe modale et les deux classes qui lui sont adjacentes (voir figure). Soit en effet $[x_i; x_{i+1}[$, la classe modale, d_1 la différence entre la densité de la classe modale et celle de la classe qui la précède, et d_2 la différence entre la densité de la classe modale et de la classe suivante. Le mode M_0 est alors déterminé par la formule suivante :

$$M_0 = x_i + \frac{d_1}{d_1 + d_2}\left(x_{i+1} - x_i\right).$$

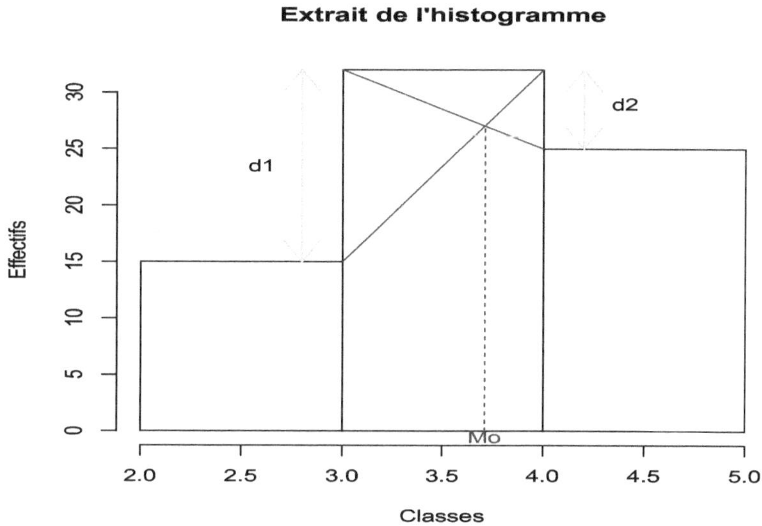

Il faut remarquer que si les deux classes adjacentes ont la même densité et la même amplitude, alors le mode correspond au centre de la classe modale.

7.1.3 La médiane

La médiane, est la valeur de la variable dans la série ordonnée (croissante ou décroissante), qui laisse autant d'observations à sa gauche que d'observations à sa droite.
La médiane partage la série en deux parties, chacune comportant le même nombre d'observations. C'est un paramètre de position à tendance centrale. Pour sa détermination pratique, on peut distinguer des méthodes différentes selon que la variable est discrète ou continue.

7.1.3.1 Pour une variable discrète

1. *Cas d'une série individualisée.* On distingue les cas où le nombre d'observations est impair ou pair.

- *Le nombre d'observations est impair.* Si le nombre d'observations est impair ($n = 2m + 1$), la médiane est alors parfaitement déterminée et correspond à l'observation de rang égal à $m + 1$ dans la série ordonnée.

  On considère par exemple la série des notes d'un groupe de 9 étudiants : $15,\ 7,\ 16,\ 4,\ 12,\ 13,\ 9,\ 18,\ 6.$
  Pour déterminer la médiane, on ordonne d'abord la série :

$$04,\ 06,\ 07,\ 09\ ,\ \underset{\uparrow}{12}\ ,\ 13,\ 15,\ 16,\ 18.$$

  La médiane est $M_e = 12$, car dans cette série, il y a 4 nombres inférieurs et 4 supérieurs à 12.
- *Le nombre d'observations est pair.* Si le nombre d'observations est pair ($n = 2m$), on peut définir un intervalle médian, ou choisir par convention la moyenne arithmétique des deux valeurs centrales.

Soit par exemple la série représentant les notes de 8 étudiants : 15, 7, 20, 4, 12, 9, 18, 6.
Série ordonnée :

$$4,\ 6,\ 7,\quad 9,\ 12,\quad 15,\ 18,\ 20$$
$$\uparrow\ \uparrow$$

L'intervalle médian est [9, 12], il laisse 3 notes à gauche et 3 notes à droite. Dans ce cas, une acception de la médiane est $(9 + 12)/2 = 10.5$.

2. *Cas d'une série non individualisée.* C'est le cas le plus fréquent. On a donc un tableau statistique et la médiane se calcule en utilisant les fréquences cumulées ou les effectifs cumulés.

Par exemple, les observations de 400 ménages portant sur le nombre d'enfants de moins de 15 ans par ménage ont permis de dresser le Tableau 7.2.

X_i	0	1	2	3	4	5	Total
n_i	50	30	120	80	70	50	400
f_i	0.125	0.075	0.30	0.20	0.175	0.125	1
FCC $f_i^{\uparrow}$	0.125	0.20	**0.50**	0.70	0.875	1.00	||

TABLE 7.2 – Nombre de ménages en fonction du nombre d'enfants de moins de 15 ans.

La médiane est égale à 2, ce qui veut dire que 50% des familles ont un nombre d'enfants inférieur ou égal à 2.

Comme autre exemple, on considére dans la Table 7.3 le nombre d'élèves en fonction du nombre d'absences dans l'année, pour les 250 élèves d'une école.

X_i	0	1	2	3	4	5	6	Total
n_i	26	34	30	55	45	40	20	250
f_i (en %)	10.4	13.6	12.0	22.0	18.0	16.0	8.0	100%
FCC $f_i^{\uparrow}$ (en %)	10.4	24.0	36.0	**58.0**	76.0	92.0	100%	||

TABLE 7.3 – Répartition du nombre d'élèves en fonction du nombre d'absences.

Dans ce tableau, on peut voir qu'aucune modalité x_i n'a pour fréquence cumulée 50%. C'est la situation la plus fréquemment rencontrée dans la pratique. Par convention, la médiane $M_e = x_{i+1}$; elle est telle que : $f_i^{\uparrow} < 0.50 < f_{i+1}^{\uparrow}$. D'après le tableau, nous avons

$$\begin{array}{lll} 36\% & < 50\% < & 58\% \\ f_3^{\uparrow} & < 50\% < & f_4^{\uparrow} \implies M_e = x_4 = 3. \end{array}$$

7.1.3.2 Pour une variable continue

Dans le cas d'une variable continue, la médiane est définie avec exactitude. Mais, il faut d'abord la situer à l'intérieur d'une classe appelée classe médiane. La médiane est alors déterminée graphiquement ou par le calcul.

$\diamond$ *Détermination de la médiane par la méthode graphique.* La médiane est l'abscisse du point d'intersection des polygones cumulatifs croissant et décroissant. Ceci est illustré dans la figure. 7.1.

Exemple 7.1.2. On considère la distribution définie par le Tableau 7.4.

Classes	$[151; 155[$	$[155; 159[$	$[\mathbf{159}; \mathbf{163}[$	$[163; 167[$	$[167; 171[$	Total
FCC $f_i \uparrow= F_i$	0.20	**0.44**	**0.66**	0.80	1.00	$\|\|$
FCD $f_i \downarrow$	100%	80%	56%	34%	20%	$\|\|$

TABLE 7.4 – Fréquences croissantes et décroissantes quelconques.

On trace les deux polygones cumulatifs dans un même repère et on détermine graphiquement la médiane.

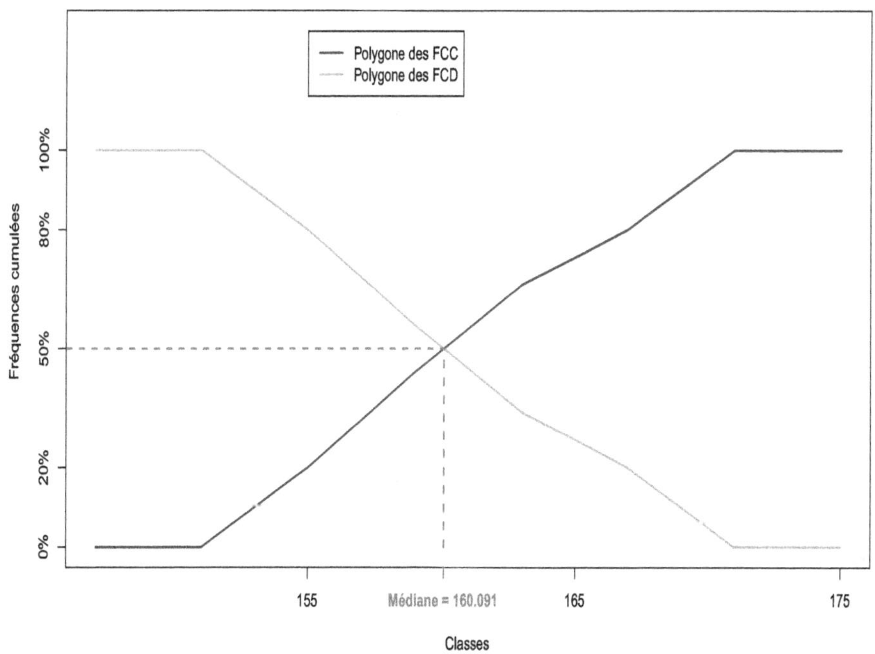

FIGURE 7.1 – Détermination graphique de la médiane pour la série des tailles des élèves.

Remarque 7.1.3. On peut aussi déterminer la médiane en cherchant l'abscisse du point d'ordonnée 50%, du polygone cumulatif croissant ou décroissant.

◇ *Détermination de la médiane par le calcul.* On repère d'abord la classe $[x_i, x_{i+1}[$ dans laquelle 50% est atteint avec les fréquences cumulées croissantes. On calcule ensuite la médiane par la méthode des triangles semblables, par interpolation affine, ou par le théorème de Thalès.
On suppose que la classe médiane est $[x_i, x_{i+1}[$. En posant $F_{i-1} = f_{i-1} \uparrow$ et $F_i = f_i \uparrow$, respectivement la fréquence cumulée de la classe $[x_{i-1}, x_i[$ et de la classe $[x_i, x_{i+1}[$, alors la médiane est donnée par :

$$M_e = x_i + (x_{i+1} - x_i)\frac{0.5 - F_{i-1}}{F_i - F_{i-1}}.$$

Remarque 7.1.4. On obtient une formule analogue de la médiane en utilisant les effectifs cumulés croissants à la place des fréquences cumulées croissantes.

Exemple 7.1.3. Le tableau statistique 7.5 représente la répartition de la taille en centimètres de 50 élèves.

Classes	$[151; 155[$	$[155; 159[$	$[\mathbf{159}; \mathbf{163}[$	$[163; 167[$	$[167; 171[$	Total
Effectif n_i	10	12	11	7	10	50
Fréquences f_i	0.20	0.24	0.22	0.14	0.20	1.00
FCC $f_i \uparrow= F_i$	0.20	**0.44**	**0.66**	0.80	1.00	||

TABLE 7.5 – Répartition de la taille en centimètres de 50 élèves.

D'après le tableau statistique, la classe médiane est $[159; 163[$: $x_i = 159$, $x_{i+1} = 163$, $f_{i-1} \uparrow= F_{i-1} = 0.44$, $f_i \uparrow= F_i = 0.66$. La médiane est égale à :

$$M_e = 159 + (163 - 159)\frac{0.5 - 0.44}{0.66 - 0.44} = 160.091.$$

$M_e = 160.091 \Longrightarrow 50\%$ des élèves ont une taille inférieure ou égale à $160.091cm$.

Remarque 7.1.5. Le fait que la médiane ne dépende que du rang des valeurs et non des valeurs elles-mêmes est à la fois un avantage et un inconvénient.

- *Avantages* : Le calcul de la médiane est rapide. La médiane est robuste c'est-à-dire qu'elle n'est pas influencée par les valeurs aberrantes d'une distribution. Elle reste relativement stable lorsque les séries de valeurs sont très déséquilibrées ou lorsqu'il y a des erreurs de mesure ou d'estimation.
- *Inconvénients* : La modification même importante d'une ou de plusieurs valeurs situées au dessus ou en dessous de la médiane ne change pas sa valeur. Dans le cas d'une variable discrète dont le nombre de valeurs possibles est faible, le recours à la médiane n'est donc pas très judicieux.

7.1.4 La moyenne

La moyenne est un paramètre de position à tendance centrale qui est déterminée à partir de toutes les valeurs observées de la variable. Elle ne peut être définie que pour une variable quantitative. Il faut noter qu'en statistique, la moyenne renvoie le plus souvent à une moyenne arithmétique, car elle est la plus adaptée à l'analyse des variables les plus couramment étudiées. Cependant, il existe d'autres types de moyenne. On distinguera en particulier la moyenne géométrique, la moyenne quadratique et la moyenne harmonique.

Dans la suite, si on parle de moyenne sans précision, il s'agira de la moyenne arithmétique.

7.1.4.1 La moyenne (arithmétique)

Définition 7.1.3. *La moyenne d'une variable quantitative X, notée $\bar{x}$, est égale à la somme des valeurs prises par cette variable (somme des valeurs observées pour chaque individu) divisée par le nombre d'observations.*

On peut déterminer la moyenne de deux façons.

1. *Par le calcul avec données individuelles.* Il est utilisé lorsque chaque valeur prise par la variable statistique correspond à un seul individu. Considérons en effet une série statistique comportant n observations $x_1, x_2, \ldots, x_n$. Alors, la moyenne notée $\bar{x}$ est déterminée par :

$$\bar{x} = \frac{1}{n}\sum_{i=1}^{n} x_i = \frac{x_1 + x_2 + x_3 + \cdots + x_n}{n}.$$

Exemple 7.1.4. On considère les notes de 12 étudiants observées dans une classe de première année :

$$13 \;\; 08 \;\; 12 \;\; 15 \;\; 06 \;\; 15 \;\; 10 \;\; 14 \;\; 09 \;\; 10 \;\; 13 \;\; 16.$$

La moyenne de cette série est

$$\bar{x} = \frac{13 + 08 + 12 + 15 + 06 + 15 + 10 + 14 + 09 + 10 + 13 + 16}{12} = 11.75.$$

2. *Par le calcul avec données groupées.* Ce type de calcul de la moyenne intervient lorsqu'on utilise les modalités de la variable affectées de leurs effectifs ou de leurs fréquences, comme dans le cadre d'un tableau statistique.

◇ *Cas d'une variable discrète.* Soit X, une variable discrète dont les modalités x_i sont d'effectifs n_i et de fréquences f_i, $i = 1, 2, ..., k$. La moyenne notée $\bar{x}$ est déterminée par :

$$\bar{x} = \frac{1}{n}\sum_{i=1}^{k} n_i x_i = \frac{n_1 x_1 + n_2 x_2 + n_3 x_3 + \cdots + n_k x_k}{n},$$

ou,

$$\bar{x} = \sum_{i=1}^{k} f_i x_i = f_1 x_1 + f_2 x_2 + f_3 x_3 + \cdots + f_k x_k.$$

Exemple 7.1.5. Considérons pour 60 ménages, la répartition du nombre d'enfants par ménage donnée dans la Table 7.6.

Le nombre moyen d'enfants par ménage est donné par :

$$\bar{x} = \frac{0 + 17 + 36 + 21 + 36 + 10}{60} = \frac{120}{60} = 2 \text{ enfants}.$$

On peut dire que chaque ménage a en moyenne 2 enfants.

Nombre d'enfants : x_i	0	1	2	3	4	5	Total
Effectifs : n_i	7	17	18	7	9	2	60
Produit : $n_i x_i$	0	17	36	21	36	10	120

TABLE 7.6 – Répartition, pour 60 ménages, du nombre d'enfants par ménage.

◇ *Cas d'une variable continue.* Dans le cas d'une variable continue, on calcule la moyenne en utilisant les centres des classes. Soit X, une variable continue dont les classes $[x_i; x_{i+1}[$, sont d'effectifs n_i et de fréquences f_i, $i = 1, 2, ..., k$.
On cherche d'abord pour chaque classe $[x_i; x_{i+1}[$, le centre $c_i = \frac{x_i + x_{i+1}}{2}$. La moyenne $\bar{x}$ est déterminée par :

$$\bar{x} = \frac{1}{n}\sum_{i=1}^{k} n_i c_i = \sum_{i=1}^{k} f_i c_i$$

Exemple 7.1.6. On considère pour 100 entreprises, la répartition du chiffre d'affaires annuel (exprimé en 10^3 FCFA), réalisé au cours de l'année 2017. Les données sont résumées dans la Table 7.7.

Classe	[50;150[	[150;250[	[250;350[	[350;4150[	[450;550[	Total
Effectifs : n_i	18	15	35	20	12	100
Centre de classe : c_i	100	200	300	400	500	||
$c_i * x_i$	1800	3000	10500	8000	6000	29300

TABLE 7.7 – Répartition du chiffre d'affaires annuel, pour 100 entreprises.

Le chiffre d'affaires moyen est donné par :

$$\bar{x} = \frac{1}{k}\sum_{i=1}^{k} n_i c_i = \frac{29300}{100} = 293.$$

On peut dire que le chiffre d'affaires réalisé par une entreprise au cours de l'année 2017 est environ de 293000 FCFA.

7.1.4.2 La moyenne géométrique

La moyenne géométrique, notée $\bar{x}_G$, est surtout utilisée dans l'analyse de l'évolution d'une variable dans le temps. Elle ne peut être définie que si les valeurs de la variable sont positives. On peut l'utiliser par exemple pour calculer un taux d'accroissement moyen, un taux d'intérêt moyen, etc.

On distingue la moyenne géométrique simple et la moyenne géométrique pondérée. Elles s'écrivent respectivement comme suit :

$$\bar{x}_G = \left(\prod_{i=1}^{n} x_i\right)^{\frac{1}{n}} = (x_1 \times x_2 \times \cdots \times x_n)^{\frac{1}{n}}$$

$$\text{et} \quad \bar{x}_G = \left(\prod_{i=1}^{k} x_i^{n_i}\right)^{\frac{1}{n}} = (x_1^{n_1} \times x_2^{n_2} \times \cdots \times x_k^{n_k})^{\frac{1}{n}}.$$

Exemple 7.1.7. Les taux d'accroissement annuel entre 2011 et 2015, d'une population donnée sont :

$$6.9\% \quad 7.4\% \quad 7.18\% \quad 7.31\% \quad 8\%.$$

Pour déterminer le taux d'accroissement moyen sur ces cinq années, on utilise la moyenne géométrique

$$\bar{x}_G = (6.9 \times 7.4 \times 7.18 \times 7.31 \times 8)^{1/5} = (21439.4)^{0.2} = 7.349.$$

On peut dire que sur ces cinq années, la population a augmenté en moyenne de 7.349%.

7.1.4.3 La moyenne harmonique

La moyenne harmonique, notée $\bar{x}_H$, est égale à l'effectif total divisé par la moyenne de l'inverse des x_i. Elle ne peut être définie que si la variable prend des valeurs non nulles. Elle est surtout utilisée dans le cadre de l'étude de la moyenne de ratios, par exemple la vitesse moyenne. On distingue la moyenne harmonique simple et la moyenne harmonique pondérée. Elles sont données par :

$$\bar{x}_H = \frac{n}{\sum_{i=1}^{n} \frac{1}{x_i}} = \frac{n}{\frac{1}{x_1} + \frac{1}{x_2} + \cdots + \frac{1}{x_n}}$$

$$\text{et} \quad \bar{x}_H = \frac{n}{\sum_{i=1}^{k} \frac{n_i}{x_i}} = \frac{n}{\frac{n_1}{x_1} + \frac{n_2}{x_2} + \cdots + \frac{n_k}{x_k}}.$$

Exemple 7.1.8. Un cycliste parcourt 4 étapes de $100km$. Les vitesses respectives pour ces étapes sont de $10km/h$, $30km/h$, $40km/h$, $20km/h$. Pour déterminer la vitesse moyenne sur ce parcours, on utilise une moyenne harmonique. Si on calcule la moyenne harmonique des vitesses, on obtient

$$\bar{x}_H = \frac{4}{\frac{1}{10} + \frac{1}{30} + \frac{1}{40} + \frac{1}{20}} = \frac{4}{0.1 + 0.033 + 0.025 + 0.05} = \frac{4}{0.2083333} = 19.20\,km/h.$$

7.1.4.4 Relation entre les différentes moyennes

Les différentes moyennes sont liées par les inégalités décrites dans la proposition suivante.

Proposition 7.1.1. *Lorsque les observations x_i sont strictement positives, alors, on a :*

$$\bar{x}_H \leq \bar{x}_G \leq \bar{x}, \tag{7.1.1}$$

où $\bar{x}_H$, $\bar{x}_G$ et $\bar{x}$ sont respectivement les moyennes harmonique, géométrique et arithmétique non pondérées.

Démonstration. Prouvons d'abord que $\bar{x}_G \leq \bar{x}$. C'est-à-dire,

$$\frac{1}{n}\sum_{i=1}^{n} x_i \geq \left(x_1 \times \ldots \times x_n\right)^{1/n}. \tag{7.1.2}$$

Posons $a_i = \big(x_1 \times \ldots \times x_n\big)^{-1/n} x_i$. On observe que $a_1 \times \ldots \times a_n = 1$ et que (7.1.2) revient à prouver (on le fera par récurrence sur n) que

$$\sum_{i=1}^{n} a_i \geq n \qquad \text{si } a_1 \times \ldots \times a_n = 1. \tag{7.1.3}$$

L'inégalité dans (7.1.3) devient une égalité lorsque $a_1 = \ldots = a_n = 1$.

Si $n = 1$, $a_1 = x_1/x_1 = 1$ et (7.1.3) est vérifiée.

Supposons que l'affirmation (7.1.3) est vrai au rang n et montrons qu'elle reste vraie au rang $n+1$.

Puisque $(a_1a_2) \times \ldots \times a_{n+1} = 1$, en appliquant l'hypothèse de récurrence aux termes (a_1a_2), a_3, $\ldots$, a_{n+1}, on a $a_1a_2 + a_3 + \ldots + a_{n+1} \geq n$. D'autre part, si tous les a_i ne sont pas égaux à 1 (sinon, l'inégalité dans (7.1.3) devient une égalité) il existe deux indices i_1 et i_2 tels que $a_{i_1} < 1$ et $a_{i_2} \geq 1$. On suppose sans perdre de généralité que $i_1 = 1$ et $i_2 = 2$, de sorte qu'on peut supposer que $a_1 < 1$ et $a_2 \geq 1$. Par conséquent, on peut écrire que $(1 - a_1)(a_1 - 1) \geq 0$ ou, de façon équivalente, $a_1 + a_2 - a_1a_2 \geq 1$. On a donc

$$\begin{aligned}\sum_{i=1}^{n+1} a_i &= \big(a_1a_2 + a_3 + \ldots + a_{n+1}\big) + a_1 + a_2 - a_1a_2 \\ &\geq n+1.\end{aligned}$$

Ce qui prouve que (7.1.3) est vraie au rang $n+1$. Par conséquent, elle est vraie pour tout $n \geq 1$.

Montrons maintenant que $\bar{x}_H \leq \bar{x}_G$: c'est-à-dire,

$$\big(x_1 \times \ldots \times x_n\big)^{1/n} \geq \frac{n}{\frac{1}{x_1} + \ldots + \frac{1}{x_n}}. \tag{7.1.4}$$

On déduit de la première assertion ($\bar{x}_G \leq \bar{x}$) que

$$\sum_{i=1}^{n} \frac{1}{x_i} \geq n\left(\frac{1}{x_1} \times \ldots \times \frac{1}{x_n}\right)^{1/n} = n\big(x_1 \times \ldots \times x_n\big)^{-1/n}.$$

On en déduit immédiatement (7.1.4). □

Remarque 7.1.6. La moyenne comme paramètre de position présente des avantages et des inconvénients :

- *Avantages* : La moyenne arithmétique permet de résumer par un seul nombre la série statistique. Elle prend en compte toutes les valeurs de la série et elle est très adaptée aux calculs algébriques.
- *Inconvénients* : La moyenne est très sensible aux valeurs aberrantes (des valeurs anormales s'écartant significativement des autres valeurs de la série), surtout lorsque la taille de la population n'est pas assez grande.

7.1.5 Les quantiles

Les quantiles sont des paramètres de position qui permettent de partager la série ordonnée en un certain nombre de parties de même effectif. On distingue particulièrement trois types de quantiles : les quartiles, les déciles et les centiles.

◇ **Les Quartiles**. Ce sont des quantiles qui partagent la série ordonnée en quatre parties d'égal effectif, c'est-à-dire que chacune d'elles comporte le quart de l'effectif total, soit 25% de l'information disponible. On utilise souvent le premier et le troisième quartile notés respectivement Q_1 et Q_3. Le deuxième quartile correspond à la médiane.

Exemple 7.1.9. On considère la série suivante :

$$10\ 11\ 12\ 13\ 14\ 15\ 15\ 15\ 16\ 22\ 23\ 24\ 30\ 32\ 36\ 38\ 40$$

Les quartiles sont alors $Q_1 = 14$ et $Q_3 = 30$.

◇ **Les Déciles**. Ce sont des quantiles qui partagent la série ordonnée en 10 parties, chacune comportant 10% de l'information disponible. Il existe 9 déciles, mais on distingue le premier et le neuvième décile notés D_1 et D_9. La médiane correspond au cinquième décile.

◇ **Les Centiles**. Ils sont des quantiles partageant la série ordonnée en 100 parties, comportant chacune 1% de l'information disponible. Il existe 99 centiles, mais on distingue le premier et le quatre vingt dix neuvième centile notés C_1 et C_{99}. La médiane correspond au cinquantième centile.

Remarque 7.1.7. Chaque quantile est caractérisé par son "ordre". Ainsi, le premier quartile est dénommé quantile d'ordre $1/4$, le troisième quartile, est le quantile d'ordre $3/4$. La médiane est le quantile d'ordre $1/2$, il est appelé aussi demi-quantile. Le premier décile est le quantile d'ordre $1/10$, le premier centile est le quantile d'ordre $1/100$, etc.

On peut ainsi donner la définition générale d'un quantile en relation avec son ordre α, qui est un réel compris entre 0 et 1.

Définition 7.1.4. *Pour tout réel $0 < \alpha < 1$, on définit le quantile d'ordre α, noté q_α, comme la valeur telle que $100\alpha\%$ des observations lui sont inférieures et $100(1-\alpha)\%$ des observations lui sont supérieures.*

Détermination du quantile d'ordre α

On suppose que la classe contenant le quantile d'ordre α est $[x_i, x_{i+1}[$. On pose $F_i = f_i \uparrow$ et $F_{i-1} = f_{i-1} \uparrow$, respectivement la fréquence cumulée de la classe $[x_i, x_{i+1}[$ et de la classe $[x_{i-1}, x_i[$. Le quantile d'ordre α est déterminé par :

$$q_\alpha = x_i + (x_{i+1} - x_i)\frac{\alpha - F_{i-1}}{F_i - F_{i-1}}.$$

Exemple 7.1.10. Le Tableau 7.8 indique les notes de mathématiques de 50 étudiants de L_1 à l'examen du premier semestre d'une année donnée.

- **Premier quartile** (quantile d'ordre $\alpha = 0.25$) : $Q_1 \in [4; 8[$
  $Q_1 = 4 + (8-4)\dfrac{0.25 - 0.16}{0.36 - 0.16} = 5.8 \Longrightarrow$ 25% ont une note inférieure à 5.8.
- **Deuxième quartile** : $Q_2 \in [8; 12[$
  $Q_2 = M_e = 8 + (12-8)\dfrac{0.5 - 0.36}{0.60 - 0.36} = 10.33 \Longrightarrow$ 50% ont une note inférieure à 10.33.

Classes	[0;4[	[4;8[	[8;12[	[12;16[	[16;20[	Somme
Eff : n_i	8	10	12	11	9	50
Fréquences f_i	0.16	0.20	0.24	0.22	0.18	1
FCC	0.16	0.36	0.60	0.82	1	

TABLE 7.8 – Notes de mathématiques de 50 étudiants de Licence 1.

- **Troisième quartile** : $Q_3 \in [12; 16[$
  $Q_3 = 12 + (16 - 12)\dfrac{0.75 - 0.60}{0.82 - 0.60} = 14.73 \Longrightarrow 75\%$ ont une note inférieure à 14.73.
- **Deuxième décile** : $D_2 \in [4; 8[$
  $Q_3 = 4 + (8 - 4)\dfrac{0.20 - 0.16}{0.36 - 0.16} = 4.8 \Longrightarrow 20\%$ ont une note inférieure à 4.8.

Remarque 7.1.8. Les quantiles sont déterminés de la même manière que la médiane. On peut utiliser donc les polygones cumulatifs pour déterminer graphiquement leurs valeurs ou la méthode d'interpolation affine.

7.2 Caractéristiques de dispersion

7.2.1 Insuffisance des caractéristiques de position.

Soit les séries X et Y suivantes :

$$\begin{array}{lcl} X & : & 10\ 10\ 20\ 20\ 30\ 30\ 40\ 50\ 60 \\ Y & : & 28\ 28\ 29\ 29\ 30\ 30\ 30\ 30\ 31\ 31\ 32\ 32. \end{array}$$

Ces deux séries ont même mode, même médiane et même moyenne. Pourtant, la distribution des valeurs de X est plus étalée que celle de Y. Les paramètres de position à tendance centrale ne rendent pas compte de cet aspect. Ils ne permettent pas d'indiquer comment sont réparties les valeurs d'une série donnée autour d'eux. Cela montre leur insuffisance pour effectuer une analyse comparative de deux séries. Il est donc nécessaire de définir d'autres caractéristiques pouvant renseigner sur la distribution des valeurs d'une série, autour des paramètres de centralité. Ces caractéristiques sont appelées des paramètres de dispersion, et elles nous renseignent sur l'étalement des valeurs du caractère autour des valeurs centrales. Il existe plusieurs types de paramètres de dispersion. On distingue en particulier, l'étendue, l'intervalle interquartile et l'écart-type.

7.2.2 L'étendue

Définition 7.2.1. *Soit X une variable quantitative dont le maximum des observations est x_M et le minimum x_m. On appelle étendue de la distribution, le réel défini par : $x_M - x_m$. C'est la différence entre la plus grande et la plus petite valeur observée de la série.*

Elle permet de rendre compte du niveau d'éloignement entre les deux valeurs extrêmes de la série. La série est d'autant plus dispersée que son étendue est grande.

Exemple 7.2.1. Pour les séries

$$X \ : \ 10 \ 10 \ 20 \ 20 \ 30 \ 30 \ 40 \ 50 \ 60$$
$$Y \ : \ 28 \ 28 \ 29 \ 29 \ 30 \ 30 \ 30 \ 30 \ 31 \ 31 \ 32 \ 32.$$

L'étendue de X est $60 - 10$, c'est-à -dire 50, et celle de Y est $32 - 28$, donc 4. On dit que la série X est plus dispersée que la série Y.

Remarque 7.2.1. L'étendue ne tient pas compte de toutes les observations, elle ne dépend que des valeurs extrêmes, donc, est très sensible à la présence de valeurs aberrantes. Et c'est pourquoi elle n'est conseillée que pour des séries dont les observations sont réparties de façon homogène (sans valeurs aberrantes).

Pour remédier à cet inconvénient, on peut utiliser l'intervalle interquartile, en considérant les 50% des observations situées au centre de la distribution.

7.2.3 L'intervalle interquartile

Définition 7.2.2. *On appelle intervalle interquartile, le réel noté EIQ, et qui est égal à la différence entre le troisième et le premier quartile : EIQ* $= Q_3 - Q_1$.

Il permet de mesurer la dispersion d'une série autour de la médiane. Une série est d'autant plus dispersée que l'intervalle interquartile est grand.

Exemple 7.2.2. On considère la série des notes d'un devoir de mathématiques d'une classe de terminale :

$$5 \ 5 \ 6 \ 7 \ 7 \ 8 \ 9 \ 9 \ 9 \ 10 \ 10 \ 11 \ 12 \ 14 \ 16 \ 18.$$

On veut étudier la dispersion autour de la médiane. Notons que : $M_e = 9$, $Q_1 = 7$ et $Q_3 = 11,5$. Ainsi, l'intervalle interquartile est égal à 4.5 et l'étendue est égale à 13. Le rapport entre l'intervalle interquartile et l'étendue est de 34.62%. On peut alors interpréter cela en disant qu'au moins 50% des notes autour de la médiane sont réparties sur 34.62% de l'étendue, donc la série n'est pas dispersée autour de la médiane.

En général, plus le rapport $EIQ/Etendue$ est grand, plus la série est dispersée autour de la médiane.

Remarque 7.2.2. L'intervalle interquartile représente l'étendue de la distribution entre le premier et le troisième quartile, et concerne environ 50% de la population. Pour avoir la dispersion d'une frange plus importante de la population(au moins 80%) autour de la médiane, il est possible d'utiliser l'intervalle interdécile $D_9 - D_1$. Le critère de décision pour la dispersion est le même que pour l'intervalle interquartile.

On peut visualiser l'intervalle interquartile à l'aide d'une représentation appelée diagramme en boite, ou boite à moustaches.

7.2.4 Boîte à moustaches

La boîte à moustaches ou diagramme en boite est une représentation graphique des informations fournies par les quartiles et les intervalles qui les séparent. Pour la construire, on dessine une boite sur base de la position de Q_1 et Q_3 coupée en deux parties(généralement de longueur inégales) par la médiane, c'est-à-dire Q_2. Cette boite est ensuite prolongée à sa gauche et à sa droite par deux moustaches jusqu'à $x_{\min}$ et $x_{\max}$.

Reprenons l'exemple du tableau des notes de 50 étudiants, on obtient la figure suivante :

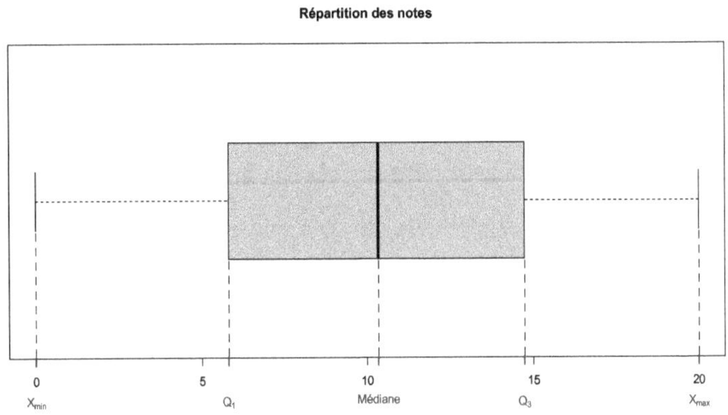

Remarque 7.2.3. *Pour deux ou plusieurs séries, on peut comparer leurs dispersions en représentant les boites à moustaches. Une série est d'autant plus dispersée que la longueur de la boite est grande.*

7.2.5 Ecart absolu moyen

Définition 7.2.3. *Soit X une variable discrète dont les modalités notées $x_1, x_2, \ldots, x_k$, sont d'effectifs n_1, n_2, ..., n_k et de fréquences f_1, f_2, ..., f_k. Soit $\bar{x}$ sa moyenne et soit n le nombre d'observations. On appelle écart absolu moyen, le réel noté e_m, qui mesure la moyenne des écarts absolus des observations à la moyenne. Il est déterminé par :*

$$e_m = \frac{1}{n}\sum_{i=1}^{k} n_i \left|x_i - \bar{x}\right|.$$

Dans le cas continu, nous avons,

$$e_m = \frac{1}{n}\sum_{i=1}^{k} n_i \left|c_i - \bar{x}\right|,$$

où les c_i représentent les centres des classes d'effectifs n_i.

L'écart absolu moyen permet d'étudier la dispersion autour de la moyenne. Une série est d'autant plus dispersée que l'écart absolu moyen est grand. C'est un paramètre de dispersion assez stable qui dépend de toutes les valeurs de la variable. Son seul inconvénient est qu'il n'est pas très adapté aux calculs algébriques.

7.2.6 Variance - Ecart type

7.2.6.1 Variance

Définition 7.2.4. *(Voir aussi la Définition 3.6.1) Soit X une variable discrète dont les modalités notées $x_1, x_2, \ldots, x_k$, sont d'effectifs n_1, n_2, ..., n_k et de fréquences f_1,*

$f_2, \ldots, f_k$. Soit $\bar{x}$ sa moyenne et soit n le nombre d'observations. On appelle variance de X, la moyenne des carrés des écarts entre la moyenne et les observations. Elle est notée Var(X) ou V(X) et est définie par :

$$Var(X) = \frac{1}{n}\sum_{i=1}^{k} n_i (x_i - \bar{x})^2 = \sum_{i=1}^{p} f_i (x_i - \bar{x})^2 . \qquad (7.2.1)$$

Dans le cas continu,

$$Var(X) = \frac{1}{n}\sum_{i=1}^{k} n_i (c_i - \bar{x})^2 , \qquad (7.2.2)$$

où les c_i représentent les centres des classes d'effectifs n_i.

La variance est un réel positif, qui est nulle si toutes les valeurs de la série sont égales à la moyenne.

Remarque 7.2.4. Pour un calcul pratique de la variance, on utilise la formule ci-dessous appelée formule de Koenig

$$\text{Var}(X) = \frac{1}{N}\sum_{i=1}^{k} n_i x_i^2 - \bar{x}^2.$$

Exercice 7.2.1. Démontrer la formule de Koenig.

Exemple 7.2.3. (*Calcul pratique de la variance*) Reprenons la série des notes de 50 étudiants, et déterminons la variance.

Classes	[0;4[	[4;8[	[8;12[	[12;16[	[16;20[	Total
n_i	8	10	12	11	9	50
Centre c_i	2	6	10	14	18	
$n_i \times c_i$	16	60	120	154	162	512
$n_i \times c_i^2$	32	360	1200	2156	2916	6664

TABLE 7.9 – Notes de mathématiques de 50 étudiants de Licence 1.

On calcule d'abord la moyenne $\bar{x} = \frac{1}{n}\sum_{i=1}^{k} c_i x_i = 512/50 = 10.24$. La variance est alors,

$$\text{Var}(X) = \frac{1}{n}\sum_{i=1}^{k} n_i x_i^2 - \bar{x}^2 = \frac{6664}{50} - (10.24)^2 = 28.422.$$

Propriétés 7.2.1. *Soit X, Y deux variables statistiques, a et b deux réels tels que : $Y = aX + b$. Alors,*

1. *Var$(Y) = a^2$Var(X).*
2. *Soit X est une variable définie sur une population P, d'effectif N, composée de deux sous-populations P_1 et P_2 d'effectifs respectifs N_1 et N_2 ; et soient*

$\bar{x}_1$ et $\bar{x}_2$, les moyennes de X sur P_1 et P_2. Soient $Var(X_1)$ et $Var(X_2)$, respectivement la variance sur P_1 et P_2 de X. Alors,

$$Var(X) = \frac{1}{N}\Big(N_1 Var(X_1)+N_2 Var(X_2)\Big)+\frac{1}{N}\Big(N_1(\bar{x}_1-\bar{x})^2+N_2(\bar{x}_2-\bar{x})^2\Big),$$

avec $\bar{x}$ la moyenne de X sur la population P.

Indication pour démontrer ces propriétés. La première propriété s'obtient aisément en développant la formule de Var(Y). Pour la deuxième propriété, il faut considérer $x_1, x_2, x_3 \ldots, x_{N_1}, x_{N_1+1}, \ldots, x_N$, les observations de la variable X sur la population P. Ensuite, considérer $x_1, x_2, x_3 \ldots, x_{N_1}$, les observations de la variable X sur la population P_1 et $x_{N_1+1}, \ldots, x_N$, les observations de la variable X sur la population P_2. Poser enfin $N = N_1 + N_2$.

Exercice 7.2.2. Soit une série de données $x_1, x_2, x_3, \ldots, x_n$ dont la variance est s^2. On ajoute une donnée x_p à cette série. Déterminer en fonction de s^2, la variance de la nouvelle série obtenue.

7.2.6.2 Ecart type

Définition 7.2.5. *(Voir aussi la Définition 3.6.1) On appelle écart type d'une variable quantitative X, le réel positif noté $\sigma(X)$ et défini par :*

$$\sigma(X) = \sqrt{Var(X)}.$$

L'écart type permet de mesurer la dispersion d'une série autour de sa moyenne. Une série est d'autant plus dispersée que son écart type est grand. Pour deux séries exprimées dans la même unité de mesure, la plus dispersée est celle qui à l'écart type le plus grand.

Remarque 7.2.5. 1. L'écart type est mieux adapté aux calculs algébriques que l'écart absolu moyen. C'est pourquoi on l'utilise le plus souvent.

2. Pour une variable X de moyenne $\bar{x}$ et d'écart type $\sigma > 0$, il est parfois utile, dans le but de réduire le volume de calculs, d'effectuer un changement d'origine et d'unité. En posant

$$Y = \frac{X - \bar{x}}{\sigma(X)},$$

on obtient une variable de moyenne 0 et d'écart type 1, appelée variable centrée réduite. Cette transformation permet aussi d'obtenir des variables sans unité.

Exercice 7.2.3. Démontrer que pour toute variable X de moyenne $\bar{x}$ et d'écart type σ, l'intervalle $[\bar{x} - 2\sigma(X); \bar{x} + 2\sigma(X)]$ contient au moins 75% des observations.

7.2.7 Le coefficient de variation

Définition 7.2.6. *Soit une variable X, de moyenne $\bar{x}$ (non nulle), et d'écart type $\sigma(X)$. On appelle coefficient de variation de X, le réel noté $CV(X)$ ou $C(X)$, et défini par :*

$$CV(X) = \frac{\sigma(X)}{\bar{x}}. \tag{7.2.3}$$

Le coefficient de variation est une mesure relative de dispersion sans unité qui permet de comparer la dispersion de deux séries. Une série est d'autant plus dispersée que la valeur absolue de son coefficient de variation est grande. En général, si la valeur absolue du coefficient de variation éxprimée en pourcentage (en multipliant par 100%) dépasse 30%, alors on peut estimer que la série est hétérogène, donc dispersée.

7.3 Caractéristiques de forme

Les caractéristiques de forme permettent de préciser l'allure de la courbe des fréquences sans avoir besoin de la tracer. On distingue généralement deux types de forme : l'asymétrie et l'aplatissement.

7.3.1 Asymétrie ou dissymétrie

Définition 7.3.1. *Une distribution est symétrique si les valeurs de la variable statistique sont identiquement distribuées de part et d'autre de la moyenne. Dans une distribution parfaitement symétrique, la moyenne, le mode et la médiane sont confondus* ($\bar{x} = M_e = M_o$). *Une distribution est dite asymétrique à gauche si* $M_o < M_e < \bar{x}$ *(voir Figure 7.2), et elle est asymétrique à droite si* $\bar{x} < M_e < M_o$ *(voir Figure 7.3).*

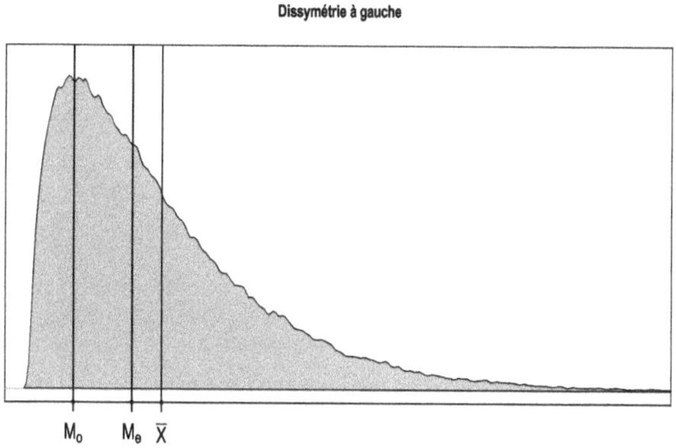

FIGURE 7.2 – Distribution asymétrique à gauche.

Les coefficients d'asymétrie nous renseignent sur la répartition régulière ou non régulière des observations de part et d'autre de la valeur centrale. Dans une distribution symétrique, le premier quartile et le troisième quartile sont symétriques par rapport à la médiane, c'est-à -dire que l'écart entre le troisième quartile et la médiane est égal à l'écart entre la médiane et le premier quartile.
Donc, l'évaluation du signe de : $(Q_3 - M_e) - (M_e - Q_1)$ permet de se prononcer sur l'asymétrie. Mais pour éviter de travailler avec une quantité qui dépend de l'unité de mesure, on divise par $Q_3 - Q_1$. On considèrera donc comme coefficient d'asymétrie, la quantité :

$$C = \frac{(Q_3 - M_e) - (M_e - Q_1)}{Q_3 - Q_1}, \qquad (7.3.1)$$

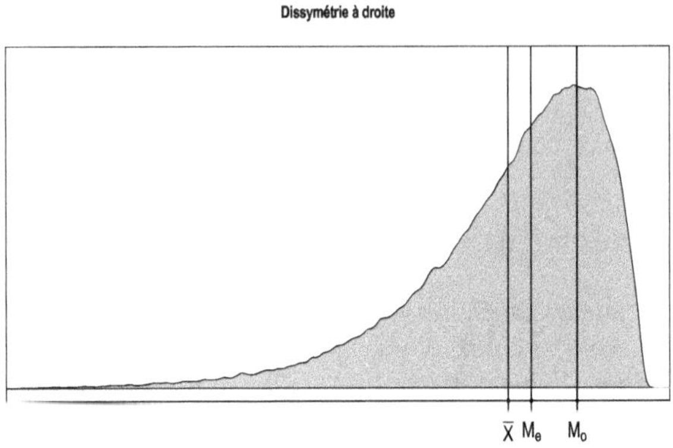

FIGURE 7.3 – Distribution asymétrique à droite.

appelé aussi coefficient de Yule.

Critère de décision

- Si $C > 0$, alors $(Q_3 - M_e) > (M_e - Q_1)$, ce qui signifie que Q_1 est plus proche de la médiane que Q_3, donc il y a étalement de la série vers la droite. Cela signifie que la série est asymétrique à gauche.
- Si $C < 0$, alors $(Q_3 - M_e) < (M_e - Q_1)$, ce qui signifie que Q_3 est plus proche de la médiane que Q_1, donc il y a étalement de la série vers la gauche. Cela signifie que la série est asymétrique à droite.

Le coefficient d'asymétrie varie entre -1 et 1. La valeur 0 correspond à une distribution parfaitement symétrique.

Remarque 7.3.1. *On utilise également le premier coefficient de Pearson,*

$$P_1 = \frac{\bar{x} - M_0}{\sigma(X)}. \tag{7.3.2}$$

- *Si $P_1 = 0$, alors la série est symétrique.*
- *Si $P_1 > 0$, alors la série est asymétrique à gauche.*
- *Si $P_1 < 0$, alors la série est asymétrique à droite.*

On peut utiliser aussi les moments d'une variable pour étudier l'asymétrie.

7.3.2 Notion de moment

Soit X, une variable dont les modalités $x_1, x_2, \ldots, x_p$, sont d'effectifs respectifs $n_1, n_2, \ldots, n_p$. On note toujours $N = n_1 + \ldots + n_k$ le nombre d'observations.

7.3.2.1 Moment par rapport à x_0

Définition 7.3.2. *Soit x_0 un réel, et r un entier positif. On appelle moment d'ordre r par rapport à x_0, le réel noté M_r et défini par :*

$$M_r = \frac{1}{N} \sum_{i=1}^{k} n_i (x_i - x_0)^r. \tag{7.3.3}$$

7.3.2.2 Moment centré

Définition 7.3.3. *On appelle moment centré d'ordre r, le moment d'ordre r par rapport à la moyenne $\bar{x}$; il est noté μ_r et défini par :*

$$\mu_r = \frac{1}{N} \sum_{i=1}^{k} n_i (x_i - \bar{x})^r. \tag{7.3.4}$$

On remarquera que :

— Le moment centré d'ordre 1 est nul.
— Le moment centré d'ordre 2 correspond à la variance.

7.3.2.3 Moment non centré

Définition 7.3.4. *On appelle Moment non centré d'ordre r ou moment simple d'ordre r, le moment d'ordre r par rapport à 0 ; il est noté m_r et défini par :*

$$m_r = \frac{1}{N} \sum_{i=1}^{k} n_i (x_i)^r. \tag{7.3.5}$$

Propriétés 7.3.1. *On a les propriétés suivantes pour les moment d'ordre* 1 *à* 4.

a) $\bar{x} = m_1$,

b) $\mu_2 = m_2 - m_1^2$,

c) $\mu_3 = m_3 - 3m_1 m_2 - 2m_1^3$,

d) $\mu_4 = m_4 - 4m_1 m_3 + 6m_1^2 m_2 - 3m_1^4$.

Exercice 7.3.1. Démontrer les propriétés c) et d).

7.3.2.4 Etude de l'asymétrie à partir des moments

On étudie l'asymétrie de la courbe des fréquences à partir du paramètre sans unité, noté α_3, et défini par

$$\alpha_3 = \frac{\mu_3}{\sigma^3(X)}. \tag{7.3.6}$$

— Si $\alpha_3 = 0$, alors la distribution est symétrique.
— Si $\alpha_3 > 0$, alors la distribution est d'asymétrie à gauche.
— Si $\alpha_3 < 0$, alors la distribution est d'asymétrie à droite.

7.3.3 L' Aplatissement

L'étude de l'aplatissement d'une courbe des fréquences a pour objectif de faire apparaître si une faible variation de la variable entraîne ou non, une forte variation des fréquences relatives. Une distribution est plus ou moins aplatie selon que les fréquences des valeurs voisines des valeurs centrales diffèrent peu ou beaucoup les unes par rapport aux autres. L'aplatissement est étudiée par comparaison à la forme de la courbe des fréquences à la courbe de la distribution normale ou distribution de Gauss. La courbe de distribution est soit plus plate, soit plus pointue que la distribution normale. C'est un indicateur de la dispersion autour des valeurs centrales.

Le paramètre utilisé pour étudier l'aplatissement est un nombre sans dimension, appelé coefficient d'aplatissement de Pearson, ou kurtosis. Il est noté α_4 et défini par :

$$\alpha_4 = \frac{\mu_4}{\sigma^4(X)}, \qquad (7.3.7)$$

où μ_4 est le moment centré d'ordre 4.

L'aplatissement de la distribution normale est égal à 3. Et la courbe de cette distribution sert d'étalon pour caractériser le degré d'aplatissement d'une distribution quelconque à l'aide du paramètre appelé coefficient de Fisher, défini par

$$\gamma = \alpha_4 - 3.$$

Critère de décision

— Si $\gamma > 0$, la distribution possède une forme pointue au niveau de la moyenne avec des extrémités plus longues et étendues. On parle de distribution leptokurtique.
— Si $\gamma < 0$, la distribution possède une forme assez arrondie au niveau de la moyenne avec des extrémités assez courtes. On parle de distribution platikurtique.
— Une distribution normale est une distribution mésokurtique, correspondant à $\gamma = 0$.

7.4 Caractéristiques de concentration

La mesure de la concentration concerne les caractères quantitatifs représentant des valeurs positives à effectifs cumulables : par exemple, lorsque les données sont des salaires ou des revenus d'un secteur économique. Il s'agit d'étudier la densité des données autour de la valeur centrale.

Afin de mesurer la concentration, il convient de définir les valeurs globales, la médiale, l'indice de Gini et la courbe de concentration appelée Courbe de Lorenz.

Définition 7.4.1. *Soit une série statistique comportant n observations ordonnées dans un tableau statistique (x_i, n_i), représentant k modalités, on appelle :*

◇ *masse associée à la modalité x_i d'effectif n_i, la quantité définie par : $n_i x_i$,*
◇ *masse relative associée à la modalité x_i notée q_i, la quantité définie par :*

$$q_i = \frac{n_i x_i}{\sum_{p=1}^{k} n_p x_p}.$$

Généralement, les masses relatives q_i sont exprimées en pourcentage de la masse totale S, définie par :

$$S = \sum_{i=1}^{k} n_i x_i.$$

Les masses relatives cumulées croissantes sont notées $q_i cc$ et définies par :

$$q_i cc = \sum_{j=1}^{i} q_j.$$

7.4.1 la médiale

Définition 7.4.2. *La Médiale est la valeur du caractère qui partage en deux parties égales la masse totale du caractère.*

La médiale s'exprime dans la même unité que la variable étudiée. Nous la noterons MI dans la suite.

Détermination de la médiale. La médiale se calcule un peu de la même façon qu'une médiane.

- ◇ Dans le cas de variables discrètes, la médiale est la plus petite valeur du caractère dont la masse relative cumulée croissante est inférieure ou égale à 50%.
- ◇ Dans le cas continu, soit on procède graphiquement à l'aide du polygone des masses relatives cumulées croissantes, soit algébriquement par interpolation linéaire.

7.4.2 La courbe de concentration ou courbe de Lorenz

L'idée générale de la courbe de concentration, dite aussi courbe de Lorenz, est de comparer la distribution des masses observées avec une distribution des masses qui serait uniforme et dite « égalitaire ».

Définition 7.4.3. *Une distribution égalitaire des masses d'un caractère est telle que $x\%$ des individus d'une population représentent toujours $x\%$ de la masse du caractère. Ce cas se produit quand la valeur du caractère observé est la même pour tous les individus, par exemple même salaire pour tous.*

Si l'on considère, par exemple, les revenus des sénégalais, une répartition égalitaire serait telle que :

- 10% des Sénégalais perçoivent 10% du revenu global ;
- 20% des Sénégalais perçoivent 20% du revenu global ;
- 30% des Sénégalais perçoivent 30% du revenu global ; etc
- 100% perçoivent 100% du revenu global.

Dans la réalité il n'en est pas ainsi : les revenus ne sont pas distribués de façon égalitaire ; on dit qu'ils sont plus ou moins concentrés selon que la distribution est plus ou moins inégalitaire. Pour juger de la concentration c'est-à -dire de la plus ou moins grande inégalité d'une distribution, on va comparer, d'une part, les fréquences cumulées des effectifs et d'autre part, les fréquences cumulées des masses de caractères.

Dans la suite, on supposera que les valeurs observées sont positives. Plus les fréquences cumulées des masses s'éloigneront des fréquences cumulées des effectifs, plus la distribution sera inégalitaire. Les fréquences cumulées des effectifs sont :

$$F_j(x) = \sum_{i=1}^{j} f_i(x) = \sum_{i=1}^{j} \frac{n_i}{N}, \qquad j = 1, \ldots, N.$$

Les fréquences cumulées des masses sont définies par :

$$F_j(nx) = \sum_{i=1}^{j} f_i(n_i x_i) = \sum_{i=1}^{j} \frac{n_i x_i}{\sum_{\ell=1}^{N} n_\ell x_\ell}, \qquad j = 1, \ldots, N.$$

Pour juger de l'écart entre les fréquences cumulées des effectifs et les fréquences cumulées des masses, on construit un graphique qui se fonde sur les propriétés du carré, en mettant en abscisse les fréquences cumulées des effectifs et en ordonnées les fréquences cumulées des masses, c'est-à -dire des $n_i x_i$.

La courbe est dite courbe de concentration ou courbe de Lorenz. La diagonale du carré représente la courbe de concentration d'une distribution qui serait parfaitement égalitaire $(y = x)$:

- 10% des effectifs représentent 10% de la masse
- 20% des effectifs représentent 20% de la masse etc.

En comparant la diagonale à la courbe de concentration dite courbe de Lorenz, on évalue l'inégalité de la distribution.

Plus la courbe de concentration est éloignée de la diagonale du carré qui représente la distribution égalitaire, plus la distribution est inégalitaire.

La distribution la plus inégalitaire correspond au cas où, un individu de la population cumulerait l'intégralité de la masse du caractère étudié (par exemple un ménage a l'intégralité du revenu). Dans ce cas, la fonction associée prend la valeur $y = 0$ pour tout $x < 100\%$, et $y = 100\%$ quand $x = 100\%$. La courbe de Lorenz correspondant à cette situation est appelée la ligne de parfaite inégalité. Elle correspond au périmètre du demi-carré.

La surface comprise entre la diagonale du carré et la courbe de concentration est appelée surface de concentration. Quand la distribution est égalitaire, la courbe de concentration est confondue avec la diagonale du carré et la surface de concentration est nulle. Dans le cas de la distribution la plus inégalitaire, la courbe de concentration se confond avec le demi-périmètre du carré et la surface de concentration est égale à la surface du demi-carré.

Plus la courbe de concentration s'éloigne de la diagonale du carré, plus la distribution est inégalitaire. Une distribution B plus inégalitaire qu'une distribution A aura une surface de concentration plus élevée que celle de A. On mesure alors l'inégalité au moyen de la surface de concentration à partir de laquelle on définit le coefficient de Gini.

7.4.3 Le coefficient de Gini ou l'indice de Gini

7.4.3.1 Définition

On se sert du coefficient de Gini pour comparer des distributions inégales : revenus, répartition des impôts etc.

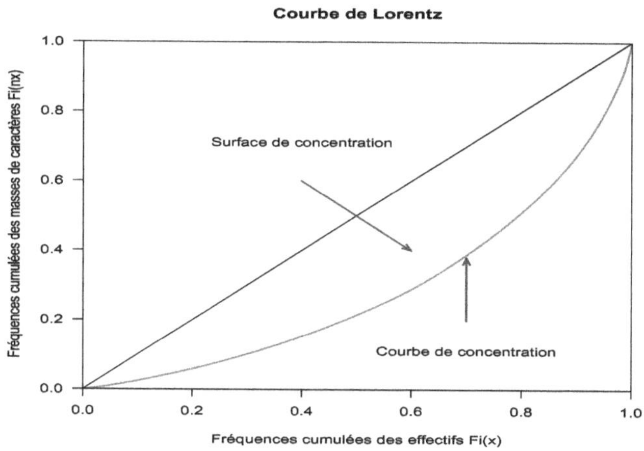

FIGURE 7.4 – Courbe de concentration.

L'indicateur de concentration (noté I), appelé coefficient de concentration ou coefficient de Gini est défini par :

$$I = \frac{\text{surface de concentration}}{\text{surface du demi-carré}}.$$

Pour la distribution la plus égalitaire, la surface de concentration est nulle. Cela correspond à $I = 0$.
Pour la distribution la plus inégalitaire, la surface de concentration est égale à la surface du demi-carré. Cela correspond à $I = 1$.

Le coefficient de Gini est donc compris entre 0 et 1. Plus la distribution est inégalitaire plus le coefficient se rapproche de 1, plus elle est égalitaire plus il est proche de 0.

7.4.3.2 Méthode de calcul du coefficient de Gini

La méthode la plus simple pour calculer le(éventuellement une approximation du) coefficient de Gini est une méthode graphique. Si on divise le carré en 100 carreaux, la surface du demi-carré est égale à 50 carreaux et il suffit de compter le nombre de carreaux compris entre la diagonale et la courbe de concentration et de diviser par 50 pour obtenir le coefficient de Gini.

7.5 Exercices supplémentaires

Exercice 7.5.1. On a consigné les primes de fin d'année attribuées aux salariés d'une entreprise dans le Tableau 7.10.

1. Quelle est la population étudiée ? Préciser le caractère étudié ainsi que sa nature.

Primes (en %)	[0; 4[	[4; 8[	[8; 12[	[12; 16[	[16; 20[
Effectifs	62	92	122	89	35

TABLE 7.10 – Primes de fin d'année attribuées aux salariés d'une entreprise.

2. Pourquoi a-t-on regroupé les primes en classes ?
3. Déterminer la moyenne et l'écart-type.
4. Tracer la courbe des fréquences cumulées croissantes.
5. Déterminer graphiquement la médiane. Interpréter cette valeur.

Exercice 7.5.2. Le Tableau 7.11 donne la répartition de 1580 ménages en fonction du nombre d'enfants.

Nombre d'enfants	0	1	2	3	4	5	6	7	8
Nombre de ménages	286	380	416	258	112	62	47	12	7

TABLE 7.11 – Répartition de 1580 ménages en fonction du nombre d'enfants.

1. Préciser la population et la variable étudiée.
2. Calculer la proportion de ménages ayant moins de quatre enfants.
3. Déterminer le mode et l'étendue de la série.
4. Calculer le nombre moyen d'enfants par ménage.

Exercice 7.5.3. Les salaires (en une monnaie F donnée) des employés d'une entreprise se répartissent comme dans le Tableau 7.12.

Salaires	[20; 25[	[25; 30[	[30; 35[	[35; 40[	[40; 45[	[45; 50[	Total
Nombre d'employés	36	62	50	28	20	4	

TABLE 7.12 – Répartition des salaires des employés d'une entreprise.

1. Quelle est la proportion d'employés qui perçoivent au moins 400 000 F ?
2. Calculer les quartiles de cette série. Interpréter ces différentes valeurs.
3. Réaliser la boîte à moustaches et la courbe des fréquences cumulées décroissantes.
4. Calculer la moyenne et la variance de cette série statistique.
5. Calculer le coefficient de variation. Que peut-on en déduire ?

Exercice 7.5.4. Voici (voir Table 7.13), selon l'INSEE, l'éventail des salaires (annuels nets en une monnaie F donnée) en 1979 et en 1983.

La population est celle des salaires à temps complet des secteurs privé et semi-public, à l'exception de l'agriculture et des personnels domestiques.

1. Déterminer les salaires médians pour 1979 et 1983.

Déciles	d_1	d_2	d_3	d_4	d_5	d_6	d_7	d_8	d_9
1979	24920	29290	32620	36150	39560	44100	49770	58270	75740
1983	40490	47410	53220	58630	64370	71520	80660	94120	122900

TABLE 7.13 – Éventail des salaires en 1979 et en 1983.

2. Calculer l'écart interdécile pour 1979 et 1983.
3. Calculer pour 1979 et 1983, le rapport écart interdécile/médiane. Qu'en déduit-on sur la disparité des salaires durant ces deux années ?

Exercice 7.5.5. Une étude sur le chiffre d'affaires d'une P.M.E. a permis d'obtenir les résultats de la Table 7.14 (en milliers de FCFA).

Minimum	3500
Moyenne	4900
Écart-type	650
Mode	4550
Écart-interquartile	1100
Médiane	4600
Premier quartile	4100
Premier décile	3700
Écart-interdécile	2800
Étendue	5000

TABLE 7.14 – Résultat d'une étude sur le chiffre d'affaires d'une P.M.E.

1. Classer ces paramètres en deux catégories (position, dispersion).
2. Quel est le chiffre d'affaires le plus grand dans cette population de P.M.E ?
3. Quel est le chiffre d'affaires le plus fréquemment réalisé par ces P.M.E ?
4. Calculer le troisième quartile et le neuvième décile.
5. Calculer le coefficient d'asymétrie de Yule. Commenter la symétrie de cette série.

Exercice 7.5.6. Dans une entreprise, la répartition des employés par âge et par sexe est consignée dans le Tableau 7.15.

Classes d'âge	[20;30[	[30;40[	[40;50[	[50;60[	Total
H	75	86	82	57	
F	85	76	60	29	

TABLE 7.15 – Répartition des employés par âge et par sexe d'une entreprise.

1. Calculer la moyenne d'âge par sexe.
2. En déduire la moyenne d'âge de la population totale.
3. Entre ces populations, laquelle est la plus homogène relativement à l'âge ?

Nombre d'étoiles x_i	0	1	2	3	4	5
Nombre d'avis n_i	59	178	505	1040	980	238

TABLE 7.16 – Niveaux de satisfaction attribués au film "*Café-Société*".

Exercice 7.5.7. Un site internet permet à ses utilisateurs de donner leur avis sur des films en leur attribuant entre 0 et 5 étoiles selon leur niveau de satisfaction. Pour le film "*Café-Société*", les résultats sont donnés dans le Tableau 7.16.

1. Identifier la population, le caractère étudié et sa nature.
2. Calculer la proportion d'avis notés :
   (a) d'au plus 2 étoiles, (b.) d'au moins 3 étoiles, (c.) entre 1 et 4 étoiles, bornes exclues.
3. Calculer les quartiles de cette série statistique. Commenter la symétrie.
4. Calculer la moyenne et la variance de cette série. Commenter la dispersion.

Exercice 7.5.8. Le tableau 7.17 fournit la répartition en pourcentage des habitants d'une commune, selon le montant annuel de leurs impôts locaux (en milliers de francs) :

Classes	[2; 4[	[4; 6[	[6; 8[	[8; 9[	[9; 10[	[10; 12[	[12; 16[	[16; 20[	[20; 40[	[40; 80[
Effectifs	1	7	11	8	12	15	19	16	8	3

TABLE 7.17 – Répartition en % des habitants d'une commune, selon le montant annuel de leurs impôts locaux.

1. Quelle est la population étudiée ? Quel est le caractère observé ? Quelle est sa nature ?
2. Construire l'histogramme de cette distribution et le polygone des fréquences.
3. Construire la courbe des fréquences cumulées croissantes.
4. Déterminer la classe modale, la médiane et les quartiles Q_1 et Q_3.
5. Calculer la moyenne arithmétique de cette série, l'écart interquartile, l'intervalle interquartile, la variance et le coefficient de variation.
6. On veut étudier la concentration des impôts locaux.
   a. Définir et calculer l'écart de concentration.
   b. Construire la courbe de concentration de Gini et calculer l'indice de Gini. Conclusion.
   c. Quelle est l'influence sur l'indice de Gini d'une augmentation de 10% des impôts ?

Exercice 7.5.9. On a relevé les distributions des exploitations agricoles dans une certaine région du Cap Bon en 1990 et en 2000. Les données sont présentées dans le tableau 7.18 :

Superficies (hectare)	Fréquences 1990 (en %)	Fréquences 2000 (en %)
[5; 10]	14.5	7.2
[10; 20]	16.5	12.2
[20; 30]	20.2	18.6
[30; 40]	25.1	28.2
[40; 60]	18.5	26.4
[60; 80]	5.2	7.4

TABLE 7.18 – Distributions des exploitations agricoles dans une région du Cap Bon en 1990 et en 2000.

1. Tracer l'histogramme de la distribution de la superficie pour les deux années.
2. Calculer pour chaque distribution, les paramètres de tendance centrale et les paramètres de dispersion.
3. Comparer les deux distributions.
4. Calculer la médiale des deux distributions. interpréter.
5. Evaluer la concentration.

Exercice 7.5.10. Soit la série de la Table 7.19 concernant un échantillon de 60 salariés selon leur classe de salaire annuel (exprimé en 10^3 FCFA).

Classes	[2; 3[	[3; 4[	[4; 6[	[6; 8[	[8; 12[
Effectifs	15	12	21	9	3

TABLE 7.19 – Échantillon de 60 salariés selon leur classe de salaire annuel.

1. Déterminer la moyenne arithmétique et la médiane de la distribution. Interpréter.
2. Calculer l'écart type, le coefficient de variation et l'intervalle interquartile.
3. Que pensez vous de l'asymétrie et de l'aplatissement de la distribution ?
4. Déterminer la médiale de la distribution. Interpréter.
5. La distribution des salaires est elle égalitaire ?

Exercice 7.5.11. On considère, dans la Table 7.20, la distribution des entreprises industrielles sénégalaises exportatrices, de 20 employés et plus, suivant le montant de leur chiffre d'affaires (CA) total.

Chiffre d'affaires en milliers de FCFA	[0, 200[	[200, 400[	[400, 1000[	[1000, 2000[	[2000, 3000[
Fréquences	0.6	0.2	0.12	0.07	0.01

TABLE 7.20 – Distribution des entreprises industrielles exportatrices, de 20 employés et plus, suivant leur CA.

1. Calculer le mode, la médiane et la moyenne arithmétique de cette distribution.
2. Calculer l'écart type, le coefficient de variation et l'intervalle interquartile.
3. Calculer le coefficient d'asymétrie de Yule. Interpréter.
4. Calculer le coefficient d'aplatissement de Fisher. Interpréter.
5. Calculer la différence médiale-médiane et évaluer la concentration.
6. Tracer la courbe de Lorenz et calculer l'indice de concentration de Gini, interpréter.

Exercice 7.5.12. La courbe de concentration des salaires d'une entreprise a été déterminée par le service statistique selon l'équation suivante :

$$f(x) = \begin{cases} \frac{1}{3}x \text{ si } 0 \leq x \leq 0.3 \\ 0.5x - 0.05 \text{ si } 0.3 \leq x \leq 0.5 \\ 1.6x - 0.6 \text{ si } x > 0.5. \end{cases}$$

Calculer l'indice de concentration des salaires de cette société. Que pouvez-vous conclure ?

Chapitre 8

Variables statistiques à deux dimensions

8.1 Organisation des données

Pour l'étude de certains phénomènes complexes, il s'avère insuffisant de prendre en compte un seul caractère. Alors il faudra considérer deux caractères ou plus. On s'intéresse à deux attributs (ou caractères) X et Y, qui sont des unités statistiques d'une population. Ces deux variables sont observées sur n unités. Pour chaque unité, on obtient donc deux mesures. La série statistique est alors une suite de n couples de valeurs prises par les deux variables sur chaque individu : $(x_1, y_1), (x_2, y_2), \cdots, (x_n, y_n)$. Chacune des deux variables peut être, soit quantitative, soit qualitative. On examine deux cas.

— Les deux variables sont quantitatives.
— Les deux variables sont qualitatives.

8.2 Deux variables quantitatives

Ici, on considère les deux attributs X et Y, qui seront évalués sur des échelles de classification numérique.

— Y est appelée variable réponse, variable à expliquer ou encore variable dépendante;
— X est appelée variable explicative, covariable ou variable indépendante.

8.2.1 Présentation des données et représentation graphique

Les données issues de l'évaluation des deux attributs sur les unités statistiques d'un échantillon Ω_n de taille n se présentent sous la forme du Tableau 8.1.

Diagramme de dispersion. C'est la représentation graphique des données dans un repère d'axes orthogonaux telle que l'unité statistique ω_i de l'échantillon observé correspond au point de coordonnées (x_i, y_i).

Exemple 8.2.1. On mesure, dans la Tableau 8.2, le poids Y (exprimé en kg) et la taille X (en cm) de 8 individus.

Obs	1	2	3	$\cdots$	$\cdots$	$\cdots$	n
Y	y_1	y_2	y_3	$\cdots$	$\cdots$	$\cdots$	y_n
X	x_1	x_2	x_3	$\cdots$	$\cdots$	$\cdots$	x_n

TABLE 8.1 – Représentation des données issues de deux attributs d'un échantillon Ω_n de taille n.

Obs	1	2	3	4	5	6	7	8
X	155	180	166	175	157	173	170	164
Y	63	75	68	70	64	72	69	69

TABLE 8.2 – Représentation du poids Y (exprimé en kg) et la taille X (en cm) de 8 individus.

Remarque 8.2.1. Les variables X et Y peuvent être analysées séparément. On peut calculer tous les paramètres dont les moyennes et les variances :

$$\bar{x} = \frac{1}{n}\sum_{i=1}^{n} x_i; \quad \text{Var}(X) = \frac{1}{n}\sum_{i=1}^{n} x_i^2 - \bar{x}^2 \quad \bar{y} = \frac{1}{n}\sum_{i=1}^{n} y_i; \quad \text{Var}(Y) = \frac{1}{n}\sum_{i=1}^{n} y_i^2 - \bar{y}^2.$$

8.2.2 Covariance et Corrélation

Dans l'étude des variables statistiques à deux dimensions, il est intéressant de pouvoir quantifier la variabilité de la population due à l'effet conjugué des variables considérées simultanément. La covariance des variables X et Y est une caractéristique qui sera utilisée pour établir une relation mathématique entre les deux variables. Elle est définie (voir aussi la Définition 4.10.1 et les Propriétés 4.10.1) par :

$$\text{Cov}(X, Y) = \frac{1}{n}\sum_{i=1}^{n} x_i y_i - \bar{x}\bar{y}.$$

Remarquons que la covariance peut prendre des valeurs positives, négatives ou nulles.

Le coefficient de corrélation entre deux variables X et Y, noté $\rho_{X,Y}$ ou $\text{Corr}(X, Y)$, est la covariance divisée par le produit des deux écart-types marginaux (voir aussi la définition 4.10.2) :

$$\text{Corr}(X, Y) = \text{Cov}(X, Y)/\sqrt{\text{Var}(X)\text{Var}(Y)}.$$

8.2.3 Régression linéaire simple

La droite de régression est la droite qui ajuste au mieux un nuage de points au sens des moindres carrés.

On considère que pour toute valeur x_i de la variable explicative, la réponse y_i observée peut s'écrire sous la forme : $y_i = ax_i + b + \epsilon$.

— $ax_i + b$ est la valeur moyenne attendue de la réponse lorsque la condition d'hétérogénéité exprimée par X vaut x_i.
— ϵ est une valeur non observable et qui exprime l'erreur que l'on commet en utilisant la droite de régression pour prédire y_i à partir de x_i.

Le modèle $y_i = ax_i + b + \epsilon$ qui relie chaque réponse observée y_i de Y à la valeur x_i de la variable explicative X (de variance strictement positive) qui lui est associée, dépend de deux paramètres : a et b. Ces paramètres sons inconnus et l'objectif du traitement statistique est de les évaluer à partir des données bivariées $\{(x_i, y_i),\ i = 1, \cdots, n\}$. Pour déterminer la valeur des coefficients a et b, on utilise le principe des moindres carrés qui consiste à chercher la droite (appelée droite de régression) qui minimise la somme des carrés des résidus (erreurs) donnée par :

$$M(a,b) = \sum_{i=1}^{n} e_i^2 = \sum_{i=1}^{n} (y_i - ax_i - b)^2 .$$

Ce qui revient à trouver $(\bar{a}, \bar{b})$ tel que :

$$M(\bar{a}, \bar{b}) = \min_{(a,b)\in\mathbb{R}^2} M(a,b). \tag{8.2.1}$$

Théorème 8.2.1. *Les coefficients $\bar{a}$ et $\bar{b}$ solutions du problème* (8.2.1) *sont donnés par :*

$$\bar{a} = \frac{Cov(X,Y)}{Var(X)} \quad et \quad \bar{b} = \bar{y} - a\bar{x}.$$

Démonstration. D'après les conditions du premier ordre, si $(\bar{a}, \bar{b})$ est un minimum local alors le gradient $\nabla_{\bar{a},\bar{b}} M(\bar{a}, \bar{b}) = \nabla M(\bar{a}, \bar{b})$ de M en $(\bar{a}, \bar{b})$ est nul : $\nabla M(\bar{a}, \bar{b}) = 0$. Or,

$$\nabla M(\bar{a}, \bar{b}) = -2 \sum_{i=1}^{n} \begin{pmatrix} x_i(y_i - \bar{a}x_i - \bar{b}) \\ y_i - \bar{a}x_i - \bar{b} \end{pmatrix} = -2 \begin{pmatrix} \sum_{i=1}^{n} x_i y_i - \bar{a} \sum_{i=1}^{n} x_i^2 - n\bar{b}\bar{x} \\ n\bar{y} - n\bar{a}\bar{x} - n\bar{b} \end{pmatrix},$$

de sorte que $\nabla M(\bar{a}, \bar{b}) = 0$ est équivalent à

$$\begin{cases} \sum_{i=1}^{n} x_i y_i - \bar{a} \sum_{i=1}^{n} x_i^2 - n\bar{b}\bar{x} = 0 & (1) \\ n\bar{y} - n\bar{a}\bar{x} - n\bar{b} = 0 & (2) \end{cases}$$

$$\overset{(1)'=(1)-\bar{x}\times(2)}{\Longleftrightarrow}$$

$$\begin{cases} \sum_{i=1}^{n} x_i y_i - \bar{a}\left(\sum_{i=1}^{n} x_i^2 - n\bar{x}^2\right) - n\bar{x}\bar{y} = 0 \ (1)' \\ \bar{y} - \bar{a}\bar{x} - \bar{b} = 0. \end{cases}$$

Il découle de l'équation $(1)'$ que

$$\bar{a} = \frac{\sum_{i=1}^{n} x_i y_i - n\bar{x}\bar{y}}{\sum_{i=1}^{n} x_i^2 - n\bar{x}^2} = \frac{\frac{1}{n}\sum_{i=1}^{n} x_i y_i - \bar{x}\bar{y}}{\frac{1}{n}\sum_{i=1}^{n} x_i^2 - \bar{x}^2} = \frac{\text{Cov}(X,Y)}{\text{Var}(X)}.$$

On déduit de (2) que $\bar{b} = \bar{y} - \bar{a}\bar{x}$.

D'autre part, la matrice hessienne de M est donnée par

$$\nabla^2 M(\bar{a}, \bar{b}) = 2 \begin{pmatrix} \sum_{i=1}^{n} x_i^2 & n\bar{x} \\ n\bar{x} & n \end{pmatrix}$$

et

$$\begin{aligned}
\det(\nabla^2 M(\bar{a},\bar{b})) &= 4\Big(n\sum_{i=1}^{n} x_i^2 - n^2\bar{x}^2\Big) \\
&= 4n^2\Big(\frac{1}{n}\sum_{i=1}^{n} x_i^2 - \bar{x}^2\Big) \\
&= 4n^2\text{Var}(X) > 0 \qquad (\text{puisque Var}(X) > 0).
\end{aligned}$$

Il suit que la fonction M est strictement convexe et que $(\bar{a},\bar{b})$ est l'unique minimum global. □

Exemple 8.2.2. Reprenons la Table 8.2 où on a consigné les mesures du poids Y (en kg) et de la taille X (en cm), effectuées sur 8 individus. Nous allons calculer la moyenne, la variance et les coefficients de corrélation linéaire.

— **Calcul de $\bar{x}$ et de Var(X) :**

Obs	1	2	3	4	5	6	7	8	Total
x_i	155	180	166	175	157	173	170	164	**1340**
x_i^2	24025	32400	27556	30625	24649	29929	28900	26896	**224980**

TABLE 8.3 – Pour le calcul de $\bar{x}$ et de Var(X).

La moyenne $\bar{x}$ et la variance Var(X) sont données par :

$$\bar{x} = \frac{1}{n}\sum_{i=1}^{n} x_i = \frac{1340}{8} = 167.5$$

$$\text{Var}(X) = \frac{1}{n}\sum_{i=1}^{n} x_i^2 - \bar{x}^2 = \frac{224980}{8} - (167.5)^2 = 66.25.$$

— **Calcul de $\bar{y}$ et de Var(Y) :**

Obs	1	2	3	4	5	6	7	8	Total
y_i	63	75	68	70	64	72	69	69	550

TABLE 8.4 – Pour le calcul de $\bar{y}$ et de Var(Y).

La moyenne $\bar{y}$ et la variance Var(Y) sont données par :

$$\bar{y} = \frac{1}{n}\sum_{i=1}^{n} y_i = \frac{550}{8} = 68.75 \qquad \text{Var}(Y) = 13.44.$$

— **Calcul de Cov(X, Y) :**

La covariance entre X et Y est donnée par :

$$\text{Cov}(X,Y) = \frac{1}{n}\sum_{i=1}^{n} x_i y_i - \bar{x}\bar{y} = \frac{92353}{8} - 167.5 * 68.75 = 28.5.$$

Obs	1	2	3	4	5	6	7	8	Total
x_i	155	180	166	175	157	173	170	164	
y_i	63	75	68	70	64	72	69	69	
x_iy_i	9765	13500	11288	12250	610048	12456	11730	11316	**92353**

TABLE 8.5 – Pour le calcul de $\text{Cov}(X, Y)$.

— **Calcul de $\bar{a}$ et de $\bar{b}$:** Les coefficients de corrélation linéaire $\bar{a}$ et $\bar{b}$ sont donnés par :

$$\bar{a} = \frac{\text{Cov}(X,Y)}{\text{Var}(X)} = \frac{28.5}{66.25} = 0.430 \quad \text{et} \quad \bar{b} = \bar{y} - \bar{a}\bar{x} = -3.275.$$

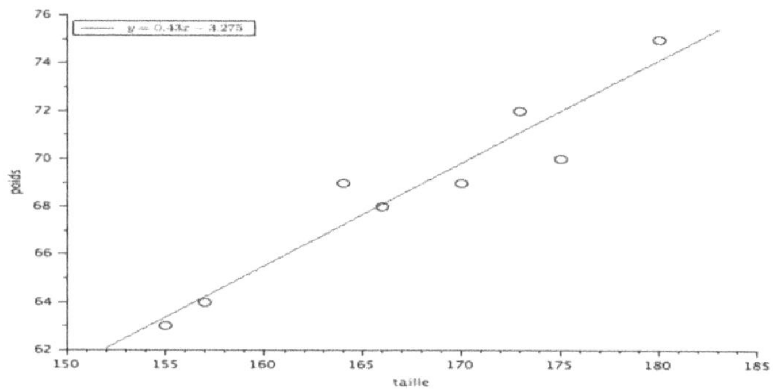

FIGURE 8.1 – Représentation des points taille-poids : (x_i, y_i), $i = 1, \ldots, 8$ et de la droite de régression $y = \bar{a}x + \bar{b}$.

Remarque 8.2.2. Voici quelques propriétés du coefficient de corrélation :

◇ Quelque soit le couple de variables statistiques $(X; Y)$, leur coefficient de corrélation vérifie l'inégalité suivante (voir la Proposition 4.10.2 pour la preuve)

$$-1 \leq \text{Corr}(X, Y) \leq 1.$$

◇ Si $\text{Corr}(X, Y) > 0$ alors, $\bar{a} > 0$ et les points sont alignés le long d'une droite de régression croissante.

◇ Si $\text{Corr}(X, Y) < 0$ alors, $\bar{a} < 0$ et les points sont alignés le long d'une droite de régression décroissante.

◇ Si $\text{Corr}(X, Y)$ est nulle ou proche de zéro, il n'y a pas de dépendance linéaire.

8.3 Deux variables qualitatives

On considère que X et Y représentent deux variables qualitatives d'une population. On suppose que les valeurs possibles de X sont réparties en ℓ modalités $x_1, x_2, \cdots, x_\ell$ et celles de Y en k modalités $y_1, y_2 \cdots, y_k$.

8.3.1 Tableau de contingence

Un tableau de contingence est une façon de présenter des données de comptage d'individus classés en catégories (voir Tableau 8.6).

$X \backslash Y$	y_1	y_2	$\cdots$	y_j	$\cdots$	y_k	Total
x_1	n_{11}	n_{12}	$\cdots$	n_{1j}	$\cdots$	n_{1k}	$n_{1\bullet}$
x_2	n_{21}	n_{22}	$\cdots$	n_{2j}	$\cdots$	n_{2k}	$n_{2\bullet}$
$\vdots$	$\vdots$	$\vdots$	$\cdots$	$\vdots$	$\cdots$	$\vdots$	$\vdots$
x_i	n_{i1}	n_{i2}	$\cdots$	n_{ij}	$\cdots$	n_{ik}	$n_{i\bullet}$
$\vdots$	$\vdots$	$\vdots$	$\cdots$	$\vdots$	$\cdots$	$\vdots$	$\vdots$
x_ℓ	$n_{\ell 1}$	$n_{\ell 2}$	$\cdots$	$n_{\ell j}$	$\cdots$	$n_{\ell k}$	$n_{\ell\bullet}$
Total	$n_{\bullet 1}$	$n_{\bullet 2}$	$\cdots$	$n_{\bullet j}$	$\cdots$	$n_{\bullet k}$	Effectif total

TABLE 8.6 – Tableau de contingence.

- n_{ij} représente le nombre d'individus qui ont la modalité x_i de la variable X et la modalité y_i de la variable Y.
- $n_{i\bullet}$ représente le nombre d'individus qui ont la modalité x_i de la variable X.
- $n_{\bullet j}$ représente le nombre d'individus qui ont la modalité y_i de la variable Y.

Exemple 8.3.1. On s'intéresse à une éventuelle relation entre le sexe et la couleur des yeux. Les données recueillies sur un échantillon de 200 personnes sont résumées dans le Tableau 8.7.

$X \backslash Y$	Bleu	Vert	Marron	Total
Homme	10	50	20	**80**
Femme	20	60	40	**120**
Total	**30**	**110**	**60**	**200**

TABLE 8.7 – Sexe et couleur des yeux sur un échantillon de 200 personnes.

Dans cet exemple, le caractére Y est la couleur des yeux, il comprend trois modalités "Bleu" , "Vert" et "Marron" ($k = 3$). Le caractére X est le sexe, il comprend deux modalités "Homme" et "Femme" ($\ell = 2$).

8.4 Séries quantitatives groupées

8.4.1 Tableau de contingence, fréquences marginales, fréquences conditionnelles

8.4.1.1 Tableau de contingence

On s'intéresse à un couple de caractères quantitatifs, noté, dans ce qui suit, $(x; y)$, selon lesquels on va répartir l'ensemble de la population. Lorsque l'on se réfère à x et y en tant que séries univariées, on emploie le qualificatif "marginal". Ainsi, les séries x et y sont appelées les séries marginales. Les modalités de X et Y étant respectivement

$$x_1, x_2, \ldots, x_\ell$$

$$y_1, y_2, \ldots, y_k$$

n_{ij} est l'effectif des individus présentant simultanément les modalités x_i et y_j. Si X est quantitatif discret, x_i représente la $i^{\text{ème}}$ valeur de ce caractère. Si X est quantitatif continue, x_i représente le centre de la $i^{\text{ème}}$ classe. On a de même pour Y. Ces données se présentent sous la forme d'un tableau à double entrée (ou tableau de contingence) :

$X \backslash Y$	y_1	y_2	$\cdots$	y_j	$\cdots$	y_k	Total
x_1	n_{11}	n_{12}	$\cdots$	n_{1j}	$\cdots$	n_{1k}	$n_{1\bullet}$
x_2	n_{21}	n_{22}	$\cdots$	n_{2j}	$\cdots$	n_{2k}	$n_{2\bullet}$
$\vdots$	$\vdots$	$\vdots$	$\cdots$	$\vdots$	$\cdots$	$\vdots$	$\vdots$
x_i	n_{i1}	n_{i2}	$\cdots$	n_{ij}	$\cdots$	n_{ik}	$n_{i\bullet}$
$\vdots$	$\vdots$	$\vdots$	$\cdots$	$\vdots$	$\cdots$	$\vdots$	$\vdots$
x_ℓ	$n_{\ell 1}$	$n_{\ell 2}$	$\cdots$	$n_{\ell j}$	$\cdots$	$n_{\ell k}$	$n_{\ell\bullet}$
Total	$n_{\bullet 1}$	$n_{\bullet 2}$	$\cdots$	$n_{\bullet j}$	$\cdots$	$n_{\bullet k}$	Effectif total

TABLE 8.8 – Tableau de contingence.

Exemple 8.4.1. Comme exemple illustratif, on considère une petite coopérative de produits agro-alimentaires, installée à Dakar, qui souhaite mettre en production un nouveau produit alimentaire destiné à la population locale. Pour avoir une idée du prix de vente du produit, elle fait un sondage sur un échantillon de taille $n = 254$ de la population en le leur faisant goûter et en leur demandant de donner le prix (en franc CFA) auquel ils sont disposés à l'acheter dans la fourchette de prix : $\{600, 650, 700, 750, 800, 850, 900, 950, 1000\}$. Comme le bocal en plastique qui contient le produit a aussi de la valeur et est réutilisable, elle en profite pour demander en même temps combien les sondés auraient acheté le bocal séparément du produit dans la fourchette de prix $\{50, 100, 150, 200\}$. On recueille le résultat du sondage dans le Tableau 8.9 où le caractère X représente le prix du produit et le caractère Y celui du bocal.

Exemple 8.4.2. *(Exemple de données quantitatives continues)* On veut savoir si la note des étudiants à l'examen final de Statistique d'une classe de 122 étudiants dépend de leur absence en cours et TD. Pour cela on a recueilli leurs notes (représenté

X \ Y	50	100	150	200	Total
600	6	10	3	3	$n_{1\bullet}$
650	4	5	7	2	$n_{2\bullet}$
700	3	11	21	15	$n_{3\bullet}$
750	6	6	13	10	$n_{4\bullet}$
800	6	11	17	4	$n_{5\bullet}$
850	5	15	10	2	$n_{6\bullet}$
900	7	7	8	5	$n_{7\bullet}$
950	1	6	6	3	$n_{8\bullet}$
1000	1	6	4	5	$n_{9\bullet}$
Total	$n_{\bullet 1}$	$n_{\bullet 2}$	$n_{\bullet 3}$	$n_{\bullet 4}$	n

TABLE 8.9 – Tableau de contingence prix produit / prix bocal.

par le caractère Y) qu'on a regroupé en classes $A = [16; 20], B = [14; 16[, C = [12; 14[, D = [10; 12[, E = [8; 10[, F = [0; 8[$. Le nombre d'absences $X \in \{0, 1, 2, 3, 4, 5\}$. La répartition des notes selon le nombre d'absences est donnée dans le Tableau 8.10.

X \ Y	A	B	C	D	E	F	Total
0	7	9	15	7	2	1	⋮
1	3	5	7	9	3	0	⋮
2	1	3	5	4	4	3	⋮
3	0	1	1	2	4	3	⋮
4	1	0	0	3	3	5	⋮
5	0	0	0	0	3	8	⋮
Total	...	...	...	...	...	...	⋮

TABLE 8.10 – Répartition des notes selon le nombre d'absences.

8.4.1.2 Effectifs marginaux, Fréquences marginales

◇ **Effectifs marginaux**. L'effectif de la modalité x_i (du caractère X) sera noté $n_{i\bullet}$ et celui de la modalité y_j (du caractère Y) sera noté $n_{\bullet j}$; ce sont les effectifs marginaux de la série. On a donc

$$n_{i\bullet} = \sum_{j=1}^{k} n_{ij} \qquad \text{et} \qquad n_{\bullet j} = \sum_{i=1}^{\ell} n_{ij}. \tag{8.4.1}$$

L'effectif total, noté n, est ainsi la somme des $n_{i\bullet}$ ou, ce qui revient au même, la somme des $n_{\bullet j}$:

$$n = \sum_{i=1}^{\ell}\sum_{j=1}^{k} n_{ij} = \sum_{i=1}^{\ell} n_{i\bullet} = \sum_{j=1}^{k} n_{\bullet j}.$$

Exemple 8.4.3. Nous reprenons l'Exemple 8.4.1 en complétant le tableau de contingence 8.9 par les effectifs marginaux et par l'effectif total. Le résultat est affiché dans le Tableau 8.11.

X \ Y	50	100	150	200	Total
600	6	10	3	3	$n_{1\bullet} = 22$
650	4	5	7	2	$n_{2\bullet} = 18$
700	3	11	21	15	$n_{3\bullet} = 50$
750	6	6	13	10	$n_{4\bullet} = 35$
800	6	11	17	4	$n_{5\bullet} = 38$
850	5	15	10	2	$n_{6\bullet} = 32$
900	7	7	8	5	$n_{7\bullet} = 27$
950	1	6	6	3	$n_{8\bullet} = 16$
1000	1	6	4	5	$n_{9\bullet} = 16$
Total	$n_{\bullet 1} = 39$	$n_{\bullet 2} = 77$	$n_{\bullet 3} = 89$	$n_{\bullet 4} = 49$	$n = 254$

TABLE 8.11 – Tableau des effectifs prix produit / prix bocal.

◇ **Fréquences marginales.** On définit aussi la notion de fréquence f_{ij} du couple d'observations (x_i, y_j) sur le même principe que pour les séries à une variable en divisant l'effectif du couple d'observations (x_i, y_j) par l'effectif total n :

$$f_{ij} = \frac{n_{ij}}{n}.$$

La fréquence $f_{i\bullet}$ de l'observation x_i du caractère X est définie par

$$f_{i\bullet} = \frac{n_{i\bullet}}{n} = \sum_{j=1}^{k} f_{ij} \tag{8.4.2}$$

tandis que la fréquence $f_{\bullet j}$ de l'observation y_j du caractère Y est définie par

$$f_{\bullet j} = \frac{n_{\bullet j}}{n} = \sum_{i=1}^{\ell} f_{ij}. \tag{8.4.3}$$

Définition 8.4.1. *On définit la fréquence marginale de X par l'application qui, à toute observation i du caractère X, associe sa fréquence $f_{i\bullet}$ d'observations. C'est donc l'ensemble*

$$\{f_{i\bullet}, \quad i = 1, \dots, \ell\}. \tag{8.4.4}$$

On définit de même la fréquence marginale de Y par :

$$\{f_{\bullet j}, \quad j = 1, \dots, k\}. \tag{8.4.5}$$

Exemple 8.4.4. Nous reprenons l'Exemple 8.4.1 en complétant le Tableau 8.9 par les fréquences des couples d'observation et les fréquences marginales. Le résultat (arrondi au millième près) est donné dans le Tableau 8.12.

X \ Y	50	100	150	200	$\{f_{i\bullet}, i = 1, \dots, 9\}$
600	0.023	0.039	0.012	0.012	$f_{1\bullet} = 0.087$
650	0.016	0.020	0.028	0.008	$f_{2\bullet} = 0.071$
700	0.012	0.043	0.083	0.059	$f_{3\bullet} = 0.197$
750	0.023	0.023	0.051	0.039	$f_{4\bullet} = 0.138$
800	0.023	0.043	0.067	0.016	$f_{5\bullet} = 0.150$
850	0.020	0.059	0.039	0.008	$f_{6\bullet} = 0.126$
900	0.028	0.028	0.031	0.020	$f_{7\bullet} = 0.106$
950	0.004	0.023	0.023	0.012	$f_{8\bullet} = 0.063$
1000	0.004	0.023	0.016	0.020	$f_{9\bullet} = 0.063$
$f_{\bullet j}$	$f_{\bullet 1} = 0.154$	$f_{\bullet 2} = 0.303$	$f_{\bullet 3} = 0.350$	$f_{\bullet 4} = 0.193$	1

TABLE 8.12 – Tableau des fréquences prix produit / prix bocal.

◇ **Moyenne et variance marginales**. Les séries marginales $\{(x_i, n_{i\bullet}), i = 1, \dots, \ell\}$ et $\{(y_j, n_{\bullet j}), j = 1, \dots, k\}$ sont des séries à une variable, lorsque les caractères correspondants sont quantitatifs.

Chacune de ces séries a donc une moyenne ($\bar{x}$ et $\bar{y}$) et un écart type (σ_x et σ_y), qu'on qualifie de moyenne marginale et d'écart type marginal. D'où la définition suivante.

Définition 8.4.2. *Les moyennes marginales $\bar{x}$ et $\bar{y}$ de X et de Y se calculent à partir des distributions marginales suivant les formules suivantes :*

$$\bar{x} = \frac{1}{n}\sum_{i=1}^{\ell} n_{i\bullet}x_i \qquad \textit{et} \qquad \bar{y} = \frac{1}{n}\sum_{j=1}^{k} n_{\bullet j}y_j. \tag{8.4.6}$$

De même, les variances marginales de X et de Y se calculent à partir des distributions marginales suivant les formules suivantes :

$$\sigma_x^2 = \frac{1}{n}\sum_{i=1}^{\ell} n_{i\bullet}x_i^2 - \bar{x}^2 \qquad \textit{et} \qquad \sigma_y^2 = \frac{1}{n}\sum_{j=1}^{k} n_{\bullet j}y_j^2 - \bar{y}^2. \tag{8.4.7}$$

Exemple 8.4.5. En considérant le Tableau 8.11 de l'Exemple 8.4.3, on peut calculer la moyenne $\bar{x}$ et l'écart type marginaux σ_x du prix du produit alimentaire par

$$\begin{aligned} \bar{x} &= (22\times600 + \ldots + 16\times1000)/254 = 784.45 \\ \sigma_x &= \sqrt{(22\times600^2 + \ldots + 16\times1000^2)/254 - \bar{x}^2} = 111.56. \end{aligned}$$

8.4.1.3 Séries conditionnelles, Fréquences conditionnelles

La notion de série conditionnelle est essentielle pour comprendre l'analyse de la régression. Un tableau de contingence se compose en autant de séries conditionnelles suivant chaque ligne et chaque colonnes.

◇ **Série conditionnelle par rapport à** X. Elle est souvent notée par X/y_j (ou X_j) et on dit que c'est la série conditionnelle de X sachant que $Y = y_j$. Elle correspond à la série $\{(x_i, n_{ij}), i = 1, \ldots, \ell\}$.

◇ **Série conditionnelle par rapport à** Y. Elle est définie de façon similaire comme la série $\{(y_j, n_{ij}), j = 1, \ldots, k\}$. Elle est notée Y/x_i (ou Y_i).

Définition 8.4.3. *La fréquence conditionnelle $f_{i/j}$ de X sachant que $Y = y_j$ (on lit f_i sachant j), pour $i = 1, \ldots, \ell$, est définie par*

$$f_{i/j} = \frac{n_{ij}}{n_{\bullet j}} = \frac{f_{ij}}{f_{\bullet j}}. \tag{8.4.8}$$

On définit de façon analogue la fréquence conditionnelle de Y sachant que $X = x_i$ par

$$f_{j/i} = \frac{n_{ij}}{n_{i\bullet}} = \frac{f_{ij}}{f_{i\bullet}}. \tag{8.4.9}$$

Exemple 8.4.6. Reprenons l'Exemple 8.4.4. Si on décide de vendre le bocal en plastique contenant le produit alimentaire à 150 francs (de sorte que $Y = 150$), on peut étudier la distribution des prix suggérés par les sondés en calculant les fréquences conditionnelles $f_{i/150}$, pour $i = 1, \ldots, 9$. Ces fréquences sont données (en appliquant la formule (8.4.8)) dans le Tableau 8.13

$f_{1/150}$	$f_{2/150}$	$f_{3/150}$	$f_{4/150}$	$f_{5/150}$	$f_{6/150}$	$f_{7/150}$	$f_{8/150}$	$f_{9/150}$
0.034	0.080	0.237	0.146	0.191	0.111	0.089	0.066	0.046

TABLE 8.13 – Fréquences conditionnelles $f_{i/150}$, $1 = 1, \ldots, 9$.

Ainsi, lorsqu'on décide de vendre le bocal à 150 francs, on peut vendre le produit alimentaire à 800 francs, correspondant au prix de plus haute fréquence parmi ceux proposés par les sondés.

Exercice 8.4.1. On reconsidère l'Exemple 8.4.2.

1. Complétez le Tableau 8.10 par les effectifs marginaux.
2. En vous inspirant du Tableau 8.12, donnez le tableau des fréquences f_{ij} du couple (X, Y) et des fréquences marginales associées au Tableau 8.10.
3. Calculez les fréquences conditionnelles Y_i, $i = 1, 2, 3$, et commentez les résultats.

8.4.2 Nuage de points, point moyen

Définition 8.4.4. *Etant donné une série statistique bivariée $\{(x_i, y_j, n_{ij}), i = 1, \ldots, \ell;$ $j = 1, \ldots, k\}$ on appelle nuage de points associé à l'ensemble des points $M_{ij} = (x_i, y_j)$, $1 \leq i \leq \ell$; $1 \leq j \leq k$.*

Remarque 8.4.1. *(Sur la représentation graphique du nuage de points (M_{ij})).* Lorsque les caractères sont quantitatifs discrets comme dans l'Exemple 8.4.1, il y'a différentes façons de représenter (les points d'effectif nul n'étant pas représentés) le nuage de points (M_{ij}). On peut par exemple faire une représentation en 3 dimensions des points

(x_i, y_j, n_{ij}), $i = 1, \ldots, \ell$; $j = 1, \ldots, k$. Cette dernière pouvant parfois être peu lisible, on préfère souvent représenter un nuage de points M_{ij} dans lequel la taille des points M_{ij} est proportionnelle à l'effectif n_{ij} du couple (x_i, y_j).

Les deux méthodes de représentation graphique précédentes peuvent s'appliquer dans le cas où l'un des caractères est continu comme dans l'Exemple 8.4.2 ou lorsque les deux caractères sont tous continus en considérant comme modalités x_i (resp. y_j) les centres des classes associées à X (resp. Y).

Définition 8.4.5. *On appelle point moyen de la série statistique bivariée* $\{(x_i, y_j, n_{ij}), i = 1, \ldots, \ell; j = 1, \ldots, k\}$, *le point* G *de coordonnées* $(\bar{x}; \bar{y})$ *où* $\bar{x}$ *est la moyenne marginale de* $\{(x_i, n_{i\bullet}), i = 1, \ldots, \ell\}$ *et* $\bar{y}$ *est la moyenne marginale de* $\{(y_j, n_{\bullet j}), j = 1, \ldots, k\}$.

Exercice 8.4.2. Calculez les points moyens associés aux tableaux de contingence 8.9 et 8.10.

8.5 Exercices supplémentaires

Exercice 8.5.1. On inscrit les 15 élèves d'une classe par ordre alphabétique, puis d'après leur ordre de mérite. Les classements obtenus sont le Tableau 8.14.

1. Calculer le coefficient de corrélation linéaire entre les deux variables étudiées.
2. Comment expliquer que ce coefficient ne soit pas égal à 0 ?

Nom de l'élève	Numéro de classement par ordre alphabétique	Classement par ordre de mérite
Abdoulaye	1	8
Aziz	2	7
Baba	3	14
Chérifou	4	3
Diop	5	10
Diouf	6	2
Lam	7	9
Lo	8	13
Mané	9	1
Niang	10	12
Ngom	11	4
Ouatara	12	6
Sène	13	15
Tine	14	11
Touré	15	5

TABLE 8.14 – 15 élèves d'une classe par ordre alphabétique et d'après leur ordre de mérite.

Exercice 8.5.2. La société Orange augmente son capital. On relève pendant 10 jours, dans le Tableau 8.15, le cours en Bourse de l'action et le cours du droit de souscription.

Travail à faire : Calculer le coefficient de corrélation linéaire entre x et y.

Exercice 8.5.3. Une entreprise commerciale consacre une certaine somme à des opérations publicitaires au début de chaque mois. Dans le Tableau 8.16 sont récapitulés, pour 2017,

Cours de l'action : x_i	98	94	97	98	100	102	102	104	104	101
Cours du droit : y_i	6,50	5,40	6,10	6,40	6,90	8,00	7,50	7,50	7,40	7,30

TABLE 8.15 – Cours en Bourse de l'action Orange et son cours du droit de souscription.

- les sommes consacrées à ces opérations,
- les montants des ventes.

On demande :

1. de calculer le coefficient de corrélation existant entre les deux variables x et y.
2. de déterminer l'équation de la droite de regression de y à partir de x.
3. de déterminer l'équation de la droite de regression de x à partir de y.

Mois	Ventes : x (en 10^5 francs)	Frais de publicité : y (en 10^5 francs)
Janvier	38	2,4
Février	42	3
Mars	42	3
Avril	39	2,5
Mai	40	3,2
Juin	45	3,5
Juillet	35	2
Août	24	1,8
Sptembre	38	3
Octobre	40	3,2
Novembre	44	3,8
Décembre	53	4,6
	480	36

TABLE 8.16 – Résultats des opérations publicitaires pour une entreprise commerciale.

Exercice 8.5.4. Une étude statistique a été effectuée à Dakar sur les pourcentages des superficies des espaces verts des différents quartiers par rapport à la surface totale de chacun de ces quartiers. Simultanément, on a relevé le pourcentage d'accidents de tout genre survenus dans les mêmes quartiers sur des enfants, par rapport au nombre total d'accidents de chaque quartier. Les résultats sont donnés dans le Tableau 8.17.

1. Calculer le coefficient de dépendance entre x et y.
2. Calculer le coefficient de corrélation linéaire entre y et x.
3. Représenter graphiquement le nuage statistique relatif aux deux séries étudiées.
4. Déterminer les équations des deux droites de regression, et figurer ces deux droites sur le graphique de la question 3.
5. Conclure sur le phénomène étudié.

Exercice 8.5.5. Une série statistique se présente comme dans la Table 8.18.

Travail à faire :

N d'ordre des quartiers	Pourcentage de surface des espaces verts $x_i = \%$	Pourcentages des accidents survenus sur des enfants par rapport au nombre total des accidents $y = \%$
1	5	46,3
2	2,2	43,4
3	1,3	42,9
4	4,2	42,2
5	1,4	40,0
6	2,0	38,8
7	7,0	38,2
8	2,5	37,4
9	4,5	37,0
10	3,1	33,3
11	5,2	33,6
12	7,2	33,6
13	6,3	30,8
14	12,2	28,3
15	14,6	23,8
16	23,6	17,8
17	14,8	17,1
18	27,5	10,8

TABLE 8.17 – Pourcentages des superficies des espaces verts et pourcentage d'accidents.

x	2	3	6	7	9	10	11	12
y	21	22	15	14	10	8	4	2

TABLE 8.18 – Série statistique quelconque.

1. Représentation graphique
2. Séparation des 8 points de graphique en deux groupes de 4 points. Détermination, dans chacun des deux groupes, d'un point moyen. Joindre les deux points moyens. Déterminer l'équation de la droite d'ajustement ainsi obtenue.
3. Ajuster la série par la méthode des moyennes mobiles calculés sur 3 points. Joindre les ponts obtenus.
4. Deux statisticiens différents ont abouti aux droites d'ajustement suivantes :
   Le premier : $y = -2x + 27,2$
   le deuxième : $y = -1,9x + 26$
   En se fondant sur le principe des moindres carrés apprécier lequel des deux statisticiens a fait le meilleur ajustement.
5. Faire ensuite l'ajustement par la méthode des moindres carrés.

Exercice 8.5.6. De 1977 à 1983 l'indice des salaires horaires moyens du manoeuvre ordinaire a évolué de la façon décrite dans la Table 8.19.

1977	1978	1979	1980	1981	1982	1983
170	176	186	202	222	245	253

TABLE 8.19 – Évolution de l'indice des salaires horaires moyens du manoeuvre ordinaire.

1. Représenter graphiquement les variation de cet indice.
2. Ajuster manuellement ces points par une droite (qui doit figurer sur le graphique). Déterminer l'équation de cette droite.
3. Indiquer sommairement en quoi consiste la méthode des moindres carrés. Ajuster les points du graphique par la droite des moindres carrés.
4. En admettant que l'évolution constatée s'est poursuivie, pouvait-on dès 1983, estimer quel serait l'indice du salaire du manoeuvre en 1985 ?

Exercice 8.5.7. Les résultats d'une observation statistique entre les deux quantités x et y ont donné les valeurs du Tableau 8.20.

x	1,70	2,24	2,89	4,08	5,63	6,80	8,42	12,40	16,30	19,00	24,30
y	320	411	491	671	903	1050	1270	1780	2250	2520	3180

TABLE 8.20 – Résultats d'une observation statistique entre deux quantités x et y.

1. Construire un graphique utilisant pour les abscisses x et et les ordonnées y des échelles arithmétiques ordinaires.
2. Construire un graphique utilisant pour les abscisses x, une échelle arithmétique ordinaire, et pour les ordonnées y, une échelle logarithmique.
3. Construire un graphique utilisant pour les abscisses et les ordonnées, deux échelles logarithmiques.
   Quelle est la forme approximative de cette dernière courbe ?
4. Montrer, par simple lecture, que la relation entre x et y est approximativement $\log y = 0,876 \log x + 2,299$.
   En déduire la relation fonctionnelle entre x et y

Exercice 8.5.8. Dans un pays A, le trafic postal a été étudié au cours de 10 années consécutives. Les observations faites sont consignées dans le Tableau 8.21.

On envisage l'hypothèse d'une croissance en progression géométrique du nombre y des lettres envoyées.

1. La représentation graphique permet-elle de considérer l'hypothèse comme acceptable ?
2. Dans le cas où cette hypothèse serait retenue, déterminer l'équation d'ajustement $y = BA^x$ donnant le nombre annuel des lettres expédiées, en fonction du rang de l'année.

Exercice 8.5.9. Des candidats se sont présentés au baccalauréat comportant une épreuve de Mathématiques et une épreuve de sciences physiques. Le tableau statistique 8.22

Année	Rang de l'année	nombre de lettres (en millions) y_i
1976	1	544
1977	2	574
1978	3	615
1979	4	641
1980	5	686
1981	6	720
1982	7	771
1983	8	796
1984	9	844
1985	10	878

TABLE 8.21 – Observations sur le trafic postal d'un pays A.

X \ Y	2	6	10	14	18	Total
6	4	2	1	0	0	7
8	2	5	2	0	0	9
10	1	6	16	5	1	29
12	0	2	3	6	2	13
14	0	1	0	1	3	5
Total	7	16	22	12	6	63

TABLE 8.22 – Note de Maths et de Sciences Physiques

suivant donne le nombre de candidats ayant obtenu un couple de notes donné.
On appelle $X = (x_i)$ la série statistique des notes de sciences physiques et $Y = (y_i)$ la série statistique des notes de mathématiques.

1. Déterminer pour chaque x_i la moyenne z_i de la série conditionnelle y/x_i.
2. On considère la série double (x_i, z_i).
   a) Dans un repère orthonormé, construire le nuage de points $M_i(x_i, z_i)$.
   b) Calculer le coefficient de corrélation linéaire entre la série $X = (x_i)$ et $Z = (z_i)$.
   c) Déterminer une équation de la droite des moindres carrés de Z en X.
3. Etudier la corrélation entre X et Y.
4. Un candidat ayant obtenu 9 en mathématiques se retrouve avec 13 en sciences physiques, cela vous paraît-il normal ? Justifier.

Exercice 8.5.10. On effectue une enquêtes auprès de 100 ménages; portant sur le nombre d'enfants X par ménages et le nombre Y de pièces d'habitation par ménage. Le résultat de l'enquête est résumé dans le Tableau 8.23.

1. Déterminer les séries marginales , puis calculer leurs moyennes et variances.
2. Déterminer la distribution selon les ménages ayant 2 enfants et étudier sa dispersion.

Y / X	0	1	2	3	4	5
1	6	4	1	0	0	0
2	3	11	10	5	1	0
3	1	3	16	13	4	1
4	0	2	3	5	8	4

TABLE 8.23 – Nombre d'enfants et nombre de pièce d'habitation par ménages

Y / X	[16,20[	[20,24[	[24,28[	[28,32[	[32,36[	[36,40[	[40,44[
[2;2,4[	2	1	3	1	1	0	0
[2,4;2,8[	2	8	5	3	3	1	0
[2,8;3,2[	5	17	10	8	3	2	1
[3,2;3,6[	8	22	19	14	5	7	2
[3,8;4[	1	7	7	4	7	2	3
[4;4,4[	0	1	7	2	3	3	0

TABLE 8.24 – Age de la mère et poids du nouveaux-né

3. Déterminer la distribution selon les ménages ayant 3 pièces d'habitation. Qu'en déduire ?
4. Etudier la corrélation linéaire entre les variables X et Y.
5. Peut-on prévoir le nombre d'enfants d'un ménages ayant 6 pièces d'habitation ?

Exercice 8.5.11. Dans le service de maternité d'un hopital, on a relevé l'âge X de la mère et le poids Y (en Kg) du nouveau-né. Les résultats ont été regroupés en classes dans le Tableau 8.24.

1. Déterminer la distribution selon le poids des nouveaux-nés et étudier sa dispersion.
2. Déterminer la distribution selon l'âge, calculer sa variance.
   Déterminer la distribution des poids chez les mères de moins de 32 ans. Quel est le poids moyen ?
   Comparer avec la distribution chez les meres agées d'au moins 36 ans.
3. Calculer l'âge moyen de la mère chez les nouveaux-nés de moins de 3,2 kg.
4. Etudier la corrélation linéaire entre les variables X et Y. Peut-on utiliser cette corrélation pour prévoir le poids d'un nouveau né dont l'âge de la mère est de 47 ans ?

Chapitre 9

Séries chronologiques

9.1 Introduction

Une série temporelle ou série chronologique est une suite de valeurs numériques ordonnées chronologiquement représentant l'évolution d'une quantité spécifique au cours du temps. Elles se rencontrent naturellement dans beaucoup de domaines. On peut citer : l'épidémiologie (nombre de cas d'une maladie, nombre de décès dus à une maladie, ...), l'économie (taux de chômage, PNB, PIB, ...). De telles suites de variables aléatoires peuvent être exprimées afin d'en analyser le comportement. Les objectifs d'étude sont multiples :

— la prévision ;
— l'estimation d'une tendance ;
— l'étude de la dynamique de la série ;
— l'évaluation d'impact d'un événement sur une varaiable.

9.2 Analyse d'une série chronologique

9.2.1 Définitions et exemples

Définition 9.2.1. *On appelle série chronologique ou série temporelle, toute suite d'observations échelonnées dans le temps.*

Exemple 9.2.1. 1. Le tableau 9.1 donne l'évolution des dépenses annuelles X, effectuées par une entreprise de 2000 à 2009. Les données sont exprimées en millions de FCFA.

Année	2000	2001	2002	2003	2004	2005	2006	2007	2008	2009
X	12	13	20	24	28	25	29	30	37	40

TABLE 9.1 – Evolution dépenses annuelles d'une entreprise de 2000 à 2009.

La variable sera notée de manière plus commode : X_t, où t représente le temps. On utilise la présentation suivante :

t	1	2	3	4	5	6	7	8	9	10
X_t	12	13	20	24	28	25	29	30	37	40

TABLE 9.2 – Evolution dépenses annuelles d'une entreprise en fonction de t numéro de l'année.

2. Le Tableau 9.3 donne l'évolution du chiffre d'affaires annuel (CA) réalisé par une entreprise, données recueillies par semestre.

Années	2008		2009		2010		2011		2012		2013		2014	
CA	92	93	95	97	99	80	98	95	94	93	90	79	96	94
Semestre	1	2	1	2	1	2	1	2	1	2	1	2	1	2

TABLE 9.3 – Evolution du chiffre d'affaires annuel d'une entreprise.

Remarque 9.2.1. Dans une série chronologique, les observations correspondent à un flux ou à un stock.

- ◇ Un stock correspond à une mesure de l'état à un instant donné.
- ◇ Un flux est une mesure de l'accumulation pendant une période.

Exemple 9.2.2. 1. Dans le Tableau 9.3, l'observation correspond à un stock.

2. Si on considère la consommation mensuelle d'énergie électrique d'un ménage pendant 15 mois, les observations correspondent à un flux.

Remarque 9.2.2. Dans la suite, nous ne considérerons que les observations de nature quantitative.

9.2.2 Représentation graphique

Considérons l'exemple d'une série des chiffres d'affaires annuels d'une entreprise. La Figure 9.1 correspondant à sa représentation graphique montre l'évolution de ses valeurs au cours du temps.

Année	2000	2001	2002	2003	2004	2005	2006	2007	2008	2009
X	12	13	20	24	28	25	29	30	37	40

TABLE 9.4 – Evolution du chiffre d'affaires annuel d'une entreprise.

Remarque 9.2.3. Pour certaines séries, il est plus judicieux d'utiliser une échelle semi-logarithmique pour représenter la série chronologique.

9.2.3 Composantes d'une série chronologique

L'analyse d'une série chronologique répond à deux objectifs :

- ◇ Décrire la situation des données dans le présent,

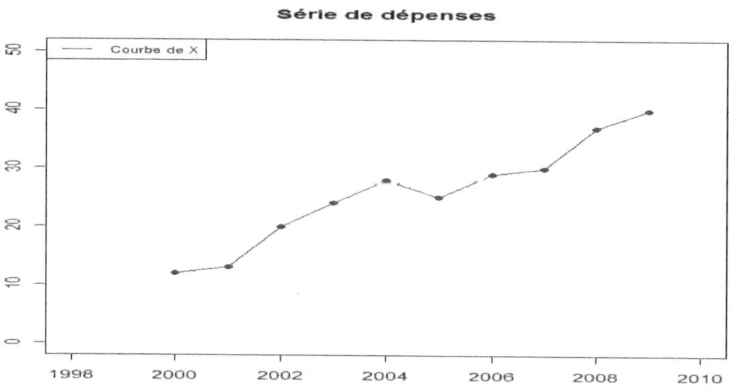

FIGURE 9.1 – Evolution du chiffre d'affaires annuel d'une entreprise.

◇ Effectuer une prévision à court et moyen terme.

Une série chronologique est la synthèse d'un certain nombre de séries élémentaires appelées composantes fondamentales de la série. Nous avons principalement, la tendance, la composante saisonnière et la composante aléatoire.

- ◇ *La tendance (ou trend)* : elle caractérise l'évolution générale et permet d'avoir une idée assez sommaire de l'évolution de la série chronologique.
- ◇ *La saisonnalité (ou composante saisonnière)* : elle synthétise l'ensemble des fluctuations des valeurs de la série liées à la saison ou à la période.
  Exemple : Dans un magasin de jouets si on relève les chiffres d'affaires trimestriels, le quatrième trimestre est fortement influencé par la période des fêtes de fin d'année.
- ◇ *La composante aléatoire (ou composante accidentelle)* : c'est l'ensemble des fluctuations qu'on ne peut prévoir (des intempéries par exemple) ou les fluctuations conjoncturelles (la dévaluation d'une monnaie par exemple).

9.2.4 Les modèles de composition

Dans la mesure où on ne cherche pas à séparer la tendance à long terme et le cycle, on est en présence de trois composantes :

— la composante extra-saisonnière ou conjoncturelle ;
— la composante saisonnière ;
— les variables aléatoires.

Décomposer la série en trois composantes suppose un certain nombre de d'hypothèses concernant le mode de composition et la nature de celles-ci. Nous utilisons dans la suite les modèles de composition proposés par Grais (voir [12]). Désignons, pour le mois j de l'année i, par :

X_{ij} la valeur observée de la série chronologique ;

C_{ij} la valeur de la composante extra-saisonnière ou conjoncturelle ;
S_{ij} la composante saisonnière ;
ε_{ij} les variables résiduelles ou accidentelles.

De manière générale, une série chonologique peut être présentée dans un tableau à double entrée : en ligne, l'indice i repère le numéro de la période d'étude, en colonne, l'indice j. L'indice j repère à l'intérieur de la période i, l'époque à laquelle se rapporte l'observation. L'observation peut être aussi repérée directement par l'indice t de la date d'observation à l'intérieur de la série. De ce fait, on désignera dans la suite donc indifféremment une observation par y_{ij} ou y_t.

Pour décomposer une série chronologique suivant ses composantes fondamentales, les modèles les plus simples sont les modèles additifs ou multiplicatifs. Soit X_t, une série chronologique, soit Y_t la tendance, S_t la composante saisonnière et ε_t la composante aléatoire.

◇ La décomposition selon le modèle additif est la suivante :

$$X_t = C_t + S_t + \varepsilon_t, \quad \text{pour tout } t. \tag{9.2.1}$$

◇ La décomposition selon le modèle multiplicatif est le suivante :

$$X_t = C_t.S_t.\varepsilon_t, \quad \text{pour tout } t. \tag{9.2.2}$$

Remarque 9.2.4. L'analyse de la série chronologique passe par la détermination de ses composantes selon un modèle déterminé (additif ou multiplicatif).

9.2.5 Les méthodes de décomposition

Décomposer une série chronologique consiste à estimer pour chaque date d'observation, les valeurs de la composante extra-saisonnière ou conjoncturelle C_t et de la composante saisonnière S_t. On utilise une méthode analytique basée sur des hypothèses sur la forme analytique des composantes. On peut faire par exemple, les hypothèses suivantes :

- La composante conjoncturelle C_t est une fonction linéaire du temps :

$$C_t = at + b.$$

- La composante saisonnière S_t est une fonction périodique de période $p = 12$ (annuelle) prenant les valeurs S_j, $j = 1, 2, \dots, 12$: $S_t = S_j$ et $S_{t+p} = S_j$.

Dans l'hypothèse d'un modèle additif :

$$X_t = C_t + S_t + \varepsilon_t,$$

en remplaçant C_t et S_t par leur forme analytique, on obtient

$$X_t = at + b + S_j + \varepsilon_t.$$

En posant $b + S_j = b_j$, pour tout j, on obtient

$$X_t = at + b_j + \varepsilon_t.$$

Le modèle proposé devient alors un modèle linéaire simple. Le problème se réduit donc à l'estimation des paramètres a et b_j $(j = 1, 2, \ldots, 12)$. Cette estimation peut être menée en utilisant la méthode des moindres carrés ordinaires.

La méthode analytique a l'avantage de jouir de fondements théoriques solides. Elle permet aussi de calculer la précision de l'estimation des différentes composantes de la série. Mais elle a l'inconvénient de n'être applicable qu'à des séries dont la composante conjoncturelle peut être correctement représentée par une fonction analytique : linéaire, logarithme, exponentielle, etc. Or dans beaucoup de situations, en économie par exemple, les séries concernées ne permettent pas de retenir des schémas d'évolution simple pour la composante conjonturelle.

9.3 La méthode de la moyenne mobile

9.3.1 Définition d'une moyenne mobile

Soit la série chronologique $X : X_1, X_2, \ldots, X_T$.
On appelle moyenne mobile de longueur p ou d'ordre p de la série X, l'opération transformant celle-ci en une nouvelle série Z par le calcul de la suite de moyennes successives :

$$
\begin{aligned}
Z_t = Z_{t+(p+1)/2} &= \frac{1}{p}\left(X_{t+1} + X_{t+2} + \ldots + X_{t+p}\right) \\
&= \frac{1}{p}\sum_{j=1}^{p} X_{t+j}, \qquad t = 0, 1, \ldots, T-p.
\end{aligned}
$$

Chaque moyenne successive est affectée à la date t correspondant au milieu de la période s'étendant entre l'instant $t+1$ et l'instant $t+p$. Cette date de milieu de période correspond à l'une des dates d'observation si p est impair ; au centre de l'intervalle séparant deux dates consécutives d'observation si p est pair.

Exemple 9.3.1. Considérons la série chronologique X_t, dont les observations sont dans le Tableau 9.5 :

t (temps)	1	2	3	4	5	6	7	8
X_t (Variable)	x_1	x_2	x_3	x_4	x_5	x_6	x_7	x_8

TABLE 9.5 – Evolution de la série X_t

Nous donnons à titre d'exemple les moyennes mobiles d'ordre 3 (k impair), et les moyennes mobiles d'ordre 4 (k pair) dans le Tableau 9.6.

Les moyennes mobiles estiment la valeur de la tendance pour chaque t, sauf éventuellement pour certaines valeurs extrêmes.

temps	variable	moyenne mobile d'ordre 3	moyenne mobile d'ordre 4
1	x_1		
2	x_2	$(x_1+x_2+x_3)/3$	
3	x_3	$(x_2+x_3+x_4)/3$	$\left(\frac{x_1}{2}+x_2+x_3+x_4+\frac{x_5}{2}\right)/4$
4	x_4	$(x_3+x_4+x_5)/3$	$\left(\frac{x_2}{2}+x_3+x_4+x_5+\frac{x_6}{2}\right)/4$
5	x_5	$(x_4+x_5+x_6)/3$	$\left(\frac{x_3}{2}+x_4+x_5+x_6+\frac{x_7}{2}\right)/4$
6	x_6	$(x_5+x_6+x_7)/3$	
7	x_7		

TABLE 9.6 – Moyenne mobile d'ordre 3 et 4 de la série X_t

9.4 Détermination des composantes d'une série chronologique

⇝ *La tendance ou composante conjonturelle.* Quelque soit le modèle utilisé, la tendance est toujours déterminée par régression linéaire ou par lissage.

◇ Par régression linaire, lorsque la représentation de la série chronologique présente une allure particulière (linéaire, exponentielle, ⋯). On assimile la série chronologique à une série double dont les variables sont le temps Θ, avec $\Theta_t = t,\ t = 1, \ldots, T$ (où T est l'ordre des observations), et la variable d'observation X, avec $X_t = x_t,\ t = 1, \ldots, T$. On effectue un ajustement linéaire en déterminant la droite de régression de X en t. Cette droite est de la forme $x_t = at + b$, a et b estimés respectivement par :

$$\bar{a} = \frac{\text{Cov}\,(\Theta, X)}{\text{Var}\,(\Theta)} \quad \text{et} \quad \bar{b} = \overline{x} - \overline{a}\bar{\Theta}. \tag{9.4.1}$$

◇ Par lissage, lorsque la représentation de la série chronologique présente une allure quelconque. La méthode souvent utilisée est celle des moyennes mobiles. Le principe est la construction d'une série nouvelle en calculant des moyennes successives de longueur k (choisie) à partir des observations.

Remarque 9.4.1. Dans la suite, la tendance estimée sera notée $\hat{C}_t$.

⇝ *La saisonnalité ou composante saisonnière.*

◇ **Modèle additif**. Rappelons que dans le modèle additif : $X_t = C_t + S_t + \varepsilon_t$.

Supposons que nous avons une série de p observations mensuelles X_t sur n années et que la tendance C_t est estimée pour chaque t par $\hat{C}_t$. On calcule alors pour chaque t, la série sans tendance, c'est-à-dire $X_t - \hat{C}_t$. On calcule la moyenne S_j des données sans tendance du mois j, sur les n années, appelée coefficient saisonniers brut, ceci pour chacun des p mois. D'où :

$$S_j = \frac{1}{n}\sum_{i=1}^{n}(X_{ij} - \hat{C}_{ij}). \tag{9.4.2}$$

On calcule S la moyenne des S_j :

$$S = \frac{1}{p}\sum_{j=1}^{p} S_j.$$

Si $S \neq 0$ on corrige les S_j en prenant : $S_j{}' = S_j - S$. On obtient de ce fait, la série des coefficients saisonniers $\hat{S}_j = S_j{}', \forall j = 1, \cdots, p$.

◇ **Modèle multiplicatif.** Rappelons que dans le modèle multiplicatif : $X_t = C_t.S_t.\varepsilon_t$.

Supposons que nous avons une série de n observations mensuelles X_t sur n années et que la tendance $\hat{C}_t$ est estimée pour chaque t. On calcule alors pour chaque t, la série sans tendance, c'est-à-dire : $X_t/\hat{C}_t$. On calcule la moyenne S_j des données sans tendance du mois j, sur les n années, appelée coefficient saisonnier brut, ceci pour chacun des p mois. D'où :

$$S_j = \frac{1}{n}\sum_{i=1}^{n}\frac{X_{ij}}{\hat{Y}_{ij}}. \tag{9.4.3}$$

On calcule S, la moyenne des S_j :

$$S = \frac{1}{p}\sum_{j=1}^{p} S_j.$$

Si $S \neq 1$ on corrige les S_j en prenant : $S'_j = \frac{S_j}{S}$. On obtient de ce fait, la série des coefficients saisonniers $\hat{S}_j = S'_j : \quad \forall j = 1, \cdots, p$.

⇝ *La composante aléatoire.* On désaisonnalise la série, c'est-à-dire qu'on détermine la série privée des influences saisonnières

◇ **Modèle additif.** Pour le modèle additif, on obtient la série résiduelle

$$\hat{\varepsilon}_t = X_t - \hat{C}_t - \hat{S}_t. \tag{9.4.4}$$

◇ **Modèle multiplicatif.** Dans ce cas, la série résiduelle est donnée par

$$\hat{\varepsilon}_t = \frac{X_t}{\left(\hat{C}_t.\hat{S}_t\right)}. \tag{9.4.5}$$

9.4.1 Prévision à court terme

Lorsque les différentes composantes de la série sont déterminées, alors, on peut effectuer une prévision à court terme. Pour une date t donnée, on cherche le coefficient saisonnier S_t correspondant et la valeur de la tendance Y_t à cette date t. En négligeant souvent l'effet de la composante aléatoire, on obtient la valeur estimée en faisant le produit ou la somme de ces deux valeurs selon le modèle de décomposition choisi.

Exemple 9.4.1. Le tableau suivant donne l'évolution du chiffre d'affaires annuel (CA) réalisé par une entreprise, données recueillies par semestre.
Pour analyser cette série chronologique, nous allons utiliser la décomposition par le modèle multiplicatif, et nous supposerons négligeable la composante aléatoire. De ce fait, la série X_t sera composée de la tendance et de la composante saisonnière.

Nous effectuons d'abord la représentation graphique de X_t avant de tracer la tendance obtenue par régression linéaire(voir Figure 9.2) :
⇝ *Détermination de la tendance.* On effectuera une régression linéaire de la série double (t, X_t).

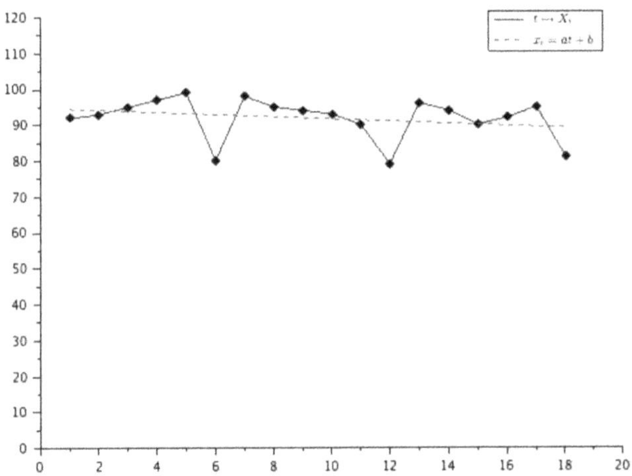

FIGURE 9.2 – Série des chiffres d’affaires annuels.

Années	2008		2009		2010		2011		2012		2013		2014		2015		2016	
CA	92	93	95	97	99	80	98	95	94	93	90	79	96	94	90	92	95	81
Semestre	1	2	1	2	1	2	1	2	1	2	1	2	1	2	1	2	1	2

TABLE 9.7 – Evolution du chiffre d'affaires annuel d'une entreprise.

t	1	2	3	4	5	6	7	8	9	10	11	12	13	14	15	16	17	18
X_t	92	93	95	97	99	80	98	95	94	93	90	79	96	94	90	92	95	81

On estime ainsi la tendance $y_t = -0,3271\,t + 94,91$.

⇝ *Détermination de la composante saisonnière.* On utilisera la méthode de lissage par les moyennes mobiles (MM) sur un an (deux semestres).

Semestre	1	2	1	2	1	2	1	2	1
X_t	92	93	95	97	99	80	98	95	94
MM X_t		93,33	95	97	92	92,33	91	95,66	94
$S_t = \frac{X_t}{Y_t}$		0,997	1	1	1,07	0,87	1,08	0,99	1

Semestre	2	1	2	1	2	1	2	1	2
X_t	93	90	79	96	94	90	92	95	81
MM X_t	92,33	87,33	88,33	89,66	93,33	92	92,33	89,33	
$S_t = \frac{X_t}{Y_t}$	1,01	1,03	0,89	1,07	1,01	0,978	0,997	1,06	

Pour le premier Semestre, le coefficient saisonnier moyen est la moyenne des coefficients obtenus au premier semestre (en rouge). Si on le note S_1, on aura : $S_1 = 1,036$.

On détermine le coefficient du semestre 2 par le même procédé. Si on le note S_2, on aura : $S_2 = 0,9705$. Remarquons ici que $S_1 + S_2 = 2,0065$. On cherche alors les coefficients corrigés S_1' et S_2'. Ainsi : $S_1' = 2\,\frac{S_1}{2,0065} = 1,033$ et $S_2' = 2\frac{S_1}{2,006} = 0,967$. Aussi, S_1' et S_2' seront désignés respectivement coefficient saisonnier du premier et du second semestre, nous les noterons respectivement S_1 et S_2.

Si par exemple on veut estimer le chiffre d'affaires du premier semestre 2018, on considère la date $t = 21$. Pour cette date, le coefficient saisonnier correspondant est $S_2 = 0,967$. On calcule la valeur de la tendance pour $t = 21$, soit $Y_{21} = 88,04$. Ainsi la valeur estimée du chiffre d'affaires pour le premier semestre 2018 est égal à : $Y_{21} * S_2$, c'est à dire 85,13.

9.5 Exercices supplémentaires

Exercice 9.5.1. Les chiffres d'affaires mensuels pour une entreprise sont donnés pour deux années dans le tableau suivant (en milliers de FCFA) :

Années	Jan	Fev	Mars	Avr	Mai	Juin	Juill	Août	Sept	Oct	Nov	Dec
2005	20	25	49	61	73	67	37	31	55	67	73	60
2006	25	27	53	66	79	72	40	33	60	72	79	67

1. Tracer le diagramme de la série chronologique correspondante.

2. Que peut-on penser de la tendance générale du chiffre d'affaires ?
3. Déterminer les composantes de la série chronologique en utilisant le modèle multiplicatif et la méthode des moyennes mobiles sur 5 mois.
4. Déterminer alors le chiffre d'affaires prévisionnel pour l'année 3, sachant qu'il est en augmentation de 8% sur le chiffre d'affaires de l'année 2.

Exercice 9.5.2. Le tableau suivant donne l'évolution du nombre de nuitées réservées dans les gîtes ruraux d'un département touristique au cours de dix années : de 1994 à 2003

Nombre de nuitées en milliers	24,4	26,8	31,1	28,0	33,2	32,0	32,2	37,2	39,3	45,7

Analyser cette série chronologique en déterminant la tendance (TREND) et la composante saisonnière selon les moyennes mobiles d'ordre 3 ans. En utilisant cette décomposition, prévoir le nombre de nuitées pour 2006 ?

Exercice 9.5.3. Le tableau suivant indique, pour l'année X_i, la quantité Y_i (exprimée en millions de mètres cubes) d'essence consommée dans un pays donné.

X_i	2000	2001	2002	2003	2004	2005	2006	2007	2008	2009
Y_i	6	6,7	7,2	8,1	8,5	9	9,7	10,3	10,9	11,6

On pose : X = Années (1 à 10) et Y = Quantité d'essence consommée.

On suppose que le nuage de points associé aux variables X et Y présente une forme linéaire et on se propose d'étudier la régression et la corrélation linéaire entre X et Y.

1. Quelle consommation pourrait-on prévoir en 2011 ?
2. En quelle année, pourrait-on prévoir une consommation de 15,1 millions de mètres cubes d'essence ?

Exercice 9.5.4. On donne la production Sénégalaise de ciments et liants, en milliers de tonnes, pour 9 années consécutives.

Année	1	2	3	4	5	6	7	8	9
Production	5829,7	6674,4	7415,3	8354,4	8833,4	9226,7	9557	10770	11388,2

1. Tracer la courbe chronologique correspondante.
2. Ajuster les données en utilisant la méthode des moyennes échelonnées.

Exercice 9.5.5. Une entreprise fabrique et fait vendre par ses succursales des appareils frigorifiques de ménage. Les statistiques des ventes du modèle de 200 litres, pour deux années consécutives, sont rassemblées dans le tableau ci-après :

Années \ Mois	1	2	3	4	5	6	7	8	9	10	11	12
1983	543	625	815	418	734	1834	1293	580	104	89	280	310
1984	484	578	977	334	726	1746	1182	592	102	78	312	436

1. Tracer la courbe chronologique pour les années 1983 et 1984.

2. Estimer le trend (méthode des moyennes mobiles sur 3 mois).
3. Calculer les coefficients saisonniers mensuels par la méthode des rapports au trend.

Exercice 9.5.6. Les livraisons d'essence pour automobile ont été relevées trimestriellement pendant cinq années consécutives (en milliers de m^3).

Années \ Trimestres	1	2	3	4
1	900	1100	1300	1050
2	950	1250	1500	1200
3	1000	1350	1600	1300
4	1150	1550	1750	1450
5	1250	1600	2020	

1. Calculer le trend de cette série chronologique par la méthode des moindres carrés.
2. Calculer les coefficients saisonniers trimestriels par la méthode des rapports au trend.

Exercice 9.5.7. Dans un rapport sur la conjoncture économique, on relève le tableau ci-dessous.

Mois	Indices des salaires horaires	Indices d'ensemble des prix en détail
Mars 1982	105	105,3
Juin 1982	107	103,9
Septembre 1982	114	109,2
Décembre 1982	120	113,6
Mars 1983	127	119,7
Jiun 1983	138	127,0
Septembre 1983	156	131,6
Décembre 1983	160	141,3
Mars 1984	162	146,9
Juin 1984	163	142,7
Septembre 1984	164	147,9

1. Représenter graphiquement l'évolution des deux variables économiques : indice des salaires et indice des prix en détail en fonction du temps.
2. Calculer le coefficient de covariation existant entre les deux variables.
   N.B. Pour faciliter le calcul utiliser les résultats suivants :
   . indice des salaires horaires : moyenne : 137,8 ; écart-type : 2,9
   . indice des prix de détail : moyenne : 126,3 ; écart- type : 16,1.

Exercice 9.5.8. Au cours des exercices 1981, 1982, 1983, 1984, le chiffre d'affaires d'une entreprise de transports a été le suivant :

Mois	1981	1982	1983	1984
Janvier	41	45	50	54
Février	38	42	46	51
Mars	52	58	64	69
Avril	54	59	65	71
Mai	52	58	63	70
Juin	58	63	70	78
Juillet	71	77	85	93
Août	52	57	63	70
Septembre	49	54	59	65
Octobre	46	51	56	62
Novembre	40	45	49	54
Décembre	47	51	56	61

1. Représenter graphiquement les variations du chiffre d'affaires mensuel de 1981 à 1984. Que suggère l'examen de ce graphique ?
2. Ajuster par la méthode des moyennes mobiles (calculées sur 12 mois).

Chapitre 10

Initiation à la statistique avec le logiciel R

10.1 Premier pas avec le logiciel R

10.1.1 Comment Installer R

R est un logiciel de statistique distribué gratuitement par le CRAN (Comprehensive R Archive Network) disponible pour la plupart des environnements de travail des ordinateurs (Windows, MacOs ou les systèmes de types UNIX). Le logiciel est disponible sur le net à l'adresse suivante : http ://www.r-project.org/.
Pour répondre à la grande demande de téléchargement et éviter les blocages, il existe des sites appelés miroirs à l'adresse suivante : http ://cran.r-project.org/, ainsi tous les fichiers utiles à l'installation ou à la mise à jour sont accessibles à partir de différents endroits du monde.

Cliquer alors sur CRAN dans le menu "Download, Packages", choisir un site miroir, une nouvelle page s'ouvre et dans la fenêtre "Download and Install R" choisir la version qui correspond à l'interface de votre ordinateur : Download R for Linux ; Download R for MacOSX ; Download R for Windows.

Une fois que l'installation est terminée, il suffit de cliquer sur le programme dans le répertoire où il est installé ou à partir du raccourci qui s'est installé dans vos programmes, ou applications, et cela en fonction du système d'exploitation de votre ordinateur.

10.1.2 R au démarrage

Au démarrage, R ouvre une fenêtre appelée console où s'affiche le texte suivant :

```
R version 3.5.1 (2018-07-02)

Copyright (C) 2018 The R Foundation for Statistical Computing
Platform: i386-pc-mingw32/i386 (32-bit)

R est un logiciel libre livré sans AUCUNE GARANTIE.
Vous pouvez le redistribuer sous certaines conditions.
Tapez 'license()' pour plus de détails.
```

```
R est un projet collaboratif avec de nombreux contributeurs.
Tapez 'contributors()' pour plus d'informations et
'citation()' pour la faÃ§on de le citer dans les publications.

Tapez 'demo()' pour des demonstrations, 'help()' pour l'aide
en ligne ou 'help.start()' pour obtenir l'aide au format HTML.
Tapez 'q()' pour quitter R.
>
```

Le symbole ">" qui apparaît à la fin du texte signifie que R attend maintenant une instruction. Chaque instruction doit être validée par la touche ENTREE de votre clavier pour être exécutée.
Si l'instruction est correcte, alors R exécute la commande puis se repositionne sur le prompt ">". Il est alors possible de faire exécuter une autrc instruction. Si l'instruction est incomplète le symbole '+' apparaîtra, il faut alors compléter l'instruction ou sortir de cette situation et récupérer la main en tapant sur la touche ECHAP ou ESC de votre clavier pour annuler l'instruction et faire réapparaître le prompt ">".

10.1.3 Les objets R

Création

La création d'un objet peut se faire simplement par affectation avec les opérateurs "<-", "->" ou "=" en lui donnant un nom :

```
> b <- sqrt(2)      # (crée l'objet b)
> x<-b              # (x reçoit la valeur b)
> x=b               # (x reçoit la valeur b)
> b -> x            # (x reçoit la valeur b)
```

Si un objet n'existe pas l'affectation le crée. Sinon l'affectation écrase la valeur précédente.
Le symbole "#" indique que tout le reste de la ligne ne sera pas interprété par R. Cela permet d'ajouter des commentaires dans un programme.

Affichage de la valeur d'un objet

```
> a             # (affiche le contenu de a)
> q             # (affiche le contenu de la fonction q qui permet
>                  de quitter)
> print(a)      # (affiche le contenu de a)
```

Les différents types d'un objet

On distingue :

- ◇ Les objets simples (ou atomiques) : ce sont des objets qui ne comportent que des éléments de même mode
- ◇ Les objets composés (ou hétérogènes) : ce sont des objets qui comportent des éléments qui peuvent être de modes différents.

Les principaux modes sont :

- ◇ null (objet vide) : `NULL`
- ◇ logical (booléen) : `TRUE`, `FALSE` ou `T`, `F`

- ◇ numeric (valeur numérique) : `1`, `2.3222`, `pi`, `1e-10`
- ◇ character (chaîne de caractère) : `'bonjour'`, `"K"`
- ◇ complex (nombre complexe) : `2+0i`, `2i`

Les conversions d'un mode à un autre peuvent se faire de manière explicite en utilisant :

◇ `as.logical` ◇ `as.numeric` ◇ `as.complex` ◇ `as.character`

Il est possible de tester un objet pour savoir s'il est d'un mode particulier, le résultat est vrai ou faux, c'est à dire un booléen (`TRUE` ou `FALSE`) :

◇ `is.null(x)` ◇ `is.logical(x)` ◇ `is.numeric(x)` ◇ `is.character(x)`

Suppression d'objets

Par défaut R garde tous les objets créés dans la session, sauf si l'on ne sauvegarde pas la session à la sortie de R. Il est donc recommandé de faire souvent le "ménage". Pour supprimer un objet nommé `a` :

```
> rm(a)
```

Pour supprimer des objets

```
> rm(a,b)
```

Enfin pour supprimer une liste d'objets qui possède une partie de nom en commun, ici la lettre a, on utilise

```
> rm(list=ls(pattern=".*a.*")).
```

10.1.4 Les opérateurs arithmétiques

parenthèses	()
exponentiation	^
moins unaire	-
séquence	:
division entière	%/%
congruence	%%
multiplication, division	* /
addition	+ −
affectation	< − − >

Exemple :

```
> 110 + 9
[1]  119
> 10/3
[1]  0.333333
```

10.1.5 Les opérateurs logiques

	supérieur (strictement)	>
	supérieur	>=
	inférieur (strictement)	<
	séquence	:
- Comparaison	inférieur	<=
	différent	!=
	égal	==
	dans un ensemble	% in %
	négation (not)	!
- Relation	et logique (and)	& &&
	ou logique (or)	| ||
	ou exclusif (xor)	$xor(,)$

10.1.6 Les vecteurs

Définition et construction

Un vecteur est un objet atomique composé d'un ensemble ordonné de valeurs : les composantes, les coordonnées ou éléments. Le nombre d'éléments constitue l'attribut longueur.

Construction :

Différentes méthodes existent dont :

- ◇ La construction par la fonction collecteur `c()`

  `> x<-c(10.4,5.6,12,78,42.3)` vecteur de numériques à 5 éléments (une constante est un vecteur de longueur 1)

  `> x<-c(x,10,23,c(12,15,46),x)` vecteur à 15 éléments

  `> x<-c('A', 'CVER')` vecteur de caractères à 2 éléments

  `> x<-c(TRUE, FALSE)` vecteur de logiques à 2 éléments.

- ◇ La construction par l'opérateur séquence :

  `> 1: 30` génère le vecteur `c(1,2,...,30)`.

- ◇ La construction par la fonction `seq()`

  `> seq(1, 30, by=0.5)` génère le vecteur `c(1,1.5,2,2.5,...,30)`

  `> seq(1, 30, length=300)` génère 300 points équidistants compris entre 1 et 30.

- ◇ La construction par la fonction `rep()`

  `> rep(1, 4)` génère le vecteur `c(1,1,1,1)`.

- ◇ La construction par la fonction `scan()`, R demande alors de rentrer le premier élément, puis le second, ...

- ◇ Par conversion explicite : `as.vector()`.

Arithmétique

Les vecteurs peuvent être utilisés dans des expressions arithmétiques. Les opérations sont effectuées élément par élément et si les vecteurs sont de longueurs différentes, le résultat possède la longueur du plus long :

x	=	-1	0	1	4		
y	=	2	1	2			
y rallongé	=	2	1	2	3	2	4
x+y	=	1	1	3	7	2	4

◇ `> x*12` multiplie par 12 tous les éléments de `x`.

◇ `> x+2` ajoute 2 à tous les éléments de `x`.

Quelques fonctions mathématiques

◇ valeur absolue : `abs()`
◇ racine carrée : `sqrt()`
◇ trigonométrie : `cos()`, `sin()`, `tan()`, `asin()`, `acos()`, `atan()`
◇ exponentielle : `exp`, `log()`, `log10()`
◇ statistiques : `max()`, `min()`, `range()`, `mean()`, `median()`, `var()`, `IQR()`, `quantile()`, `sd()`, `cov()`, `cor()`
◇ somme, produit : `sum()`, `prod()`, `diff()`, `cumsum()`, `cumprod()`, `cummin()`, `cummax()`
◇ tri : `sort()`, `order()`, `rank()`
◇ renverse : `rev()`
◇ arrondis : `round(x,digits=2)`, `floor()`, `signif()`
◇ Autres fonctions mathématiques : `beta()`, `gamma()`, `choose()`, `factorial()`, `digamma()`, `psigamma()`

Les données

Elles peuvent se présenter sous forme de vecteurs, de matrices, de listes, de tables de données. Elles peuvent être directement créées avec R ou être importées à partir des données au format Excel, Stata, csv, txt, ...

Les données créées ou importées dans R peuvent être utilisées par une fonction, être modifiées ou décrites à l'aide de différentes fonctions selon qu'elles sont sous la forme de variables quantitatives ou qualitatives. Afin de permetttre à R de reconnaître les objets du type "données", il faut donc leur attribuer un nom qui prendra la forme d'une chaîne alphanumérique c'est-à-dire permettant d'avoir des lettres majuscules ou muniscules et des chiffres. Cependant le nom de type "donnée" devra toujours débuter par une lettre. Le seul élément de la ponctuation autorisé dans le nom d'un objet de type "donnée" est le point ".".

Attention, le logiciel R est sensible à la casse. Ainsi il différenciera les mots : `Test`, `test`, `TEST` et les considérera comme trois objets différents. Il sera donc important de reprendre une bonne écriture quand on posera des questions à R.

Les fonctions

Elles permettent de modifier ou décrire les données. Elles sont également utilisées pour réaliser des calculs et des tests statistiques ainsi que des graphiques. Une fonction sous R s'écrit généralement en minuscule et est suivie d'une parenthèse dans laquelle sont insérés, si besoin, des paramètres en rapport avec la fonction utilisée. Les pramètres inscrits dans les parenthèses sont séparés par des virgules. Donc pour les nombres décimaux il faudra utiliser l'écriture anglo-saxonne c'est-à-dire le point (`3.5` et non pas `3,5`).

Exemple. La fonction `sum()` : on peut calculer la somme de 5 et 6 en écrivant à la suite de prompt :

```
> sum(5,6)
```

R devrait vous répondre :

```
[1] 11
```

Conseil : Sachant que généralement les fonctions sont nommées par des lettres minuscules, il est recommandé pour les objets de types données d'utiliser une écriture commençant par la lettre majuscule afin de les identifier rapidement au sein de vos futurs programmes, comme par exemple : `Matable`.

10.1.7 Retrouver la liste des commandes utilisés

Si vous souhaitez voir les dernières commandes que vous avez utilisées dans la console, vous utiliserez la fonction `history()`. Elle va vous ouvrir une fenêtre dans laquelle vous verrez apparaître les dernières commandes utilisées. Pour avoir accès à toutes les commandes, il faudra ajouter le paramètre `Inf` (pour infini) entre les parenthèses de la fonction : `history(Inf)`. Vous pourrez ainsi sauvegarder vos commandes dans un fichier texte ou les copier/coller dans un script de programme.

10.1.8 Obtenir de l'aide avec R

Vous pouvez avoir besoin d'aide notamment pour savoir comment utiliser une fonction et quels paramètres insérer dans les parenthèses. Vous utiliserez alors la fonction `help()` ou le `?` suivi du nom de la fonction pour laquelle vous souhaitez avoir l'information.

Exemple : Les deux écritures sont équivalentes :

```
> help(sum)
> ? sum
```

Si vous souhaitez avoir directement accès à l'ensemble de l'aide au format html à partir de votre navigateur, tapez :

```
> help.start()
```

10.1.9 Installer une extension package ()

R utilise un système d'extension, les packages, pour répondre à des besoins d'analyses spécifiques. Le logiciel R est lui-même d'ailleurs une bibliothèque appelé "base" contenant un certain nombre d'extensions utiles pour son fonctionnement de base. Chaque extension est une collection regroupant des outils d'une même thématique. Certaines extensions sont automatiquement disponibles lorsque R est lancé. Il suffit de taper la fonction `search()` pour connaître la liste des extensions lancées dans votre session active.

Vous devrez en fonction de vos besoins, et votre progression en matière d'analyse statistique, installer d'autres extensions. Il faudra les télécharger sur le CRAN puis dans le menu "software" de la page d'accueil vous devrez cette fois-ci cliquer sur "packages". La liste des extensions s'affichent et vous devrez choisir celle que vous souhaitez télécharger. Vous aurez le choix entre trois fichiers en fonction de votre interface (Windows, MacOs ou Linux). Sous MacOs ou Windows, vous utiliserez le menu packages de votre logiciel pour installer le fichier télécharger dans votre environnement R. Une fois installées, les extensions seront alors appelées dans la console avec la fonction `library()`.

10.1.10 Utiliser l'éditeur R

Plutôt que de continuer à taper vos commandes dans la console, il est conseillé d'avoir recours à un éditeur qui vous permettra de sauvegarder vos commandes mais aussi de les modifier plus facilement face au refus de R de répondre à votre question. Il existe un éditeur intégré dans votre environnement R, il suffit de l'appeler dans le menu fichier, sous Windows choisir l'option nouveau script. Avec R dans MacOs, choisir l'option nouveau document dans le menu fichier.

À partir de maintenant, toutes les commandes seront saisies dans la fenêtre d'édition de script. Il suffira de taper Crtl+R, pour les ordinateurs fonctionnant sous Windows, Cmd+touche "ENTRÉE" sous MacOs.

10.1.11 Répertoire de travail

Pour sauvegarder le fichier de commande et l'ensemble des fichiers créés lors d'une session de travail, il est nécessaire de définir un répertoire de travail. À l'ouverture, R assigne un répertoire de travail par défaut. Pour le connaître, il suffit de taper la commande `getwd()` selon la procédure suivante : `getwd()`.

Si vous utilisez la fenêtre d'édition de script, n'oubliez pas d'envoyer votre question à la console Ctrl+R ou Cmd+touche "ENTRÉE". Le répertoire est alors un répertoire par défaut utilisé par R. Vous pouvez définir votre propre répertoire de travail afin que chacune de vos sessions de travail soit sauvegardée avec vos fichiers de données que vous exploitez avec R.

Vous utiliserez la commande `setwd()` : `setwd(dirname(file.choose()))`.

Cependant, avant tout, il faut vous assurer que, dans le répertoire que vous souhaitez utiliser, il y ait au moins un fichier quelque soit son extension. En effet cette commande ne vise pas à ouvrir un fichier mais juste à définir le répertoire de travail sans avoir à écrire l'ensemble du chemin qui peut être parfois fastidieux et source d'erreur.

Remarque 10.1.1. La commande `file.choose()` permet de choisir un fichier de façon interactive d'où la nécessité d'avoir au moins un fichier dans le répertoire, `dirname()` extrait uniquement le chemin du fichier.

10.1.12 Quitter R

Pour quitter R, vous pouvez utiliser la fonction `q()` ou vous pouvez quitter en fermant la fenêtre R.

Remarque 10.1.2. Remarque : Lorsque vous quitterez R, une boîte de dialogue s'affichera pour vous demander si vous souhaitez sauvegarder votre espace de travail. Si vous répondez positivement à cette question R créera deux fichiers :

- ◇ Un fichier avec l'extension `.RData` contenant les objets crées lors de la session que vous venez de quitter. Il vous suffira de cliquer sur ce fichier pour l'ouvrir dans R et avoir ainsi accès à vos objets.
- ◇ Un fichier avec l'extension `.Rhistory` pouvant être ouvert à l'aide d'un éditeur.

Cependant si vous avez utilisé un éditeur pour écrire au fur et à mesure, vous n'aurez pas besoin de deux fichiers. Il vous sera facile de recréer l'ensemble des objets en relançant votre fichier de commande sauvegardé depuis l'éditeur. Fort de cette information, vous répondrez alors par la négative à la boîte de dialoque précédente.

Pour relancer rapidement votre script, utiliser alors dans R la commande `source()` :

```
> source(file.choose())
```

Cette commande permet à l'utilisateur d'accéder au répertoire courant et de sélectionner un fichier.

10.2 Exercices d'application

Vous utiliserez l'éditeur de R pour ses exercices et vous vous appliquerez à bien annoter votre programme R pour qu'il soit compréhensible à tous.

Exercice 10.2.1. Effacer tous les objets contenus dans la console R et vérifier que la console ne contient plus d'objets.

Exercice 10.2.2. Manipulation des chaînes de caractères.

1. Créer un objet R que vous appelerez "Prenom" et qui contiendra votre prénom.
2. Créer un objet R que vous appelerez "Nom" et qui contiendra votre nom.
3. A l'aide de ces deux objets, créer un objet R appelé Identite qui donnera votre nom suivi de votre prénom, séparez par une virgule.
4. Afficher le contenu de cet objet.

Exercice 10.2.3. Manipulation des données numériques

1. Créer un objet R appelé Femme contenant la valeur 257836, correspondant à la population féminine d'une région sur une année donnée.
2. Créer un objet R appelé Homme contenant la valeur 247643, correspondant à la population masculine d'une région sur une année donnée.

3. Créer un objet R appelé Population à partir de deux objets Femme et Homme. Afficher le total de la population de la région dan la console.
4. Créer un objet R appélé Sexratio qui sera le rapport Homme/Femme. Afficher la valeur de cet objet dans la console.
5. Supposons que le nombre de décès dans la région au cours de l'année chez les femmes est de 236 et celui des hommes est de 328. A l'aide d'un objet R, donner le taux de mortalité pour 1000 personnes pour chacun des deux sexes et pour l'ensemble de la population.
6. Afficher les valeurs des objets dans la console.

10.3 Statistiques descriptives avec R

10.3.1 Caractéristiques de position et de dispersion

Le tableau suivant donne quelques fonctions R permettant de calculer certains paramètres de position.

Paramètres de position	Fonction R
Médiane	median(), summary()
Moyenne	mean(), summary()
Quartiles	quantile(), summary()

Le tableau suivant contient quelques fonctions R permettant de calculer certains paramètres de dispersion.

Paramètres de dispersion	Fonction R
Minimun & étendue	min(), quantile(), summary()
Maximum & étendue	max(), quantile(), summary()
Variance	var()
Ecart-type	sd()

La médiane. On rappelle que c'est la valeur qui partage une série de données d'une variable quantitative en deux groupes d'effectifs égaux. La médiane est un paramètre descriptif qui est représenté habituellement, avec les extrêmes (minimum et maximum) et l'étendue (différence entre maximum et minimum) qui est un paramètre de dispersion. .

Exemple :

```
> x=c(1,3,5,2,9,19,37,45,21,61,45,9,18)
> median(x)
```

Les quartiles. Il s'agit de trois paramètres de position qui partagent une série de données en 4 groupes d'effectifs égaux.

Exemple :

```
> quantile(x)
0% 25% 50% 75% 100%
1 5 18 37 61
```

La moyenne. C'est une somme algébrique des valeurs observées divisée par le nombre de terme de la somme :

$$\mu = \frac{1}{n}\sum_{i=1}^{n} X_i.$$

C'est un paramètre de tendance centrale qui sert à résumer une série de données d'une variable quantitative.

Exemple : `> mean(x).`

Les extrêmes. Ce sont les deux valeurs extrêmes de la distribution, maximum et minimum.

Exemple : `> min(x)   max(x)`

L'étendue. C'est la différence entre deux valeurs extrêmes. Attention en cas de valeurs aberrantes, l'étendue donne une fausse image de la dispersion des valeurs d'une variable.

Exemple :

```
> Etendue <- max(x)- min(x)
> Etendue
```

La différence entre la valeur maximale et la valeur minimale est attribuée à un objet R appelé "Etendue", que l'on appelle dans la seconde ligne de la commande R. En résumé, la fonction `summary()` permet de faire un résumé descriptif des données : `summary(x).`

La variance. C'est le paramètre de dispersion le plus utilisé. Il résume l'ensemble des écarts de chaque valeur d'une distribution par rapport à la moyenne. On la définit comme la moyenne des carrés des écarts à la moyenne.

$$\sigma^2 = \frac{1}{n}\sum_{i=1}^{n}(x_i - \mu)^2.$$

La variance est le meilleur indicateur de dispersion autour de la moyenne.
Exemple : `var(x).`
Remarquons que quand sa valeur est faible alors la dispersion est faible ; plus sa valeur est élevée, plus la dispersion est importante.

L'écart-type est la racine carrée de la variance. Il est donc lié à la variance et traduit le fait d'avoir utilsé le carré des écarts pour la variance : $\sigma = \sqrt{\sigma^2}$. Il mesure également l'écart par rapport à la moyenne, varie dans le même sens que la variance et s'exprime dans la même unité que la moyenne.
Exemple : `sd(x).`

La fonction `summary()` permet d'obtenir les extrêmes, les quartiles, la médiane et la moyenne d'une variable quantitative continue. Cette fonction ne tient pas compte des valeurs manquantes, il n'est pas donc nécessaire d'utiliser `na.rm=T` avec cette fonction.

Exemple :

```
> summary(Matable$POIDS)
Min. 1st Qu. Median Mean 3rd Qu. Max.
10.00 13.75 17.50 17.50 21.25 25.00
```

10.3.2 Description des variables qualitatives et quantitatives discrètes

Pour les données regroupées en classe, on utilise habituellement les tableaux de fréquence pour présenter les résultats. La construction de ces tableaux nécessite de connaître les effectifs dans chacune des classes de regroupement et également les pourcentages de ces effectifs rapportés à l'effectif global observé.

Les effectifs

La description des données regroupées passe dans un premier temps par la description des effectifs par classe. Pour connaître ces effectifs on utilise la fonction `table()`.

Un tableau de données (data frame). Un tableau de données comprend des colonnes de même longeur mais de modes qui peuvent être différents. Les colonnes correspondent à des variables et les lignes à des enregistrements. Vous manipulez habituellemnt ces objets pour vos données collectées à partir des tableurs. On utilise la fonction `data.frame()` pour les créer sous R. Vous apprendrez par la suite comment importer les données déjà collectées dans un tableur.

Exemple : pour créer un vecteur Sexe contenant 30 valeurs dont 16 hommes et 14 femmes :

```
> Genre<- rep(c("M","F"),c(16,17))
```

La fonction `rep()` permet de créer un vecteur en répétant certaines informations. Pour créer un vecteur Age comprenant 30 valeurs.

```
> Age<-rep(seq(10,15,by=0.5),3)
```

La fonction `seq()` permet de créer un vecteur contenant les valeurs comprises entre 5 et 15 avec un pas de 0.5 et la fonction rep() associée permet de répeter ce vecteur 3 fois. Pour créer la table de données ;

```
> Matable <- data.frame(Genre,Age)
```

La fonction `View()` qui a la particularité de commencer par une majuscule, permet d'afficher dans une fenêtre indépendante les données de Matable : `View(Matable)`.

La fonction `str()` permet de voir la structure de la table avec les caractéristiques de chacune des colonnes constituant cette table.
Exemple : `str(Matable)`.

NB : Vous pourrez également utiliser la fonction `summary()` si vos variables sont reconnues par R comme des variables factorisées.

Exemple : `summary(Matable$Genre)`.

Vous obtenez alors le résultats suivants :

```
Femme Homme
17 16
```

Notez que si votre variable n'est pas factorisée, vous utiliserez la fonction `table()` mais vous pouvez également utiliser la fonction `as.factor()` dans les paramètres de la fonction `summary()`.

Exemple : `summary(as.factor(Matable$Genre))`

Il faut noter que la fonction `as.factor()` permet à R de considérer une variable comme une variable factorisée uniquement au moment de l'utilisation de la commande.

La fréquence relative.
Elle représente la proportion de la population observée dans chacune des classes de la variable. Vous utiliserez la fonction `prop.table()`. Cette fonction s'applique à un objet auquel vous affecterez le résultat de la fonction `table()`.

Exemple :

```
> Table1<-table(Matable)
> prop.table(Table1)
```

Exercice 10.3.1. (Variables quantitatives). Créer un objet appelé `Mesure` comprenant 30 mesures répondant à une loi de distribution uniforme avec un minimum de 20 et un maximum de 35.

1. Calculer la médiane, la moyenne, l'écart-type de cet objet.
2. Créer un objet appelé `Mesure` comprenant 100 mesures répondant à une loi de distribution uniforme avec un minimum de 20 et un maximum de 35.
3. Calculer la médiane, la moyenne, l'écart-type de cet objet.

Exercice 10.3.2. (Variables qualitatives). Effectuer les opérations suivantes :

1. Créer un objet appelé `Caracter1` qui suit une loi binomiale de paramètres $n = 1$ et $p = 0.15$, comprenant 110 valeurs.
2. Créer un objet appelé `Caracter2` qui suit une loi binomiale de paramètres $n = 2$ et $p = 0.40$, comprenant 110 valeurs.
3. Calculer les effectifs et les pourcentages par classe de chacun des deux objets. Dresser le tableau présentant les effectifs associés aux pourcentages pour chacun des deux objets.

10.4 Représentation graphique des données avec R

10.4.1 Diagramme en barre

Ce type de graphique vous permettra de réaliser une présentation sur une seule coordonnée des variables qualitatives ordinales ou nominales. Vous utiliserez la fonction `plot()`.

Exemple : `Matable1<-factor(c(rep("Primaire",12), rep("Secondaire",10), rep("Universitaire",9)))`

Cette commande permet de créer une variable niveau scolaire de type facteur.

```
> plot(Matable1, col='darkblue')
```

Le paramètre `col` a permis de définir la couleur des barres. Il est aussi possible d'ajouter des informations sur un graphique.

```
> plot(Matable1, col='darkblue',ylab='effectifs')
```

Ce nouveau paramètre `ylab` va permettre d'ajouter un titre sur l'axe des ordonnées.

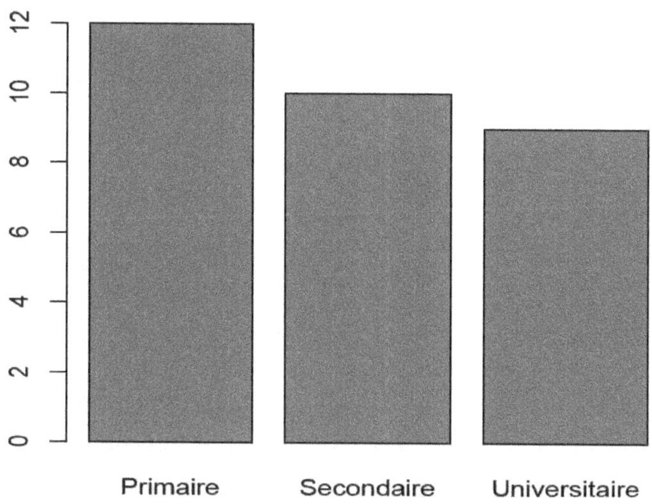

FIGURE 10.1 – Diagramme en barres verticales des niveaux scolaires des mères.

```
> plot(Matable1, col='darkblue',ylab='effectifs',ylim=c(0,14))
```

Le paramètre `ylim` permet de modifier les valeurs de l'axe des ordonnées.

```
> plot(Matable1,col='darkblue',ylab='effectifs',ylim=c(0,14),
main='Distribution en fonction des niveaux scolaires des meres')
```

Le paramètre `main` permet d'insérer un titre au dessus du graphique.

10.4.2 Diagramme en barres horizontales

Il répond à la présentation des variables de même type que le diagramme en barre.

Exemple :

```
> plot(Matable1,col='slateblue1',density=c(NA,50,30),
xlab='Effectifs', xlim=c(0,14),main='distribution en fonction des niveaux
scolaires' ,horiz=T)
```

Les paramètres `horiz = T` et `density = c(NA,50,30)` ont permis pour le premier de présenter les barres à l'horizontale et le second de faire varier la densité de la couleur avec un format hachuré.

Noter que les paramètres `ylab` et `ylim` de la commande du diagramme en barres ont été remplacés dans cette nouvelle commande par `xlab` et `xlim`.

10.4.3 Diagramme à secteurs

Il permet la présentation des variables de même type que les diagrammes en barre. Vous utiliserez la fonction `pie()`.

Exemple :

```
> pie(table(Matable1), col='slateblue1',density=c( NA,50,30),
main='Distribution en fonction des niveaux scolaires')
```

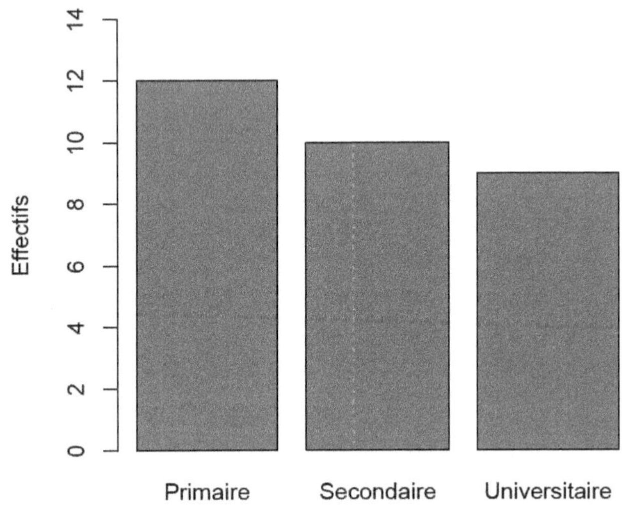

FIGURE 10.2 – Diagramme en barres verticales amélioré des niveaux scolaires des mères

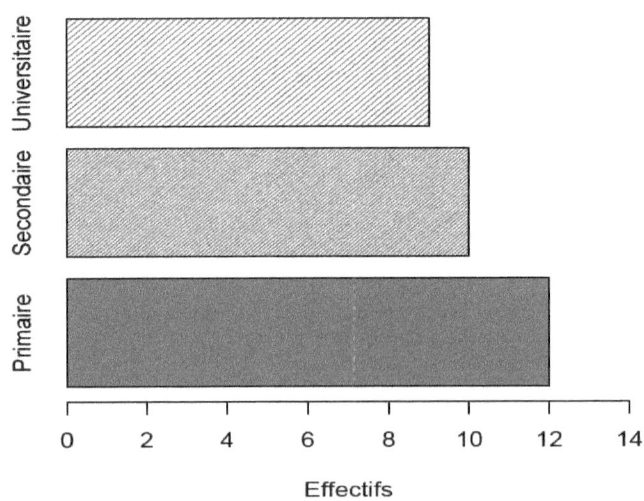

FIGURE 10.3 – Diagramme en barres horizontales des niveaux scolaires.

Remarquons que la fonction `pie()` ne s'applique pas sur des données brutes. Il est possible d'ajouter sur ce graphique les effectifs de chacune des classes avec le paramètre "labels".

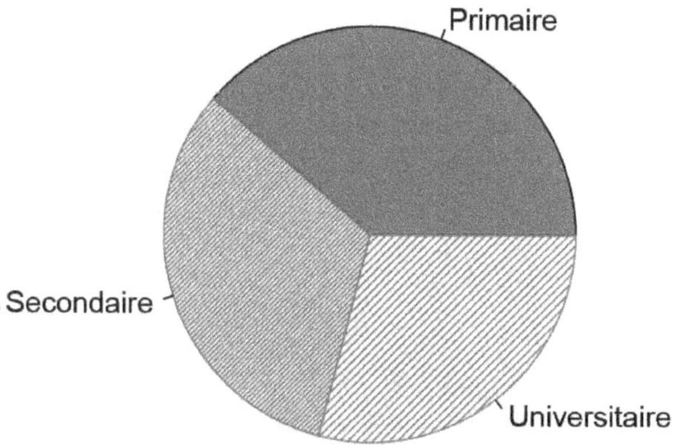

FIGURE 10.4 – Diagramme circulaire pour les niveaux scolaires.

Exemple :

```
> Nom<-levels(Matable1)
> Donnee<-table(Matable1)
> pie(Donnee,col='slateblue1',density=c(NA,50,30),main='Distribution
en fonction des niveaux scolaires',labels=c(paste(Nom[1],';',
Donnee[1]),paste(Nom[2],";",Donnee[2]),paste(Nom[3],";",Donnee[3])))
```

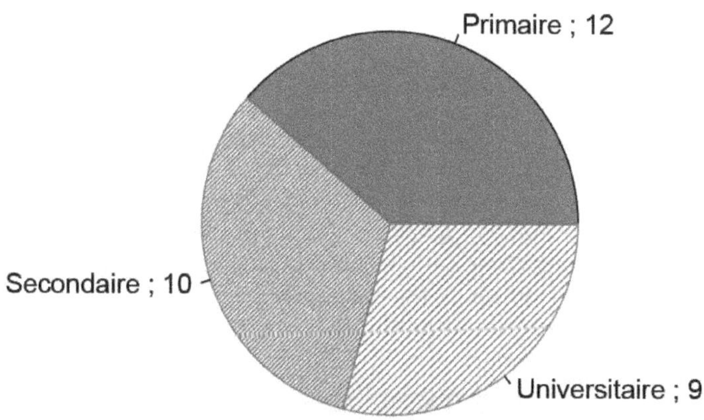

La fonction `paste()` permet de concaténer des chaînes de caractères alphanumériques. Elle est utilisée ici avec le paramètre labels pour ajouter une information sur les effectifs séparés du nom de la classe par un point-virgule.

10.4.4 Histogramme

Il est utilisé pour représenter des données quantitatives discrétisées (en classes). Vous utiliserez la fonction `hist()` pour le réaliser.

Exemple :

```
> Titre<-'Repartition par groupe de poids'
> hist(Matable1,breaks=c(10,15,20,25),col='slateblue1',
density=c(NA,50,30),xlab='Poids en Kg',ylab='Effectifs',main=Titre)
```

Le paramètre `breaks` permet de donner les limites de chaque classe. Notez que pour cette commande, vous utiliserez les données brutes de la variable `Poids`.

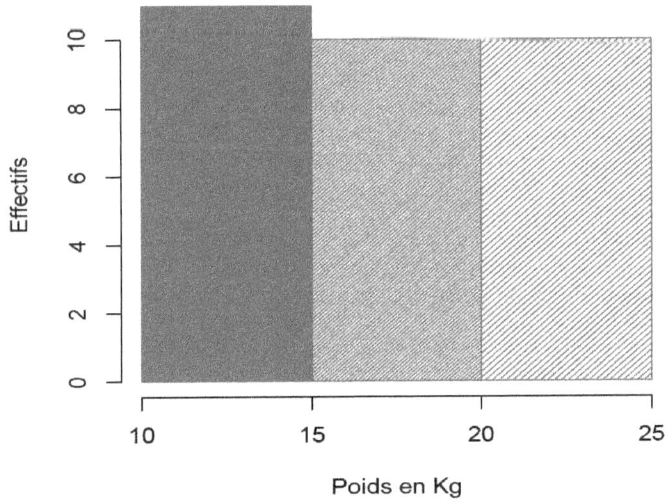

FIGURE 10.5 – Histogramme

10.4.5 Boîte à moustache

Rappelons que la boîte à moustache permet de représenter sur un graphique les paramètres de position et de dispersion d'une variable quantitative continue : médiane, quartiles et étendue. Vous utiliserez la fonction `boxplot()` pour réaliser ce graphique. La fonction `boxplot.stats()` vous permet de retrouver les valeurs associées à chacun des paramètres de ce graphique. Les moustaches inférieures et supérieures sont calculées par le retrait à la valeur du premier quartile ou l'ajout à la valeur du troisième quartile de 1,5 fois l'intervalle interquartile.

10.4.6 Afficher plusieurs graphiques dans la même fenêtre

Pour afficher plusieurs graphiques dans une même fenêtre, vous pouvez utiliser la fonction `par()` avec le paramètre mfrow ou la fonction `layout()`. Par exemple, la commande `par(mfrow=c(3,2))` vous permettra de diviser votre fenêtre graphique en 6 fenêtres : 3 lignes et 2 colonnes. La commande `layout.show(6)` affichera les six zones de la page graphique avec leur rang de remplissage de 1 à 6.

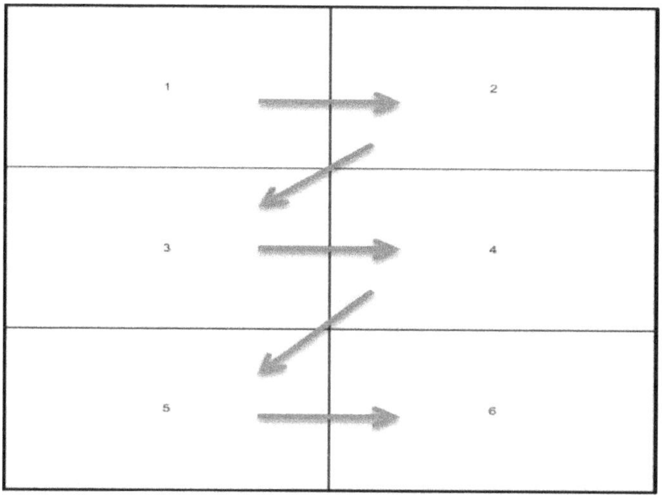

Le remplissage se fera donc ligne après ligne de gauche à droite.

```
> Zone<-matrix(c(2,4,1,1,3,5),byrow=T,ncol=2) layout(Zone)
layout.show(max(Zone))
```

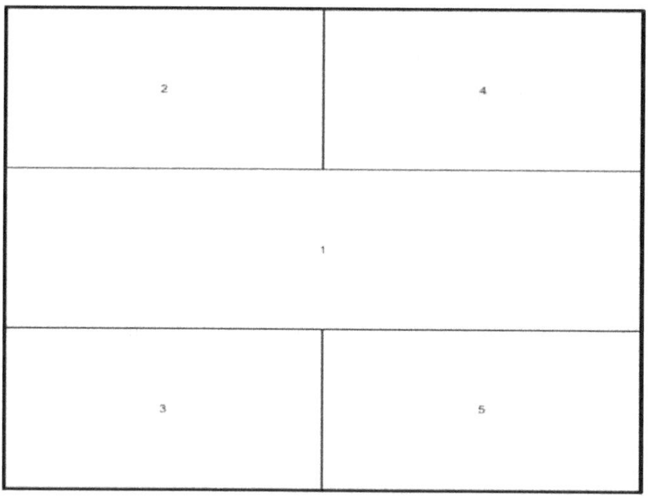

La fonction `layout()` permet de définir des zones graphiques de tailles différentes et également de choisir l'emplacement des graphiques en fonction de leur rang. Pour revenir à la fenêtre graphique unique, vous appliquerez les commandes suivantes : si vous avez utilisé par(mfrow= ?) pour créer une fenêtre graphique avec plusieurs éléments, alors vous pouvez écrire `par(mfrow=c(1,1))`. Si vous avez utilisé layout(), alors vous écrirez : `layout(matrix(1))`.

10.4.7 Afficher plusieurs fenêtres graphiques et les gérer

Vous remarquerez que le tracé d'un nouveau graphique dans une fenêtre unique efface le graphique précédent. Si vous souhaitez garder visibles les différents graphiques, avant le lancement des commandes permettant de les réaliser il faudra faire précéder cette commande de la fonction `windows()` ou `quartz()` pour les utilisateurs sur Mac). Pour gérer les différentes fenêtres graphiques vous ferez alors appel aux fonctions suivantes :

- ◇ `dev.cur()` : indique la fenêtre active.
- ◇ `dev.list()` : liste les numéros de fenêtres créées et leur nature.
- ◇ `dev.set(x)` : fixe la fenêtre x comme active.
- ◇ `dev.off()` : ferme la fenêtre active.
- ◇ `dev.off(x)` : ferme la fenêtre numéro `x`.
- ◇ `graphics.off()` : ferme toutes les fenêtres graphiques.

10.4.8 Sauvegarder un graphique sous différents formats

Vous pourrez sauvegarder les graphiques sous différents formats. Vous utiliserez alors les fonctions suivantes : `pdf()`, `jpeg()`, `bmp()`, `png()`, `tiff()`, `...` Pour connaitre toute la liste taper dans la console la commande `?device`.

La commande `graphics.off()` ferme toutes les fenêtres graphiques. Elle ferme la fenêtre virtuelle, ce qui permet ensuite d'ouvrir le fichier Figure.pdf qui a été sauvegardé dans le répertoire de travail. Si vous ne connaissez plus votre répertoire de travail, utilisez la fonction `getwd()`.

Remarque 10.4.1. Si vous n'arrivez pas à ouvrir le fichier Figure.pdf, vérifiez que vous avez bien fermé la fenêtre graphique virtuelle en lançant la fonction `dev.off()`. Vous pouvez sauvegarder plusieurs graphiques dans ce fichier en insérant d'autres commandes de graphiques avant la fonction `dev.off()`. Vous aurez alors un fichier au format pdf contenant plusieurs pages avec un graphique sur chacune des pages.

10.4.9 Les paramètres d'une fonction graphique

Vous pouvez intervenir sur différents paramètres des fonctions réalisant des graphiques.

- ◇ Définir les limites inférieures et supérieures de l'échelle sur l'axe des abscisses avec `xlim`. Exemple : `xlim=c(0,20) # (pour des valeurs entre 0 et 20).`
- ◇ Définir les limites inférieures et supérieures de l'échelle sur l'axe des ordonnées avec `ylim`. Exemple : `ylim=c(0,80) # (pour des valeurs entre 0 et 80).`
- ◇ Définir un titre sur l'axe des abscisses avec `xlab`. Exemple : `xlab="Semaines" # (pour des donnees de l'axe des abscisses correspondant a des numeros de semaines).`
- ◇ Définir un titre sur l'axe des ordonnées avec `ylab`. Exemple : `ylab="Nombre de cas" # (pour des donnees de l'axe des ordonnees correspondant a des nombres de cas).`
- ◇ Donner un titre au graphique avec `main`. Exemple : `main="Distribution des cas de grippe par semaine en 2013 au Senegal" # (pour des donnees regroupees du nombre de cas de grippe par semaine en 2013 au Sénégal).`
- ◇ Donner un sous titre au graphique avec `sub`. Exemple : `sub="Donnees de la surveillance sentinelle" # pour des donnees issue du reseau de surveillance sentinelle).`

◇ Modifier la taille des valeurs affichées sur les axes avec `cex.axis`. Vous noterez que la valeur par défaut est 1, donc pour diminuer de moitié vous choisirez 0.5. Exemple : `cex.axis=0.6 # pour des caracteres reduits de 40%.`
◇ Modifier la taille des caractères pour les légendes des axes (1 valeur par défaut) avec `cex.lab`. Exemple : `cex.lab=0.8 # pour des caracteres reduits de 20%.`
◇ Modifier la taille des caractères du titre (1 valeur par défaut) avec `cex.main`. Exemple : `cex.main=1.2 # pour des caractères de titre augmentés de 20%.`
◇ Choisir la couleur des symboles et des lignes avec `col`. Exemple : `col="red" # pour tracer le graphique de couleur rouge.`
◇ Modifier la couleur des axes, titres et sous titres : `col.main`, `col.axis`, `col.lab`, `col.sub`. Exemple : `col.main="blue" # pour un titre de couleur bleue.`
◇ Effacer l'axe de abscisses ou des ordonnées : `xaxt`, `yaxt`. Exemple : `xaxt='n' # pour effacer l'axe des abscisses.`
◇ Tracer le cadre autour de la figure : `bty # (avec("l","o","7", ...).`

NB : Reportez-vous à l'aide pour avoir plus d'informations sur ces paramètres et les autres paramètres possibles afin d'améliorer vos graphiques.

10.4.10 Ajouter des informations sur un graphique

Vous pouvez ajouter des informations complémentaires sur un graphique. Vous utiliserez alors des fonctions complémentaires dont voici une liste non exhaustive.

```
points() # ajoute des points.
lines() # ajoute des points relies par une ligne.
abline() # ajoute une ligne sans limite.
```

Exemple : `abline(h=3)` trace une ligne horizontale d'ordonnée égale à 3.

```
segments() # ajoute un segment de droite.
arrows() # trace une fleche.
legend() #ajoute une legende.
rug() # ajoute des marques secondaires sur les axes.
axis() # ajoute une echelle sur une cote du graphique.
```

Cette fonction s'utilise par exemple lorsque vous avez utilisé le paramètre `xaxt='n'` ou `yaxt='n'` ou pour définir un deuxième axe des ordonnées à droite.

```
text() # ajoute du texte.
mtext() # ajoute du texte dans les marges.
title()
```

Cette dernière commande ajoute des éléments de titre comme les paramètres déjà étudiés dans les sections précédentes.

NB. Reportez vous à l'aide avec la fonction `help()` ou `?` pour voir comment utiliser toutes ces fonctions.

10.4.11 Modifier les paramètres de la fenêtre graphique

Vous pouvez modifier les paramètres de la fenêtre graphique avec la fonction `par()`. Vous l'avez déjà utilisée pour découper la fenêtre graphique afin d'y présenter

plusieurs graphiques.
Exemple :

◇ La commande `par(bg="lightyellow")` modifie la couleur de fond de la fenêtre graphique, avec pour l'exemple un fond jaune clair.
◇ La commande `par(adj=0)` contrôle le positionnement du texte : 0 à gauche, 0.5 centré et 1 à droite.
◇ La commande `par(ann=F)`
◇ La commande `par(new=T)` permet de tracer un nouveau graphique sur un graphique existant en utilisant successivement deux fonctions graphiques de haut niveau.
◇ La commande `par(xpd=NA)` : l'option "NA" permet à tous les graphiques de se rattacher à la fenêtre graphique. Si la valeur de `xpd` est `TRUE`, les graphiques sont attachés à la zone de figure, si la valeur est `FALSE` ils peuvent alors être hors de la zone de figure.

NB. Les paramètres de ces exemples auraient pu être utilisés dans une seule et même commande. Ne pas hésiter à faire appel à l'aide pour avoir l'exhaustivité des paramètres associés à la fonction `par()`.

10.5 Exercices d'application

Exercice 10.5.1. Effectuez les opérations suivantes :

1. Définir une fenêtre graphique qui vous permettra d'insérer 3 graphiques sur deux colonnes, 1 à gauche et 2 à droite et visualiser cette fenêtre graphique.
2. Insérer dans la première zone graphique, le graphique de type boîte à moustache de l'objet `Mesure` de l'Exercice 10.3.1.Vous nommerez ce graphique "Boîte à moustache de la variable `Mesure`" sur deux lignes.
3. Dans la deuxième zone graphique, insérer l'histogramme de cet objet `Mesure` selon des classes allant de 20 à 35 avec un pas de 2,5. Vous nommerez ce graphique "Histogramme de la variable Mesure" pour qu'il s'affiche sur deux lignes. Vous nommerez l'axe des abscisses "Groupes" et l'axe des ordonnées "Effectifs".
4. Dans la troisième zone graphique, insérer le polygone de fréquence correspondant à la variable `Mesure` selon les groupes de l'histogramme. Vous intitulerez ce graphique "Polygone de fréquence de la variable `Mesure` en l'affichant sur deux lignes. Vous nommerez l'axe des ordonnées "Effectifs" et réduirez la taille de la police des axes de moitié.

Exercice 10.5.2. Effectuez les opérations suivantes :

1. Faire, dans deux fenêtres distinctes, les graphiques correspondant aux objets `Caracter1` et `Caracter2` de l'Exercice 10.3.2 qui sont des variables qualitatives.
2. Vous représenterez la première variable sous forme d'un diagramme en barres où la première valeur de l'objet `Caracter1` prendra la valeur "masculin" et la seconde, la valeur "féminin".
3. Vous donnerez le titre "Sexe" à ce graphique et la couleur bleue pour la barre correspondant à la classe "masculin", la couleur rose pour la barre de la classe "féminin".

4. Sur l'axe des abscisses, vous veillerez à ce que le nom des barres "masculin" et "féminin" correspondant à chaque classe apparaisse parfaitement.
5. Dans la seconde fenêtre graphique, vous représenterez les pourcentages des classes de la variable `Caracter2` à l'aide d'un graphique de type camembert pour lequel vous nommerez les classes 0, 1, 2 par "primaire", "secondaire", "universitaire" en y insérant en plus les pourcentages correspondants. Vous donnerez comme titre à ce graphique "Niveaux scolaires".

Annexe A

Simulation de variables aléatoires discrètes

A.1 Simulation de variables aléatoires

Simuler un phénomène c'est l'imiter afin de faire paraître une situation réelle attendue lorsqu'on le soumet à certaines contraintes. Dans le contexte des probabilités, simuler une réalisation d'une variable aléatoire c'est l'imiter afin de générer une valeur parmi l'ensemble des valeurs prises par la variable aléatoire.

La simulation d'une variable aléatoire quelconque X est en général basée sur la simulation d'une variable aléatoire uniforme (ou des variables aléatoires uniformes) qui prend ses valeurs dans $]0,1[$. Une variable aléatoire uniforme sur $[0,1]$ est une variable aléatoire *continue* caractérisée par sa densité de probabilité qui s'écrit

$$f(x) = \begin{cases} 1 & \text{si } x \in \,]0,1[\\ 0 & \text{si } x \notin \,]0,1[. \end{cases}$$

Nous avons plusieurs méthodes de simulation parmi lesquelles la *méthode d'inversion de la fonction de répartition* que nous énonçons dans la proposition ci-dessous. Ce résultat peut toujours être utilisé lorsque F^{-1} est calculable sans difficulté.

Proposition A.1.1. *Soit U une v.a. de loi uniforme sur $]0,1[$ et soit X une v.a. de fonction de répartition F et de fonction quantile F^{-1} :*

$$F^{-1}(u) := \inf\{x \in \mathbb{R} : \quad F(x) \geq u\}, \qquad \textit{pour tout } u \in]0,1[.$$

Alors X et $F^{-1}(U)$ ont la même loi de probabilité : on note $X \stackrel{\mathcal{L}}{=} F^{-1}(U)$.

Démonstration. Soit $x \in \mathbb{R}$. Il suffit de démontrer que $F(x) = \mathbb{P}(X \leq x) = \mathbb{P}(F^{-1}(U) \leq x)$. On montre que

$$\forall u \in]0,1[, \ \forall x \in \mathbb{R}, \qquad F^{-1}(u) \leq x \iff u \leq F(x).$$

On en déduit que

$$\begin{aligned} \mathbb{P}(F^{-1}(U) \leq x) &= \mathbb{P}(U \leq F(x)) \\ &= F(x) \qquad \text{(par calcul de la f.r. de } U) \end{aligned}$$

Donc les fonctions de répartition de $F^{-1}(U)$ et de X coincident. □

Pour simuler une réalisation de X il suffit donc de pouvoir simuler une réalisation de U et de pouvoir calculer F^{-1}. Cependant il arrive que l'on ne puisse pas calculer explicitement F^{-1} et parfois même la fonction de répartition F ne peut quêtre approchée numériquement. Dans ces situations on fait appel à d'autres méthodes de simulation parmi lesquelles la *méthode du rejet*, la *méthode de composition*, la *méthode de convolution*, celle *utilisant des propriétés spéciales de la variable aléatoire*, ...

A.1.1 Simulation d'une variable aléatoire discrète

Considérons une variable aléatoire X qui prend les valeurs -1, 0 et 1 avec les probabilités suivantes :

$$\mathbb{P}(X = -1) = 1/3, \ \mathbb{P}(X = 0) = 1/6, \ \mathbb{P}(X = 1) = 1/2.$$

La simulation d'une réalisation de la variable aléatoire X est la mise en oeuvre d'un procédé permettant de générer de façon aléatoire (disons pseudo-aléatoire) une des valeurs prises par la v.a. X, c'est-à-dire, -1, 0, ou 1 et en tenant compte des poids associés à chacune d'elles. Comme on a une chance sur trois que X prenne la valeur -1, si au lieu de simuler une réalisation de X, on en simule un très grand nombre, on s'attend intuitivement à ce que la proportion d'apparition de -1 soit proche de $1/3$. Du point de vue théorique, c'est une conséquence de ce qu'on appelle la *loi des grands nombres*.

La simulation d'un nombre aléatoire, et par conséquent d'une v.a. de loi uniforme sur $]0,1[$, se fait à travers des algorithmes numériques dont le plus utilisé est la méthode de congruence linéaire. Ces algorithmes génèrent des suites de nombres entiers qui peuvent être considérés, en utilisant les tests statistiques, comme indépendants et distribués de façon aléatoire. Ces nombres sont parfois dits pseudo-aléatoires.

Du point de vue pratique, nous supposerons que nous savons simuler une réalisation de la loi uniforme sur $]0,1[$ et, de façon plus générale, une suite $u_1, \dots, u_n$ de n réalisations indépendantes (les u_i n'ont aucun lien les uns les autres) de la loi uniforme sur $]0,1[$. Une telle suite de réalisations est appelée un *échantillon de taille n ou un n-échantillon* de la loi uniforme sur $]0,1[$.

En *langage C*, la génération de nombres pseudo-aléatoires se fait à travers la fonction prédéfinie *rand()* qui est incluse dans la bibliothèque *<stdlib.h>*. La fonction *rand()* génère des nombres pseudo-aléatoires entiers de rang maximal `RAND_MAX` qui est une macro prédéfinie dans *<stdlib.h>*. On simule donc une réalisation d'une loi uniforme sur $]0,1[$ en utilisant l'instruction

$$\texttt{1.0} * \texttt{rand()/RAND\_MAX;} \tag{A.1.1}$$

Comme l'algorithme qui génère les nombres pseudo-aléatoires est un algorithme déterministe il dépend du point d'initialisation (`seed`). Avec un point initial donné l'algorithme génère la même séquence de nombres pseudo-aléatoires lorsqu'on fait appel à elle à plusieurs reprises. L'utilisateur peut choisir le point initial en utilisant la fonction *srand()* de la bibliothèque *<stdlib.h>*. Pour éviter l'interaction entre l'utilisateur et l'ordinateur et assurer en même temps que l'algorithme prenne des valeurs initiales différentes il est plus pratique d'utiliser le temps système de l'ordinateur grâce à la fonction *time()* qui se trouve dans la bibliothèque *<time.h>*. Ainsi, pour simuler un échantillon de taille n de la loi uniforme sur $[0,1]$ il suffit de faire appel à la fonction *rand()* à n reprises comme suit (en incluant bien sûr les bibliothèques qu'il faut !) :

```
int i;
srand((unsigned)time(NULL));
for (i = 0; i < n; i + +)
printf("%e \n", 1.0 * rand()/RAND_MAX);
```

Revenons-en à la simulation d'une réalisation de la v.a. X. Nous avons déjà vu que sa fonction de répartition est

$$F(x) = \begin{cases} 0 & \text{si } x < -1 \\ 1/3 & \text{si } x \in [-1, 0[\\ 1/2 & \text{si } x \in [0, 1[\\ 1 & \text{si } x \geq 1. \end{cases}$$

On en déduit que sa fonction quantile est donnée pour $u \in]0,1[$ par

$$F^{-1}(u) = \begin{cases} -1 & \text{si } u \in]0, 1/3] \\ 0 & \text{si } u \in]1/3, 1/2] \\ 1 & \text{si } u \in]1/2, 1[. \end{cases}$$

Par conséquent pour simuler une réalisation x de X on simulera d'abord une réalisation u de la loi uniforme sur $]0,1[$ et

1. si $u \in]0, 1/3]$ alors x prendra la valeur -1,
2. si $u \in]1/3, 1/2]$ alors x prendra la valeur 0,
3. si $u \in]1/2, 1[$ alors x prendra la valeur 1.

Simulation A.1.1. Reprenons l'exemple précédent. Soit X une variable aléatoire à valeurs dans $\{-1, 0, 1\}$ avec

$$\mathbb{P}(X = -1) = 1/3, \ \mathbb{P}(X = 0) = 1/6, \ \mathbb{P}(X = 1) = 1/2.$$

1. Simuler un échantillon de taille $n = 40$ de la loi de X.
2. Faites appel à nouveau à votre fonction qui simule un échantillon de taille 40. Que constatez-vous par rapport à l'échantillon précédent ?
3. On pose $f_n(-1), f_n(0), f_n(1)$, les fréquences d'apparition de $-1, 0, 1$, respectivement, pour un échantillon de taille n. Déterminer les $f_n(i)$, $i \in \{-1, 0, 1\}$, pour les échantillons simulés.
4. En faisant varier la taille de l'échantillon n de 1 à 100000 par pas de 1, représenter, sur la même fenêtre graphique, les trois graphiques suivants : pour $i \in \{-1, 0, 1\}$,
$$n \in \{1, 2, \ldots, 100\} \longmapsto f_n(i)$$
et les droites d'équations $y = 1/3$, $y = 1/6$, $y = 1/2$.
5. Commenter les graphiques obtenus.

Réponse. 1. On a déjà vu comment simuler une réalisation de la v.a. X. Pour simuler un échantillon de taille $n = 40$ il suffit de faire appel n fois à la fonction qui simule une réalisation de X. Le résultat est donné dans le tableau suivant.

2. En relançant le programme on obtient le jeu de données suivant.

1	1	-1	-1	-1	1	0	1	1	-1
-1	1	-1	-1	-1	-1	1	1	1	1
1	0	1	1	-1	1	-1	1	1	-1
-1	-1	0	-1	1	1	1	-1	1	1

TABLE A.1 – Echantillon de taille 40 de la loi de X.

1	1	1	-1	1	1	1	1	1	1
0	1	-1	1	-1	-1	1	-1	0	-1
-1	-1	1	0	0	0	-1	0	1	-1
1	1	0	-1	1	0	-1	0	1	1

TABLE A.2 – Echantillon de taille 40 de la loi de X.

On constate que les deux échantillons sont différents. Remarquons qu'en l'absence de la fonction *srand()* on aurait eu le même échantillon : ce qu'on souhaite justement éviter ! Aussi, il faut noter que même si la suite des nombres générés n'est pas identique lorsqu'on simule différents échantillons de taille n, certains indicateurs doivent rester à peu près égaux lorsque n est grand. C'est le cas par exemple des fréquences d'apparition des valeurs prises par X qui doivent être proches des probabilités associées à chacune de ces valeurs (comme le montre d'ailleurs la Figure A.1).

3. Pour le premier échantillon on a $f_{40}(-1) = 16/40 = 0.4, f_{40}(0) = 3/40 = 0.075, f_{40}(1) = 21/40 = 0.525$. Pour le second échantillon on a $f_{40}(-1) = 12/40 = 0.3, f_{40}(0) = 9/40 = 0.225, f_{40}(1) = 19/40 = 0.475$.
4. Le graphique demandé est affiché à la figure A.1. On constate que les fréquences d'apparition des valeurs prises par la v.a. X : $-1, 0, 1$, deviennent de plus en plus proches des probabilités qui leur sont associées : c'est-à-dire, $1/3, 1/6, 1/2$, respectivement. Par ailleurs on n'observe pas encore une convergence. C'est-à-dire, une stabilisation des courbes de fréquences (empiriques) près des probabilités (ou fréquences théoriques) associées. Les dernières fréquences obtenues pour l'échantillon de taille $n = 100$ sont de $f_n(-1) = 0.30, f_n(0) = 0.16, f_n(1) = 0.54$. On peut aussi remarquer que $\mathbb{P}(X = 1) = 1/2$ s'estime mieux que les autres probabilités. Ceci vient du fait que (à peu près) la moitié des observations de notre échantillon est égale à 1 et naturellement, plus on a d'observations, mieux les fréquences s'approchent des probabilités à estimer.

Exercice A.1.1. On se donne une variable aléatoire X à valeurs dans $\{-2, -1, 0, 1, 2\}$ avec

$$\mathbb{P}(X = -2) = \frac{1}{5},\ \mathbb{P}(X = -1) = \frac{1}{10},\ \mathbb{P}(X = 0) = \frac{2}{5},\ \mathbb{P}(X = 1) = \frac{1}{5},\ \mathbb{P}(X = 2) = \frac{1}{10}.$$

L'objectif de l'exercice est de simuler N réalisations indépendantes de la variable aléatoire X en utilisant le langage C, où le nombre de simulations N sera fixé.

Par exemple, si `SimulLoi Discrete(N, ...)` est la fonction qui simule N réalisations de la variable aléatoire X, l'appel à la fonction

```
SimulLoiDiscrete(10, ...)
```

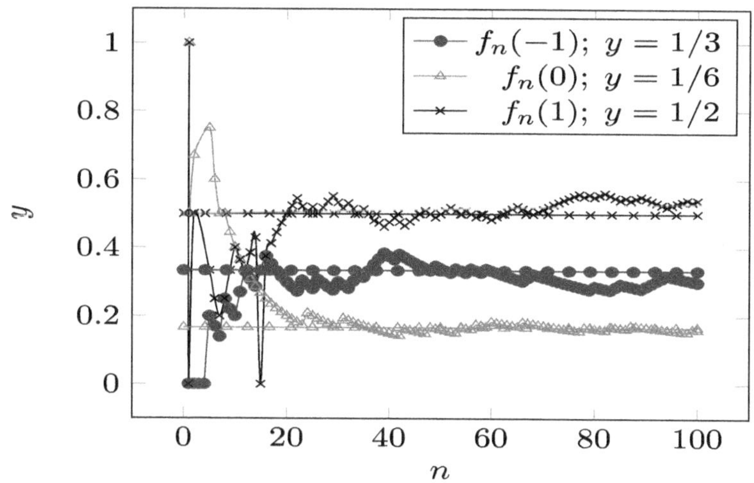

FIGURE A.1 – En abscisse : taille n de l'échantillon. Ordonnée : fréquences d'apparition de -1, de 0 et 1 : $f_n(-1), f_n(0)$ et $f_n(1)$.

génèrera de façon aléatoire 10 valeurs appartenant à l'ensemble $\{-2,-1,0,1,2\}$. Elle veut par exemple générer la suite de valeurs

```
-2  0  0  2  2  -2  0  0  2  -1.
```

Posons $p_1 = 0.2,\ p_2 = 0.1,\ p_3 = 0.4,\ p_4 = 0.2$ et $p_5 = 0.1$ les probabilités que X prenne les valeurs $a_1 = -2, a_2 = -1, a_3 = 0, a_4 = 1, a_5 = 2$, respectivement.

1. Déterminer la fonction de répartition F de X
2. Calculer la fonction quantile F^{-1} de X.

Vous pouvez utiliser "l'entête" ci-dessous (à compléter éventuellement) pour votre programme C.

```
#define N 10
#define p1 0.2
#define p2 0.1
#define p3 0.4
#define p4 0.2
#define p5 0.1

#define a1 -2
#define a2 -1
#define a3 0
#define a4 1
#define a5 2

#include <stdio.h>
#include <math.h>
#include <stdlib.h>
#include <time.h>
#include <ctype.h>
#include <string.h>
```

1. Ecrivez une fonction `SimulLoiDiscrete` telle que l'appel à la fonction

```
SimulLoiDiscrete(N, a, a2, a3, a4, a5, p1, p2, p3, p4, p5,
                 ValSim)
```

   ne renvoie rien mais remplit le tableau `ValSim` des N valeurs simulées de la variable aléatoire X. Le prototype de la fonction ressemblera a

```
void SimulLoiDiscrete(int n, ...,double * valsim)
```

2. Appelez la fonction `SimulLoiDiscrete(N, ...)` pour $N = 10^4$, $N = 10^5$, $N = 10^6$ et pour chaque valeur de N calculer les fréquences d'apparition de chacune des valeurs du tableau `ValSim` et les comparer aux probabilités p_i, $i = 1, 2, 3, 4, 5$. Commenter.

Indications. Le tableau `ValSim` dans la fonction `main` pourra être défini comme suit

```
ValSim = (double *) malloc(N *sizeof(double));
```

A.1.2 Approximation de l'espérance d'une v.a. discrète

Soit X une variable aléatoire réelle. Le calcul de $\mathbb{E}(X)$ peut se faire de façon explicite comme dans le cas des exemples précédents. Dans beaucoup d'applications des mathématiques (à la physique, à la bilogie, à l'économie, à la finance, ...) on est amené à calculer l'espérance mathématique de variables aléatoires. Dans la plupart des cas, le calcul de ces espérances ne peut être mené de façon explicite. On fait alors recours à des méthodes d'estimation dont celle basée sur des simulations. Cette méthode d'estimation est connue sous le nom de la méthode de *Monte Carlo* qui se justifie théoriquement à travers la loi des grands nombres. Pour montrer comment estimer de façon pratique une espérance reconsidérons l'exemple A.1.1 où X est une variable aléatoire à valeurs dans $\{-1, 0, 1\}$ avec

$$\mathbb{P}(X = -1) = 1/3,\ \mathbb{P}(X = 0) = 1/6,\ \mathbb{P}(X = 1) = 1/2.$$

Ici, $\mathbb{E}(X)$ peut être calculé de façon explicite et vaut $\frac{1}{6} \approx 0.1667$ mais nous allons essayer d'approcher ce résultat à travers les simulations. Rappelons que

$$\mathbb{E}(X) = -1\times\mathbb{P}(X = -1) + 0\times\mathbb{P}(X = 0) + 1\times\mathbb{P}(X = 1).$$

Or nous avons vu à travers les simulations de l'exemple A.1.1 que lorsque la taille de l'échantillon n est grande, les fréquences d'apparition de $-1, 0, 1$ de l'échantillon, que nous avons noté respectivement $f_n(-1), f_n(0)$ et $f_n(1)$, sont proches des probabilités associées aux valeurs respectives prises par la variable aléatoire X, c'est-à-dire, $f_n(-1) \approx \mathbb{P}(X = -1), f_n(0) \approx \mathbb{P}(X = 0), f_n(1) \approx \mathbb{P}(X = 1)$. Par conséquent, on peut estimer l'espérance de X par (pour $n = 10000$ par exemple) :

$$\mathbb{E}(X) \approx -1\times f_n(-1) + 0\times f_n(0) + 1\times f_n(1).$$

De manière générale, lorsque X est une variable aléatoire à valeurs dans $E = \{x_1, x_2, \ldots\}$, alors

$$\mathbb{E}(X) = \sum_{i=1}^{+\infty} x_i \mathbb{P}(X = x_i)$$

peut être estimé par $M_n(X)$, défini par

$$M_n(X) = \sum_{i=1}^{+\infty} x_i f_n(x_i) \tag{A.1.2}$$

où les $f_n(x_i)$ sont les fréquences d'apparition des x_i pour un échantillon de taille n assez grand.

Remarque A.1.1. En notant $X_1(\omega), \ldots, X_n(\omega)$ la suite des valeurs simulées pour l'échantillon de taille n, $n_i = \text{card}\big(\{k \in \{1,\ldots,n\} : X_k(\omega) = x_i\}\big)$ et $I = \{i \geq 1,\ n_i \neq 0\}$, l'équation (A.1.2) peut être réécrite comme

$$\begin{aligned} M_n(X) &= \sum_{i=1}^{+\infty} x_i \frac{\text{card}\big(\{k \in \{1,\ldots,n\} : X_k(\omega) = x_i\}\big)}{n} \\ &= \frac{1}{n}\sum_{i=1}^{+\infty} n_i x_i = \frac{1}{n}\sum_{i\in I} n_i x_i = \frac{1}{n}\sum_{k=1}^{n} X_k(\omega). \end{aligned}$$

Simulation A.1.2. Reprenons l'exemple A.1.1. Soit X une variable aléatoire à valeurs dans $\{-1, 0, 1\}$ avec

$$\mathbb{P}(X = -1) = 1/3,\ \mathbb{P}(X = 0) = 1/6,\ \mathbb{P}(X = 1) = 1/2.$$

1. A partir de l'échantillon de taille 100 simulé dans l'exemple A.1.1, représentez sur le même graphique la fonction

$$n \in \{1, 2, \ldots, 100\} \longmapsto M_n(X)$$

et la droite d'équation $y = \frac{1}{6}$.

2. Que vaut $M_n(X)$ pour $n = 100$?
3. Déterminer $M_n(X)$ sur un échantillon de taille $n = 10000$. Que constate-t-on ?

Réponse. 1. Le graphique demandé est représenté à la figure A.2. On constate que $M_n(X)$ ne s'est pas encore stabilisée pour $n = 1, 2, \ldots, 100$.

2. Pour $n = 100$ on a $M_n = 0.24$ (à comparer avec $\mathbb{E}(X) = 1/6 \approx 0.1667$). On a donc une précision de l'ordre de 10^{-1}. Pour augmenter la précision on peut augmenter la taille n de l'échantillon.

3. Pour $n = 10000$ on trouve $M_n(X) = 0.1618$. On constate que $M_{10000}(X)$ est plus proche de $\mathbb{E}(X)$ que $M_{100}(X)$.

Remarque A.1.2. Remarquons qu'en simulant à plusieurs reprises des échantillon de taille $n = 10000$ dans l'exemple A.1.2, les valeurs trouvées pour $M_n(X)$ seront identiques lorsqu'elles sont arrondies à 10^{-1} près mais différentes lorsqu'on les arrondit à 10^{-3} près par exemple. Pour avoir l'égalité des $M_n(X)$ à 10^{-3} près, on doit augmenter la taille n de l'échantillon. Par conséquent, l'erreur d'estimation ou la précision de l'estimation, qui est mesurée par l'écart absolu entre $\mathbb{E}(X)$ et la quantité $M_n(X)$ utilisée pour l'estimer, soit $|\mathbb{E}(X) - M_n(X)|$, dépend de n. Plus n est grand, plus $M_n(X)$ s'approche de $\mathbb{E}(X)$ (comme le montre la figure A.2). Aussi, pour atteindre une précision donnée (par exemple si on veut que l'écart absolu entre $\mathbb{E}(X)$ et $M_n(X)$ soit de l'ordre de 10^{-3}) pour savoir quel ordre de grandeur choisir pour n on s'appuie

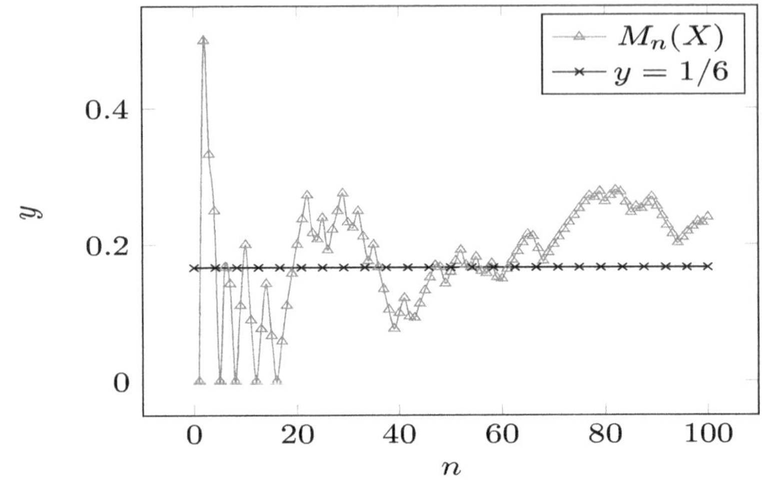

FIGURE A.2 – En abscisse : taille n de l'échantillon. Ordonnée : $M_n(X)$ et la droite d'équation $y = 1/6$.

sur des approximations de la loi asymptotique de $M_n(X)$. Ce résultat est connu sous le nom de *Théorème de la limite centrale*. Le théorème de la limite centrale stipule en particulier que l'erreur d'estimation

$$|\mathbb{E}(X) - M_n(X)| = O\Big(\frac{1}{\sqrt{n}}\Big). \tag{A.1.3}$$

Exercice A.1.2. On reconsidère l'exercice A.1.1.

1. Calculez explicitement $\mathbb{E}(X)$.
2. Représentez sur la même fenêtre graphique la fonction

$$n \in \{1, 2, \ldots, 100000\} \longmapsto M_n(X)$$

et la droite d'équation $y = \mathbb{E}(X)$. Commenter les graphiques.

3. Représentez sur une nouvelle fenêtre graphique l'erreur d'estimation, c'est-à-dire, la fonction

$$n \in \{1, 2, \ldots, 100000\} \longmapsto |\mathbb{E}(X) - M_n(X)|$$

et la fonction

$$n \in \{1, 2, \ldots, 100000\} \longmapsto \frac{1}{\sqrt{n}}.$$

4. Comparer les deux graphiques de la question précédente.

A.1.3 Approximation de la variance d'une v.a. discrète

Pour voir comment estimer la variance d'une v.a. discrète à valeurs dans $\{x_1, x_2, \ldots\}$ reconsidèrons l'exemple 3.5.5 où X est une variable aléatoire qui prend les valeurs -1, 0 et 1 avec les probabilités :

$$\mathbb{P}(X = -1) = 1/3,\ \mathbb{P}(X = 0) = 1/6,\ \mathbb{P}(X = 1) = 1/2.$$

Nous avons déjà vu que $\mathrm{Var}(X) = \frac{29}{36}$. Voyons maintenant comment l'estimer à travers la simulation. Rappelons que

$$\mathrm{Var}(X) = \mathbb{E}(X^2) - (\mathbb{E}(X))^2.$$

Comme nous savons déjà comment estimer $\mathbb{E}(X)$, il suffit donc de dire comment estimer $\mathbb{E}(X^2)$. Or, nous avons d'après le théorème de transfert

$$\mathbb{E}(X^2) = (-1)^2 \times \mathbb{P}(X = -1) + 0 \times \mathbb{P}(X = 0) + 1 \times \mathbb{P}(X = 1).$$

On peut donc, pour échantillon de taille n, estimer $\mathbb{E}(X^2)$ par la quantité

$$M_n(X^2) := (-1)^2 \times f_n(-1) + 0 \times f_n(0) + 1 \times f_n(1).$$

Par conséquent, pour un échantillon de taille n, la variance de X peut être estimée par

$$V_n(X) := M_n(X^2) - \big(M_n(X)\big)^2.$$

De façon plus générale, si X est une v.a. à valeurs dans $\{x_1, x_2, \dots\}$ alors la variance de X peut être estimée par

$$V_n(X) = M_n(X^2) - \big(M_n(X)\big)^2,$$

où

$$M_n(X^2) = \sum_{i=1}^{\infty} x_i^2 f_n(x_i) \qquad \text{et} \quad M_n(X) = \sum_{i=1}^{+\infty} x_i f_n(x_i)$$

avec $f_n(x_i)$ qui désigne la fréquence d'apparition de x_i pour l'échantillon de taille n.

Remarque A.1.3. En utilisant un raisonnement analogue à la remarque A.1.1 on peut montrer que

$$M_n(X^2) = \frac{1}{n} \sum_{k=1}^{n} X_k^2(\omega),$$

où $X_1(\omega), \dots, X_n(\omega)$ est la suite des valeurs simulées de taille n de la variable aléatoire X. D'autre part, $M_n(X) = \frac{1}{n} \sum_{k=1}^{n} X_k$ et on peut montrer après un calcul simple que

$$V_n(X) = M_n(X^2) - \big(M_n(X)\big)^2 = \frac{1}{n} \sum_{k=1}^{n} (X_k - M_n(X))^2.$$

Définition A.1.1. *Pour un échantillon observé $X_1(\omega), \dots, X_n(\omega)$ de la loi de X, les quantités $M_n(X)$ et $V_n(X)$ définies précédemment sont appelées respectivement la moyenne empirique et la variance empirique.*

Nous énonçons ci-après le principe général d'estimation de $\mathbb{E}(g(X))$.

Proposition A.1.2. *Soit g une fonction à valeurs réelles et X une variable aléatoire discrète. Soit $X_1(\omega), \dots, X_n(\omega)$ un échantillon observé de taille n de la loi de X. Alors la quantité*

$$M_n(g(X)) := \frac{1}{n} \sum_{k=1}^{n} g(X_k)$$

permet d'estimer $\mathbb{E}g(X)$. *En particulier, la moyenne empirique* $M_n(X)$ *et la variance empirique* $V_n(X)$ *sont estimées respectivement par*

$$M_n(X) = \frac{1}{n}\sum_{k=1}^{n} X_k; \quad V_n(X) = M_n(X^2) - \big(M_n(X)\big)^2 = \frac{1}{n}\sum_{k=1}^{n}(X_k - M_n(X))^2. \tag{A.1.4}$$

Simulation A.1.3. Soit X est une variable aléatoire qui prend les valeurs -1, 0 et 1 avec les probabilités :

$$\mathbb{P}(X=-1) = 1/3,\ \mathbb{P}(X=0) = 1/6,\ \mathbb{P}(X=1) = 1/2.$$

1. Donnez une estimation $V_n(X)$ de la variance de X, pour $n = 10000$, à partir de l'échantillon simulé dans l'exemple 3.5.5 et le comparer avec $\mathrm{Var}(X)$ à 10^{-1} près.

Réponse. En utilisant l'échantillon simulé on obtient pour $n = 10000$,

$$M_n(X^2) := (-1)^2 \times f_n(-1) + 0 \times f_n(0) + 1 \times f_n(1) = 0.837.$$

Comme $M_n(X) = 0.1618$, on en déduit (à 10^{-1} près) que $V_n(X) = 0.81 = 29/36 = \mathrm{Var}(X)$.

Une question qu'on peut se poser est de savoir si on peut améliorer l'estimation de l'espérance dans la simulation A.1.2 pour une taille d'échantillon qui reste invariée et égale à $n = 100$. Nous avons dit que la précision de l'estimation de la moyenne théorique par la moyenne empirique dépend de la taille de l'échantillon et la variance. Comme la taille de l'échantillon est déjà fixée on peut chercher à réduire la variance. Pour cela, on cherchera à réécrire l'espérance de la variable aléatoire X comme l'espérance d'une autre variable aléatoire Y de sorte que $\mathbb{E}(X) = \mathbb{E}(Y)$ mais que $\mathrm{Var}(Y) < \mathrm{Var}(X)$. Cette technique s'appelle la *méthode de réduction de la variance*.

A.1.4 Une méthode de réduction de la variance pour la simulation

Nous illustrons la méthode de réduction de la variance à travers l'exemple utilisé dans la simulation A.1.2 où on se donne une variable aléatoire X qui prend les valeurs -1, 0 et 1 avec les probabilités :

$$\mathbb{P}(X=-1) = 1/3,\ \mathbb{P}(X=0) = 1/6,\ \mathbb{P}(X=1) = 1/2$$

et où l'on cherche à estimer $\mathbb{E}(X) = 1/6$ par la moyenne empirique. Nous venons de voir que la variance de X vaut $29/36$. Notre objectif est d'améliorer l'estimation de $\mathbb{E}(X)$ par la méthode de réduction de la variance. Nous chercherons une variable alétoire Y telle que

$$\mathbb{E}(X) = \mathbb{E}(Y) \quad \text{et} \quad \mathrm{Var}(Y) < \mathrm{Var}(X).$$

Pour cela rappelons que la variance de X est égale à la distance moyenne entre les valeurs prises par la variable aléatoire X et l'espérance de X. Nous remarquons par ailleurs que 0 est plus proche de $\mathbb{E}(X) = 1/6$ que 1 et que 1 est plus proche de $\mathbb{E}(X)$ que -1. Pour garder la même espérance et réduire la variance il suffit donc de définir une variable aléatoire Y qui met plus de poids en 0, la valeur la plus proche de l'espérance, et qui en met moins en -1, la valeur la plus éloignée de l'espérance. Nous n'allons pas nous préoccuper de la recherche du choix optimal ; nous donnons juste deux choix possibles. Soit Y_1 la variable aléatoire telle que $\mathbb{P}(Y_1 = 0) = 1/2$, c'est-à-dire que (à peu près) la moitié des observations vaudra 0 si on simulait Y_1. Déterminons les poids à choisir pour les valeurs -1 et 1. Soit $p_{-1} = \mathbb{P}(Y_1 = -1)$, $p_0 = \mathbb{P}(Y_1 = 0)$ et $p_1 = \mathbb{P}(Y_1 = 1)$. Comme on veut que $\mathbb{E}(Y_1) = 1/6$ on doit donc avoir $\mathbb{E}(Y_1) = -p_{-1} + p_1 = 1/6$. D'autre part on a $p_{-1} + p_0 + p_1 = 1$. Ce qui mène au système d'équations

$$\begin{cases} -p_{-1} + p_1 & = \frac{1}{6} \\ \\ p_{-1} + p_1 & = \frac{1}{2}. \end{cases}$$

Par conséquent $p_{-1} = \frac{1}{6}$ et $p_1 = \frac{1}{3}$. D'autre part $\mathrm{Var}(Y_1) = \mathbb{E}(Y_1^2) - \big(\mathbb{E}(Y_1)\big)^2 = \frac{17}{36}$. On voit donc que $\mathrm{Var}(Y_1) < \mathrm{Var}(X)$.

Nous pouvons aussi mettre encore plus de poids en 0 en définissant une variable aléatoire Y_2 telle que $\mathbb{P}(Y_2 = 0) = 4/5$. Dans ce cas, en reprenant le même raisonnement que précédemment on obtient : $\mathbb{P}(Y_2 = -1) = 1/60$ et $\mathbb{P}(Y_2 = 1) = 11/60$. On en déduit que $\mathrm{Var}(Y_2) = \frac{8}{36} < \mathrm{Var}(Y_1) < \mathrm{Var}(X)$. On voit que la variance de Y_2 est presque quatre fois moins que celle de X. Cela a pour effet d'accélérer la convergence de la moyenne empirique $M_n(Y_2)$ vers $\mathbb{E}(Y_2) = \mathbb{E}(X) = 1/6$ comme on peut le constater sur la figure A.3 où on a tracé les moyennes empiriques $M_n(X)$ et $M_n(Y_2)$ associées respectivement à X et Y_2 pour un échantillon de taille $n = 100$. On trouve que $M_{100}(Y_2) = 0.16$ tandis que $M_{100}(X) = 0.26$. Donc l'estimateur $M_n(Y_2)$ est meilleur que $M_n(X)$. Comme conséquence de cette simulation on retiendra que *lorsqu'on a deux estimateurs du même paramètre, on préférera toujours celui qui à la plus petite variance.*

Remarque A.1.4. Remarquons que dans la pratique on cherche souvent à estimer l'espérance, inconnue, d'une variable aléatoire X. Comme $\mathbb{E}(X)$ est inconnue, on ne peut souvent pas choisir à la main, comme on l'a fait dans l'exemple précédent, la variable aléatoire Y telle que $\mathbb{E}(X) = \mathbb{E}(Y)$ et $\mathrm{Var}(Y) < \mathrm{Var}(X)$. De façon générale, les méthodes de réduction de la variance font appel à des méthodes de changement de probabilité et à des problèmes d'optimisation.

A.2 Simulation de quelques lois de probabilité usuelles

A.2.1 Loi de Bernoulli

Pour simuler une réalisation de X on utilise la proposition A.1.1. Soit X une variable aléatoire de loi de Bernoulli de paramètre $p = \frac{1}{6}$.

1. Simuler un échantillon de taille $n = 40$ de X.
2. Quelles sont les fréquences d'apparition de 0 et de 1. Comparer ces fréquences aux probabilités associées à 0 et 1.

Réponse. 1. La fonction de répartition de X est donnée par

$$F(x) = \begin{cases} 0 & \text{si } x < 0 \\ 1 - p & \text{si } x \in [0, 1[\\ 1 & \text{si } x \geq 1 \end{cases}$$

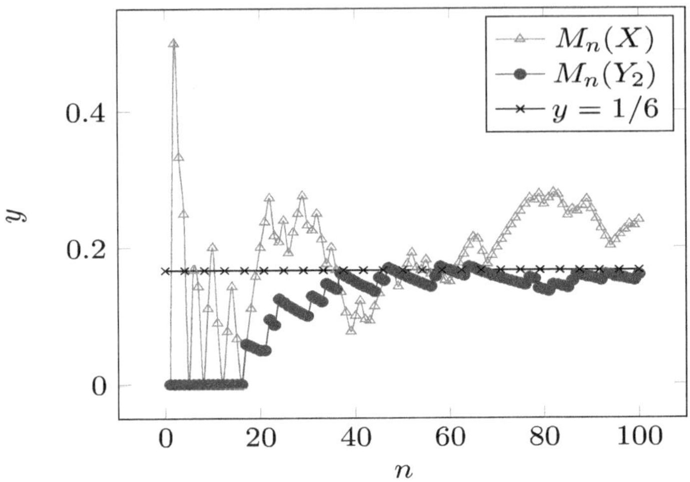

FIGURE A.3 – En abscisse : taille n de l'échantillon. Ordonnée : $M_n(X)$, $M_n(Y_2)$ et la droite d'équation $y = 1/6$.

de sorte que la fonction de répartition inverse est donnée par

$$F^{-1}(u) = \begin{cases} 0 & \text{si } u \in]0, 1-p[\\ 1 & \text{si } u \in [1-p, 1[. \end{cases}$$

Donc pour simuler une réalisation de X on simulera d'abord une réalisation u de la loi uniforme sur $]0,1[$, puis, on attribuera à X la valeur 0 si $u < 1-p$ et la valeur 1 si $u \geq 1-p$. On répétera ce procédé n fois pour simuler un échantillon de taille n. Le tableau suivant génère un échantillon de taille $n = 40$ de la loi de Bernoulli de paramètre $p = \frac{1}{6}$.

0	0	1	0	1	0	0	0	0	0
0	0	0	1	0	0	0	1	0	0
1	0	0	1	0	0	0	0	0	0
1	1	0	0	0	0	0	0	1	0

TABLE A.3 – Echantillon de taille 40 de la loi de Bernoulli de paramètre $p = \frac{1}{6}$.

2. On a $f_{40}(0) = \frac{31}{40} = 0.775$ et $f_{40}(1) = \frac{9}{40} = 0.225$. On constate, à 10^{-1} près, que les fréquences d'apparition de 0 et 1 coincident avec les probabilités associées à 0 et 1.

A.2.2 Loi Binomiale

Soit X une variable aléatoire de loi binomiale de paramètres $n = 10$ et $p = \frac{1}{2}$.

1. Simuler un échantillon de taille $N = 30$ de X.

2. Quelles sont les fréquences d'apparition de $1, \ldots, 10$? Comparer ces fréquences aux probabilités associées.
3. Répondez à la même question que précédemment pour une taille d'échantillon $N = 100, 200, 300, 400, 500, 1000, 2000, 3000, 4000, 5000, 10000$.

Réponse. 1. Pour simuler une réalisation de la variable aléatoire X nous utilisons la relation (3.7.3). Il suffit donc de simuler un échantillon de taille 10 de la loi de Bernoulli de paramètre $\frac{1}{2}$ et de compter le nombre de 1 qui apparaît. On répète ce procédé N fois pour simuler un échantillon de taille N de la loi binomiale de paramètres n et $p = \frac{1}{2}$. Nous représentons dans le tableau A.4 l'échantillon trouvé.

3	5	4	3	5	5	6	3	4	5
6	8	6	7	6	3	4	6	4	6
4	6	6	2	3	8	5	4	3	6

TABLE A.4 – Echantillon de taille 30 de la loi binomiale de paramètres $n = 10$ et $p = \frac{1}{2}$.

2. On a $f_{30}(0) = f_{30}(1) = f_{30}(9) = f_{30}(10) = 0; f_{30}(2) = \frac{1}{30}$, $f_{30}(3) = \frac{6}{30}$, $f_{30}(4) = \frac{6}{30}$, $f_{30}(5) = \frac{5}{30}$, $f_{30}(6) = \frac{9}{30}$, $f_{30}(7) = \frac{1}{30}$, $f_{30}(8) = \frac{1}{30}$.
3. Nous représentons les résultats obtenus dans le tableau A.5. On constate qu'à partir d'une taille d'échantillon égale à 100 les fréquences d'apparition des valeurs prises par la variable aléatoire X sont égales (à 10^{-1} près) aux probabilités qui leur sont associées. Il faut noter que comme la variance de X vaut $np(1-p)$, elle sera d'autant plus importante (de surcroit l'estimation des probabilités associées aux valeurs prises par X sera moins précise pour une taille d'échantillon N fixée) que le paramètre n est grand.

	0	1	2	3	4	5	6	7	8	9	10
30	0.00	0.00	0.03	0.20	0.20	0.17	0.30	0.03	0.03	0.00	0.00
100	0.00	0.01	0.03	0.17	0.16	0.29	0.23	0.10	0.00	0.01	0.00
200	0.00	0.01	0.05	0.10	0.21	0.26	0.21	0.16	0.02	0.01	0.00
300	0.00	0.02	0.05	0.09	0.24	0.21	0.23	0.11	0.03	0.01	0.00
400	0.00	0.01	0.04	0.13	0.24	0.23	0.20	0.12	0.03	0.01	0.00
500	0.00	0.01	0.04	0.11	0.20	0.25	0.23	0.11	0.04	0.01	0.00
1000	0.00	0.01	0.04	0.11	0.19	0.26	0.21	0.12	0.05	0.01	0.00

TABLE A.5 – Fréquences d'apparition des valeurs prises par une loi binomiale de paramètres $n = 10$ et $p = 1/2$ pour des échantillons de taille $N \in \{30, 100, 200, 300, 400, 500, 1000\}$.

A.2.3 Loi de Poisson

Pour simuler une réalisation x d'une variable aléatoire X de loi de Poisson de paramètre λ on peut utiliser la proposition A.1.1. Il suffit alors de générer une réalisation u d'une loi uniforme sur $]0, 1[$ et de poser $x = k$ si $F(k-1) < u \leq F(k)$. On peut trouver la valeur de x avec l'algorithme suivant.

- Poser $k = 0; p = e^{-\lambda}; F = p;$
- Simuler une réalisation u de la loi uniforme sur $]0, 1[$.
- Tant que $u > F$, poser $p = \lambda p/(k+1); F = F + p; k = k + 1;$
- Poser $x = k;$

Soit X une variable aléatoire de loi de Poisson de paramètre λ.

1. Simuler un échantillon de taille $n = 30$ de la loi de X pour $\lambda = 0.5$.
2. Simuler un échantillon de taille $n = 30$ de la loi de X pour $\lambda = 2$.
3. En déduire, pour chacune des valeurs de λ, une estimation $M_n(X)$ et $V_n(X)$ de l'espérance et de la variance de X.

Réponse. 1. Nous représentons au tableau A.6 un échantillon de la loi de Poisson de paramètre $\lambda = 0.5$.

1	0	0	0	0	0	0	0	0	0
0	1	0	1	1	1	0	0	0	1
0	2	1	1	1	0	0	0	0	0

TABLE A.6 – Echantillon de taille 30 de la loi de Poisson de paramètre $\lambda = 0.5$.

2. L'échantillon de taille 30 d'une loi de Poisson de paramètre $\lambda = 2$ est représenté au Tableau A.7.

3	4	2	5	3	4	2	1	7	0
2	1	4	2	1	1	2	3	3	1
1	1	4	1	1	0	2	1	1	3

TABLE A.7 – Echantillon de taille 30 de la loi de Poisson de paramètre $\lambda = 2$.

A.2.4 Loi géométrique

La simulation d'une réalisation x d'une variable aléatoire de loi géométrique de paramètre p peut être faite dans l'esprit de la définition. On simulera des réalisations $X_1, X_2, \ldots$ de la loi de Bernoulli de paramètre p et on pose $x = \inf\{k \geq 1, \ X_k = 1\}$, c'est-à-dire, le premier instant où Pile apparaît. Nous l'énonçons sous forme de proposition qui se prouve sans difficulté.

Proposition A.2.1. *Soit $X_1, X_2, \ldots$ des réalisations indépendantes de la loi de Bernoulli de paramètre p. Alors la variable aléatoire*

$$N = \inf\{k \geq 1, \ X_k = 1\}$$

suit la loi géométrique de paramètre de succès p.

Soit donc X une variable aléatoire de loi géométrique de paramètre de succès $p = 1/6$.

1. Simuler un échantillon de taille $n = 30$ de la loi géométrique de paramètres $p = 0.1$ et $p = 0.9$.
2. Donner une estimation de l'espérance et de la variance de X pour les deux échantillons simulés et les comparer avec les valeurs exactes.
3. Représenter sur un tableau les estimations de l'espérance et de la variance pour $n = 30, 100, 1000, 10000$ et pour $p = 0.1$ et $p = 0.9$. Commenter le tableau.
4. Supposons que nous disposons des données simulées mais que la seule information disponible est qu'elles sont générées selon une loi géométrique de paramètre p que nous ne connaissons pas. Comment déduire une estimation du paramètre p pour chacun des échantillons à partir de l'estimation de l'espérance.

*Réponse.*1. Nous repésentons au Tableau A.8 l'échantillon de taille 30 de la loi géométrique de paramètre $p = 0.1$

2	4	1	14	3	31	1	23	8	12
12	37	13	1	7	51	4	10	5	18
1	6	21	4	9	17	2	10	12	11

TABLE A.8 – Echantillon de taille 30 de la loi géométrique de paramètre $p = 0.1$.

et au tableau A.9 l'échantillon de taille 30 de la loi géométrique de paramètre $p = 0.9$.

1	1	1	1	1	1	2	1	1	1
1	1	1	1	1	1	1	1	1	1
1	1	1	1	1	1	2	1	1	1

TABLE A.9 – Echantillon de taille 30 de la loi géométrique de paramètre $p = 0.9$.

2. On a

— $M_{30}(X) = 11.67$ pour $p = 0.1$ et $M_{30}(X) = 1.07$ pour $p = 0.9$.

— $V_{30}(X) = 129.09$ pour $p = 0.1$ et $V_{30}(X) = 0.06$ pour $p = 0.9$.

D'autre part nous avons

— $\mathbb{E}(X) = 10$ pour $p = 0.1$ et $\mathbb{E}(X) = 1.111$ pour $p = 0.9$.

— $\mathrm{Var}(X) = 90$ pour $p = 0.1$ et $\mathrm{Var}(X) = 0.123$ pour $p = 0.9$.

Nous constatons que les estimations sont plus précises pour $p = 0.9$. Cela s'explique par le fait que la variance est beaucoup plus petite lorsque $p = 0.9$ que pour $p = 0.1$.

3. Nous représentons au Tableau A.10 le tableau demandé.

4. Notons $\hat{p}_n$ l'estimation de p à partir d'un échantillon de taille n. Comme

$$\mathbb{E}(X) = \frac{1}{p}$$

	$n = 30$	$n = 100$	$n = 1000$	$n = 10000$	$n = 10^5$
$p = 0.1$					
$M_n(X)$	11.67	10.34	10.08	10.00	09.97
$V_n(X)$	129.09	95.61	94.55	89.83	89.36
$p = 0.9$					
$M_n(X)$	1.070	1.16	1.109	1.114	1.112
$V_n(X)$	0.062	0.214	0.117	0.130	0.123

TABLE A.10 – Comparaison des estimations de l'espérance et de la variance d'une v.a. de loi géométrique de paramètre de succès p.

et que $\mathbb{E}(X)$ est estimé par $M_n(X)$, on peut déduire une estimation de p, pour n fixé, en résolvant l'équation suivante en $\hat{p}_n$:

$$M_n(X) = \frac{1}{\hat{p}_n}.$$

D'où, pour tout n,

$$\hat{p}_n = \frac{1}{M_n(X)}.$$

Dans le tableau A.11, nous reconsidérons le tableau A.10 en rajoutant une colonne pour les $\hat{p}_n$.

	$n = 30$	$n = 100$	$n = 1000$	$n = 10000$	$n = 10^5$
$p = 0.1$					
$\hat{p}_n$	0.086	0.097	0.099	0.100	0.100
$M_n(X)$	11.67	10.34	10.08	10.00	09.97
$V_n(X)$	129.09	95.61	94.55	89.83	89.36
$p = 0.9$					
$\hat{p}_n$	0.935	0.862	0.902	0.898	0.899
$M_n(X)$	1.070	1.16	1.109	1.114	1.112
$V_n(X)$	0.062	0.214	0.117	0.130	0.123

TABLE A.11 – Comparaison des estimations du paramètre de succès, de l'espérance et de la variance d'une v.a. de loi géométrique.

Annexe B

Familles sommables

Dans le calcul des probabilités on aura souvent à manipuler des sommations sur des ensembles infinis dénombrables de réels. Ces sommations ne respectent pas forcément l'ordre comme dans le cadre d'une série numérique par exemple. Il est donc naturel d'étudier dans quels cas ces sommes existent et d'étudier quelques propriétés de ces sommes et c'est précisément l'objet de cette annexe. Nous commençons par les familles sommables positives.

B.0.1 Familles sommables positives

Définition B.0.1. *Soit I un ensemble infini dénombrable, On appelle énumération de I, toute bijection ϕ de $\mathbb{N}$ dans I.*

Dans toute cette partie, l'ensemble I est un ensemble dénombrable, ϕ est une énumération de I et $(a_i,\ i \in I)$ sont des réels positifs. On notera :

$$S_n^\phi = a_{\phi(0)} + \cdots + a_{\phi(n)}. \tag{B.0.1}$$

Comme pour tout $i \geq 0$, $a_{\phi(i)} \geq 0$, alors, la suite (S_n^ϕ) est croissante. Elle a donc une limite qui peut être finie ou infinie et que l'on notera S^ϕ.

Lemme B.0.1. *Si ϕ et ψ sont deux énumérations de I, alors $S^\phi = S^\psi$.*

Démonstration. Soit n fixé. Il existe un entier p tel que

$$(a_{\psi(0)}, a_{\psi(1)}, \cdots, a_{\psi(n)}) \subset (a_{\phi(0)}, a_{\phi(1)}, \cdots, a_{\phi(p)}).$$

En effet, soit ℓ_n l'entier tel que $a_{\psi(n)} = a_{\phi(\ell_n)}$. En posant $p_n = \max\{\ell_0, \cdots, \ell_n\}$, on a $S_n^\psi \leq S_{p_n}^\phi \leq S^\phi$. En passant à la limite en n, on obtient que $S^\psi \leq S^\phi$. De la même manière, on montre que $S^\phi \leq S^\psi$. Par conséquent, $S^\psi = S^\phi$. □

Le résultat du Lemme B.0.1 stipule que la somme de la famille ne dépend pas de l'énumération choisi.

Définition B.0.2. *Dans le cadre précédent, si la somme $S^\phi = S = \sum_{i \in I} a_i$ est finie, on dit que la famille $(a_i,\ i \in I)$ est sommable.*

Définition B.0.3. *Soit (I_n) une suite quelconque d'ensembles.*

1. *On dit que (I_n) croît vers I si pour tout $n \geq 0$, $I_n \subset I_{n+1}$ et si $I = \bigcup_{n\geq 0} I_n$.*
2. *On dit que (I_n) décroît vers I si pour tout $n \geq 0$, $I_{n+1} \subset I_n$ et si $I = \bigcap_{n\geq 0} I_n$.*

La proposition suivante donne quelques propriétés des familles sommables.

Proposition B.0.1. *1. Si (I_n) croît vers I alors $\sum_{i\in I_n} a_i$ croît vers $\sum_{i\in I} a_i$ quand $n \to +\infty$.*

2. *Pour tout $A < \sum_{i\in I} a_i$, il existe un ensemble $J \subset I$, J fini, tel que $\sum_{i\in J} a_i > A$.*
3. *Si $0 \leq a_i \leq b_i$, $\sum_{i\in I} a_i \leq \sum_{i\in I} b_i$.*
4. *Pour $\alpha \geq 0$, $\beta \geq 0$, $a_i \geq 0$ et $b_i \geq 0$, on a :*

$$\sum_{i\in I}(\alpha a_i + \beta b_i) = \alpha \sum_{i\in I} a_i + \beta \sum_{i\in I} b_i.$$

Démonstration. **1.)** Soit $p_n = \text{card}(I_n)$, $\forall\, n \in \mathbb{N}$. On construit une énumeration ϕ de $I = \bigcup_{n\in\mathbb{N}} I_n$, de la façon récurrente suivante : ϕ restreint à $\{0, 1, \cdots, p_0 - 1\}$, notée ϕ_0, est une bijection de $\{0, 1, \cdots, p_0-1\}$ dans I_0. Donc $I_0 = \{\phi(0), \phi(1), \cdots, \phi(p_0-1)\}$. Par suite, comme l'ensemble I_1 contient p_1 éléments dont $p_1 - p_0$ qui ne sont pas dans I_0, on construit ϕ_1 (restriction de ϕ sur I_1) de telle sorte que : $I_1 \setminus I_0 = \{\phi(p_0), \phi(p_0 + 1), \cdots, \phi(p_1 - 1)\}$. Donc, on a : $I_1 = \{\phi(0), \cdots, \phi(p_1 - 1)\}$. En continuant ainsi, on a : $I_n = \{\phi(0), \cdots, \phi(p_n - 1)\}$ et $I_{n+1} \setminus I_n = \{\phi(p_n), \phi(p_n + 1), \cdots, \phi(p_{n+1} - 1)\}$, d'où $I_{n+1} = \{\phi(0), \cdots, \phi(p_{n+1} - 1)\}$. Notons que comme $I_n \uparrow I$, on a card (I_n) croît vers card $(I) = +\infty$. Par ailleurs, l'application $\phi : \mathbb{N} \to I$ est injective par construction. Pour la surjectivité, on a : $\forall i \in I$, il existe $n \in \mathbb{N}$ tel que $i \in I_n$, donc il existe $k \in \mathbb{N}$ tel que $k < p_n$ et $\phi(k) = i$, d'où le résultat. L'application ϕ est donc une bijection, en l'occurrence, elle est une énumération de ϕ. Par suite, la suite (S_p^ϕ) croît vers $S = \sum_{i\in I} a_i$ quand p tend vers l'infini. Il suit que $S^\phi_{p_n-1} = \sum_{k=0}^{p_n-1} a_{\phi(k)} = \sum_{i\in I_n} a_i$ qui est une sous-suite de (S_p^ϕ), croît également vers S, d'où le résultat.

2.) Soit ϕ, une énumeration de I. Posons $I_n = \{\phi(0), \cdots, \phi(n)\}$. Il est clair que I_n est fini et (I_n) croît vers $I := \cup_n I_n$. Il suit d'après **1.)** que $\sum_{i\in I_n} a_i$ croît vers $S := \sum_{i\in I} a_i$. Supposons que $S = +\infty$, si $A < S$ alors A fini et il existe $N_0 > 0$ tel que $\forall n \geq N_0$, on ait $\sum_{i\in I_n} a_i > A$. En posant $J = I_{N_0}$, on obtient le résultat cherché. Si maintenant $S < +\infty$ on pose $\varepsilon = S - A$, il existe $N_1 = N_1(\varepsilon)$ tel que $\forall n \geq N_1$, on ait $S - \sum_{i\in I_n} a_i < S - A$. Donc $A < \sum_{i\in I_n} a_i$, $\forall n \geq N_1$, et on conclut en posant $J = I_{N_1}$.

3.) Soit ϕ une énumération de I. On pose $S_n^\phi = \sum_{i=0}^n a_i$ et $S_n'^\phi = \sum_{i=0}^n b_i$, il est claire que, vu que $a_i \leq b_i$, $\forall\, i \in I$, on a :

$$S_n^\phi = \sum_{i=0}^n a_i \leq \sum_{i=0}^n b_i = S_n'^\phi.$$

En passant à la limite, on obtient :

$$S = \sum_{i\in I} a_i \leq \sum_{i\in I} b_i = S',$$

d'où le résultat.

4.) On garde les mêmes notations que dans **3**, de plus on pose $S''^{\phi}_n = \sum_{i=0}^{n}(\alpha a_i + \beta b_i)$. On a alors clairement que :

$$S''^{\phi}_n = \alpha S^{\phi}_n + \beta S'^{\phi}_n.$$

En passant à la limite quand $n \to +\infty$, on obtient :

$$\sum_{i \in I}(\alpha a_i + \beta b_i) = S'' = \alpha S + \beta S' = \alpha \sum_{i \in I} a_i + \beta \sum_{i \in I} b_i$$

(ces sommes pouvant bien entendu être égales à $+\infty$), d'où le résultat. □

Proposition B.0.2. : Passage à la limite croissante.
Soit pour tout n, $(a_i(n),\ i \in I)$ *une famille de réels positifs. On suppose que pour tout* i, $a_i(n)$ *croît vers* a_i, *lorsque* $n \to \infty$. *Alors* $\sum_{i \in I} a_i(n)$ *croît vers* $\sum_{i \in I} a_i$, *lorsque* $n \to \infty$.

Démonstration. Soit $S(n) = \sum_{i \in I} a_i(n)$, vu que $a_i(n) \le a_i(n+1)$ $\forall i \in I$, $n \ge 0$, et en utilisant la partie **3)** de la Proposition B.0.1, on voit que $\sum_{i \in I} a_i(n) \le \sum_{i \in I} a_i(n+1)$, donc $S(n)$ est croissante et donc admet une limite finie ou non, que l'on notera $S^\star$. Pour les mêmes raisons ($a_i(n) \le a_i$, $\forall i \in I$, $n \ge 0$), on a $S(n) \le S$, $\forall n \ge 0$ et en passant à la limite, on obtient :

$$S^\star \le S. \tag{B.0.2}$$

D'autre part, d'après la partie **2)** de la Proposition B.0.1, pour tout $A < S$, il existe $J \subset I$, l'ensemble J étant fini, tel que $\sum_{i \in J} a_i > A$. Vu que $a_i(n)$ croît vers a_i, $\forall i \in I$, on en déduit que $\sum_{i \in J} a_i(n)$ croît vers $\sum_{i \in J} a_i$ quand $n \to +\infty$, et donc $\sum_{i \in J} a_i(n) > A$ pour n assez grand. Il suit (pour n grand) que $A < \sum_{i \in J} a_i(n) \le \sum_{i \in I} a_i(n) = S(n) \le S^\star$. On a donc $\forall A \ge 0$ tel que $A < S$, on a $A < S^\star$. Dans l'inégalité précédente, si on fait tendre A vers S par valeurs strictement inférieures à S, on obtient :

$$S \le S^\star. \tag{B.0.3}$$

D'après les inégalités (B.0.2) et (B.0.3), on a bien que $S = S^\star$, d'où $\sum_{i \in I} a_i(n)$ croît vers $\sum_{i \in I} a_i$, lorsque $n \to \infty$. □

Définition B.0.4. *On dit que* $(I_j, j \in J)$ *est une partition de* I, *si les* (I_j) *sont deux à deux disjoints* ($I_j \cap I_{j'} = \emptyset$ *si* $j \neq j'$, $j, j' \in J$) *et si* $I - \cup_{j \in J} I_j$.

Proposition B.0.3. *Soit* $(a_i,\ i \in I)$ *une famille de réels positifs et* $(I_j,\ j \in J)$ *une partition de* I. *On a*

$$\sum_{i \in I} a_i = \sum_{j \in J} \sum_{i \in I_j} a_j.$$

Démonstration. Soit ϕ une énumération de I et $I^n := \{\phi(0), \phi(1), \cdots, \phi(n)\}$, $\forall n \ge 0$. On a $I^n \subset I^{n+1}$, $\forall n \ge 0$ et de plus, vu que pour tout $i_0 \in I$, il existe $n_0 \ge 0$ tel que $\phi(n_0) = i_0$, donc I_n est fini et I_n croît vers $I = \cup_{n \ge 0} I_n$. Il suit d' après la partie

1) de la Proposition B.0.1 que : $\sum_{i\in I^n} a_i$ croît vers $\sum_{i\in I} a_i$ quand $n \to +\infty$. Posons maintenant

$$b^n(j) = \begin{cases} 0 & \text{si } I^n \cap I_j = \emptyset \\ \sum_{i\in I_j\cap I^n} a_i & \text{si } I^n \cap I_j \neq \emptyset \end{cases}$$

Alors soit pour $j \in J$, l'ensemble I_j est fini, et dans ce cas, pour n assez grand $I_j \subset I^n$ et donc $\sum_{i\in I_j\cap I^n} a_i = \sum_{i\in I_j} a_i$, soit l'ensemble I_j est infini, et dans ce cas, comme précédemment, en utilisant la partie **1)** de la Proposition B.0.1, on montre que $\sum_{i\in I_j\cap I^n} a_i$ croît vers $\sum_{i\in I_j} a_i$ quand $n \to +\infty$. Finalement, pour tout $j \in J$, les quantités $(b^n(j))$ croissent vers $\sum_{i\in I_j} a_i$ quand $n \to +\infty$. Par conséquent, vu que $I^n = \bigcup_{j\in J}(I^n \cap I_j)$, cette réunion étant vide sauf pour un nombre fini d'éléments de J, on a :

$$\sum_{i\in I^n} a_i = \sum_{j\in J}\sum_{i\in I^n\cap I_j} a_i = \sum_{j\in J} b_n(j).$$

En faisant tendre n vers $+\infty$ de part et d'autre de la dernière égalité on obtient :

$$\sum_{i\in I} a_i = \sum_{j\in J}\sum_{i\in I_j} a_i.$$

En passant à la limite quand $n \to +\infty$ (utilisant la Proposition B.0.1, pour la partie gauche de la dernière égalité et la Proposition B.0.2 pour la partie droite), on obtient :

$$\sum_{i\in I} a_i = \sum_{j\in J}\sum_{i\in I_j} a_i.$$

D'où le résultat. □

Exemple B.0.1. Considérons la famille $(a_{m,n},\ (m,n) \in I = \mathbb{N}^2)$, où $a_{m,n} \geq 0,\ \forall m,n \geq 0$. On a bien :

$$\sum_{(m,n)\in\mathbb{N}^2} a_{m,n} = \sum_{m\in\mathbb{N}}\sum_{n\in\mathbb{N}} a_{m,n}.$$

B.0.2 Familles sommables : le Cas Général.

Définition B.0.5. *Une famille de nombres réels (ou même complexes) $(a_i)_{i\in I}$ est dite sommable, si $\sum_{i\in I} |a_i| < +\infty$.*

Sans perte de généralités, on se restreint pour la suite à des familles sommables réels. Pour tous réels x, on définit $x^+ := \max(x, 0)$ et $x^- := \max(-x, 0)$.

Exercice B.0.1. Soit $x \in \mathbb{R}$, montrer que :

1. $x = x^+ - x^-$,
2. $|x| = x^+ + x^-$.

On va à présent généraliser les résultats de la sous-section B.0.1, dans le théorème suivant :

Théorème B.0.1. *Soit $(a_i,\ i \in I)$ une famille sommable de nombres réels. Alors, pour toute énumération ϕ de I, on a :*

(i) *la suite (S_n^ϕ) définie dans (B.0.1) converge vers S, indépendamment de ϕ. On note : $S = \sum_{i\in I} a_i$. On a de plus $|\sum_{i\in I} a_i| \leq \sum_{i\in I} |a_i|$.*

(ii) *Soit* $(I_j,\ j \in J)$, *une partition de* I, *alors :* $\sum_{i\in I} a_i = \sum_{j\in J}\sum_{i\in I_j} a_i$.
(iii) *Si* $(b_i,\ i \in I)$ *est une autre famille sommable, et si* $\alpha,\ \beta \in \mathbb{R}$, *alors :*

$$\sum_{i\in I}(\alpha a_i + \beta b_i) = \alpha \sum_{i\in I} a_i + \beta \sum_{i\in I} b_i.$$

Démonstration. Il suffit de faire la décomposition suivante :

$$S_n^{\phi} = \sum_{i=1}^{n} a^{+}_{\phi(i)} - \sum_{i=1}^{n} a^{-}_{\phi(i)},$$

ensuite d'utiliser les résultats de la sous-section B.0.1. □

On finit cette section par le théorème suivant que nous énonçons sans preuve, connu sous le nom de théorème de Lebesgue.

Théorème B.0.2. *Soit pour tout* $n \in \mathbb{N}$, $(a_i(n),\ i \in I)$ *une famille sommable de réels. Si pour tout* $i \in I$, $\lim_{n\to+\infty} a_i(n) = a_i$ *et si* $|a_i(n)| \leq b_i$ *pour tout* $n \geq 0$, *où* $(b_i,\ i \in I)$ *est une famille sommable de réels positifs, alors* $(a_i,\ i \in I)$ *est sommable et de plus,* $\sum_{i\in I} a_i(n)$ *converge vers* $\sum_{i\in I} a_i$, *quand* $n \to \infty$.

Bibliographie

1. David Delauney. *Exercices d'algèbres et de probabilités*. De Boeck Supérieur, 2017.

2. C. Degrave et D. Degrave. *Probabilités-Statistiques 1re et 2e années*. Bréal, 2004.

3. Frédéric Bertrand et Myriam Maumy-Bertrand. *Initiation à la statistique avec R : Cours, exemples, exercices et problèmes corrigés*. Dunod, 2009.

4. Jean Guégand et Jean-Pierre Gavini. *Probabilités*. Ellipses, 1998.

5. Jean Jacod et Philip Protter. *L'essentiel en Théorie des Probabibilités*. Cassini, 2002.

6. Jean-Yves Ouvrard. *Probabilités I*. Cassini, 2008.

7. Mikael Beatriz et Alkéos Michael (cours de Alexander Bulinski rédigé par). *Probabilités et Statistiques Élémentaires*. Fascicule de cours de Licence deuxiième année cursus science et T.D. LM231 de l'U.P.M.C, 2011-2012.

8. Pierre Priouret. *Probabilités*. Fascicule de cours de Licence Mathématiques troisième année et T.D. du module LM390 de l'U.P.M.C, 2004-2005.

9. Ramachandran M. Kandethody et Tsokos P. Chris. *Mathematical Statistics with Applications*. Academic Press, 2009.

10. Vincent Richard. *S'initier à l'analyse des données avec le logiciel R* : http ://www.\institutpasteur.nc/wp-content/uploads/2017/09/20141107_BouquinRComplet.pdf, 2017.

11. Zdravko Cvetkovski. *Inequalities*. Springer, 2012.

12. Bernard Grais. *Méthodes Statistiques*. Dunod, 1988.

13. Louis Esch. *Mathématique pour économistes et gestionnaires*. De Boeck, 2010.

Index

Amplitude d'une classse, 150
arithmétique (moyenne), 177
arithmétiques, 233
Arrangement
avec répétition, 24
sans répétition, 23
asymétrie
à droite, 188, 189
à gauche, 188, 189

Bâton (diagramme à), 162
barres (diagramme en), 160
Bernoulli
espérance d'une loi de, 78
loi de, 78
variance d'une loi de, 78
Bernoulli multivariée (loi de), 138
binomiale
loi, 79
binomiale négative (loi), 85

Camembert, 159
caractère, 148
caractère
qualitatif, 148
quantitatif, 149
centile, 181
centile
(cinquantième), 181
(premier), 181
(quatre vingt dix neuvième), 181
chronologique (série), 217
cinquantième centile, 181
cinquième décile, 181
classe, 150
classe modale, 172
coefficient
d'aplatissement de Pearson, 190
de corrélation linéaire, 133, 200
de Fisher, 190
de Gini, 193
de variation, 186
de Yule, 188
combinaison
avec répétition, 29
sans répétition, 27
composante accidentelle, 219
composante aléatoire, 219
composante saisonnière, 219
console, 229
corrélation linéaire (coefficient de), 133, 200
couple (loi d'un), 98
courbe
cumulative des effectifs, 167
cumulative des fréquences, 167
de concentration, 191
de Lorenz, 191
des effectifs, 163
des fréquences, 163
covariable, 199
covariance, 129, 200
covariance
(matrice de), 130
(propriétés d'une), 131
de deux v.a. indépendantes, 131
de marginales d'une loi multinomiale, 136
CRAN, 229

Décile, 181
décile
(cinquième), 181
dépendante (variable), 199
densité, 173
diagramme

à bâton, 162
à secteurs, 241
à secteurs circulaires, 159
en barres, 160
en tuyaux d'orgue, 160
semi-circulaire, 160
dispersion, 237
dispersion (paramètre de), 184, 237
distribution
asymétrique à droite, 187
leptokurtique, 190
mésokurtique, 190
platikurtique, 190
symétrique, 187, 189
droite de régression, 200, 201

Écart absolu moyen, 184
écart-type, 77, 133, 238
écart-type, 186
échantillon, 148
effectif, 152
effectif
cumulé croissant, 152, 154
cumulé décroissant, 152, 154
total, 152
effectifs
(courbe cumulative des), 167
(polygone des), 167
espérance, 70, 71, 256
espérance
(de l'espérance conditionnelle), 124
d'une loi binomiale, 79
d'une loi binomiale négative, 87
d'une loi de Bernoulli, 78
d'une loi de Pascal, 89
d'une loi de Poisson, 82
d'une loi géométrique, 84
d'une loi hypergéométrique, 90
d'une loi uniforme, 83
de marginale d'une multinomiale, 135
espérance conditionnelle, 121
espérance conditionnelle
(par rapport à une variable aléatoire), 121
(propriétés d'une), 123
étendue, 237, 238
étendue d'une distribution, 182
événements
croissants, 35
décroissants, 35
indépendants, 49
explicative (variable), 199

Fisher (coefficient de), 190
fonction de répartition, 62
fonction de répartition
d'un vecteur, 101
d'une marginale, 101
fonction génératrice, 108
fonction génératrice
(dérivée k-ième), 108
d'un vecteur aléatoire, 125
d'un vecteur de v.a. indépendantes, 128
d'une loi binomiale, 117
d'une loi binomiale négative), 118
d'une loi de Pascal, 118
d'une loi de Poisson, 117
d'une loi géométrique, 117
d'une loi multinomiale, 129
d'une loi uniforme, 118
des probabilités, 113
formule
de Koenig, 185
de Poincaré, 22
du crible, 22
du multinôme de Newton, 134
fréquence, 152
fréquence
cumulée croissante, 152, 154
cumulée décroissante, 153, 154
relative, 152
fréquences (courbe cumulative des), 167

Géométrique (loi), 84
géométrique (moyenne), 178
Gini (coefficient de), 193

Harmonique (moyenne), 179
histogramme, 165, 244
hypergéométrique (loi), 89

Identiité de Vandermonde, 89
inégalité de Jensen, 124
indépendance

d'événements, 49
de deux variables aléatoires, 120
de variables aléatoires, 103
indépendantes (variables aléatoires), 103
indépendantes (fonction génératrice d'un vecteur de v.a.), 128
individu, 147
intervalle interquartile, 183

Jensen (inégalité de), 124

Koenig (formule de), 185

Leptokurtique (distribution), 190
loi
de Poisson, 82
binomiale, 79
de Bernoulli, 78
de Pascal, 89
de Poisson, 109
géométrique, 84
hypergéométrique, 89
loi binomiale
(fonction génératrice d'une), 117
espérance, 79
variance d'une loi, 79
loi binomiale négative, 85
loi binomiale négative
(fonction génératrice d'une), 118
espérance, 87
variance, 87
loi conditionnelle, 119
loi d'un vecteur aléatoire, 98
loi de Bernoulli multivariée, 138
loi de Pólia, 85
loi de Pascal
(espérance), 89
(variance), 89
loi de Pascal (fonction génétrice d'une), 118
loi de Poisson
(fonction génératrice d'une), 117
espérance d'une, 82
somme de deux, 109
variance d'une, 82
loi géométrique
(espérance d'une), 84
(fonction génétrice d'une), 117
(variance d'une), 84
loi hypergéométrique
(espérance d'une), 90
(variance d'une), 90
loi marginale, 99
loi multinomiale, 133
loi multinomiale
(espérance de marginale de), 135
(fonction génératrice d'une), 129
(variance de marginale de), 135
loi polyhypergéométrique, 138
loi uniforme
(espérance d'une), 83
(variance d'une), 83
loi uniforme (discrète), 83
loi uniforme (fonction génétrice d'une), 118
Lorenz (courbe de), 191

Médiale, 191
médiane, 173, 237
mésokurtique (distribution), 190
matrice de covariance, 130
maximum
(des observations), 171, 182
(loi du maximum de v.a.), 107
minimum
(des observations), 171, 182
(loi du minimum de v.a.), 107
miroirs, 229
modalité, 149
mode, 171
moindres carrés, 201
moment
(fonction génératrice de), 108
centré d'ordre r, 189
d'ordre k, 107
non centré d'ordre r, 189
simple d'ordre r, 189
Monte Carlo, 256
moyenne, 177, 238
moyenne
arithmétique, 177
géométrique, 178
géométrique pondérée, 178
géométrique simple, 178
harmonique, 179
multinôme de Newton (formule du), 134
multinomiale (loi), 133

Neuvième décile, 181
nominal, 148

Objets R, 230
ordinal, 148
ordinale (variable qualitative), 149

Pólia (loi de), 85
package, 235
paramètre
    de dispersion, 184, 237
    de position, 173, 176, 180, 182, 237
    de position à tendance centrale, 182
    de tendance centrale, 238
Pascal (loi), 89
Pascal (triangle de), 28
Pearson (coefficient d'aplatissement de), 190
Pearson (premier coefficient de), 188
permutation
    avec répétition, 26
    sans répétition, 26
platikurtique (distribution), 190
Poisson (loi de), 82, 109
polygone des effectifs, 167
polyhypergéométrique (loi), 138
pondérée (moyenne géométrique), 178
population, 147
position, 237
position (paramètre de), 173, 176, 237
position (paramètre), 180
premier centile, 181
premier coefficient de Pearson, 188
premier décile, 181
premier quartile, 181
Probabilité, 30
Probabilité
    composée, 44
    conditionnelle, 42
probabilité conditionnelle, 119
proportion, 152

Qualitatif (caractère), 148
qualitative (variable), 199
quantile, 180
quantile d'ordre α, 181
quantitatif (caractère), 149
quantitative (variable), 199
quartile, 181, 237
quartile
    premier, 181
    second, 181
    troisième, 181
quatre vingt dix neuvième centile, 181

Réalisation (d'une v.a.), 252
réduction de la variance, 260
régression
    (droite de), 200
    linéaire simple, 200
règle de Sturge, 151
règle de Yule, 151
rayon de convergence, 111

Série, 110
série
    chronologique, 217
    entière, 110
    temporelle, 217
saisonnalité, 219
second quartile, 181
secteurs circulaires (diagramme à), 159
semi-circulaire (diagramme), 160
simple (moment), 189
simple (moyenne géométrique), 178
simulation de loi
    binomiale, 262
    de Bernoulli, 261
    de Poisson, 263
    géométrique, 264
simuler, 251
somme des carrées des résidus, 201
symétrique (distribution), 187, 189

Tableau de contingence, 204
tableau statistique, 151
taille (d'une population), 147
temporelle (série), 217
tendance, 219
tendance centrale, 173, 176
tendance centrale
    (paramètre de position à), 182
    (paramètre de), 238
théorème de transfert (vecteur aléatoire), 101
Théorème de transfert, 73

trend, 219
triangle de Pascal, 28
troisième quartile, 181
tuyaux d'orgue (diagramme en), 160

Uniforme (loi uniforme), 83
unité statistique, 147
univers, 14

Vandermonde (identité de), 89
variable
aléatoire discrète, 60
dépendante, 199
explicative, 199
indépendante, 199
qualitative ordinale, 149
quantitative continue, 149
quantitative discrèt, 149
réponse, 199
statistique, 148
statistique continue, 149
statistique discrète, 149
variables aléatoires indépendantes, 103
variance, 185, 238, 258
variance
d'une loi binomiale, 79
d'une loi binomiale négative, 87
d'une loi de Bernoulli, 78
d'une loi de Pascal, 89
d'une loi de Poisson, 82
d'une loi géométrique, 84
d'une loi hypergéométrique, 90
d'une loi uniforme, 83
de marginale d'une multinomiale, 135
variance conditionnelle, 122
vecteur, 232
vecteur aléatoire (fonction de répartition), 101
vecteur aléatoire (fonction génératrice d'un), 125
vecteur aléatoire (loi d'un), 98
vecteur aléatoire (loi marginale), 99
vecteur aléatoire (théorème de transfert), 101

Yule (coefficient de), 188

Structures éditoriales du groupe L'Harmattan

L'Harmattan Italie
Via degli Artisti, 15
10124 Torino
harmattan.italia@gmail.com

L'Harmattan Hongrie
Kossuth l. u. 14-16.
1053 Budapest
harmattan@harmattan.hu

L'Harmattan Sénégal
10 VDN en face Mermoz
BP 45034 Dakar-Fann
senharmattan@gmail.com

L'Harmattan Cameroun
TSINGA/FECAFOOT
BP 11486 Yaoundé
inkoukam@gmail.com

L'Harmattan Burkina Faso
Achille Somé – tengnule@hotmail.fr

L'Harmattan Guinée
Almamya, rue KA 028 OKB Agency
BP 3470 Conakry
harmattanguinee@yahoo.fr

L'Harmattan RDC
185, avenue Nyangwe
Commune de Lingwala – Kinshasa
matangilamusadila@yahoo.fr

L'Harmattan Congo
67, boulevard Denis-Sassou-N'Guesso
BP 2874 Brazzaville
harmattan.congo@yahoo.fr

L'Harmattan Mali
ACI 2000 - Immeuble Mgr Jean Marie Cisse
Bureau 10
BP 145 Bamako-Mali
mali@harmattan.fr

L'Harmattan Togo
Djidjole – Lomé
Maison Amela
face EPP BATOME
ddamela@aol.com

L'Harmattan Côte d'Ivoire
Résidence Karl – Cité des Arts
Abidjan-Cocody
03 BP 1588 Abidjan
espace_harmattan.ci@hotmail.fr

Nos librairies en France

Librairie internationale
16, rue des Écoles
75005 Paris
librairie.internationale@harmattan.fr
01 40 46 79 11
www.librairieharmattan.com

Librairie des savoirs
21, rue des Écoles
75005 Paris
librairie.sh@harmattan.fr
01 46 34 13 71
www.librairieharmattansh.com

Librairie Le Lucernaire
53, rue Notre-Dame-des-Champs
75006 Paris
librairie@lucernaire.fr
01 42 22 67 13